Lorin's Vergeltung

Geheimakte MARS 16

© 2023 D. W. McGillen

Umschlagfoto: Mit Lizenz

Paperback: ISBN: 9781539945901
Imprint: Independently published

Hardcover: ISBN: 9798858985921
Imprint: Independently published

ISBN-e-Book: ebenfalls erhältlich:

Das Werk, einschließlich seiner Teile ist urheberrechtlich geschützt. Jede Verwertung ist ohne die Zustimmung des Verlages und des Autors unzulässig. Die Namen der Personen und die Handlung sind frei erfunden.

D.W. McGillen, 25.08.2023

Auch erhältlich:

Geheimakte Mars 01: Suche nach dem Ursprung
Geheimakte Mars 02: Erde in Gefahr
Geheimakte Mars 03: Entscheidung an der Dunkelwolke
Geheimakte Mars 04: Rebellion auf Proxima-Centauri
Geheimakte Mars 05: Flug in die zweite Dimension
Geheimakte Mars 06: Die versunkene Basis
Geheimakte Mars 07: Krisenfall Andromeda
Geheimakte Mars 08: Flugverbots-Zone Sombrero-Nebel
Geheimakte Mars 09: Die Admiralität von Santarid
Geheimakte Mars 10: Die weiße Anomalie der Zierrakies
Geheimakte Mars 11: Konfrontation in der zweiten Dimension
Geheimakte Mars 12: Das gefallene Kaiser-Imperium
Geheimakte Mars 13: Operation in Centauri
Geheimakte Mars 14: Fluchtplanet Redartan
Geheimakte Mars 15: In Geheimer Mission
Geheimakte Mars 16: Lorin's Vergeltung

Inhaltsverzeichnis

RÜCKBLICK..4
FLUCHT NACH REDARTAN..9
EIN SCHULDIGER FÜR DEN KAISER 116
UNERWARTETE ZUSAMMENKUNFT... 202
KONFRONTATION 298
ANGRIFFSZIELE 400
VORSCHAU: 501

Rückblick

Major Travis folgt einem Hilferuf von Sil'drock, der ein Angehöriger einer Rasse ist, die sich Ablonder nennen. Dem ehemaligen Hilfsvolk der "Aller Ersten". Hinter der weißen Barriere verbirgt sich eine alte Rasse, die neue Expansions-Pläne schmiedet. In ihrer Anomalie sind viele wertvolle Völker in speziellen Reservaten auf unterschiedlichen Planeten gefangen. Das zierrakische Imperium rüstet auf und sucht nach den Ablondern. Es läuft auf eine Eskalation hinaus. Die haben Major Travis und das neue Imperium um Hilfe gebeten. Heran verhandelt mit seiner Regierung um eine große Unterstützungs-Flotte. Die Befreiung der „Aller Ersten" sollte ein primäres Ziel sein. Ebenso will man dem Einfluss der Zierrakies Einhalt gebieten. Die Anomalie der weißen Wolke konnte durch die Zerstörung der übergroßen Sonnen-Giganten aufgelöst werden.

Die verbliebenen Zierrakies flüchten zu ihrem Heimat-Planeten. Die von Admiral Dragphan befehligten Worgass haben sich gegen ihre Herren gestellt. Falls sie den Zierrakies in die Hände fallen, blüht ihnen die Todesstrafe. Eine kaiserliche Flotte ist als Unterstützung auf dem Weg in die 2. Dimension, um den Brückenkopf der Vogelwesen zu retten. Sie werden in Kürze auf die Flotte des Neuen-Imperiums und seinen Verbündeten treffen. Die Centauri-Scruffs verüben aus Verzweiflung Sabotage auf Natrid. Ihr Heimat-Planet ist von den Daranern besetzt worden.

General Poison befiehlt Oberst Cameron und Captain Hunter in die Region, um die Angelegenheit zu klären und um die Ansprüche des neuen Imperiums zu untermauern. Major Travis steht mit seiner Flotte im Heimat- System der Zierrakies. Ihn begleiten die großen Schiffsverbände der Ablonder und zahlreiche lantranische Evolutions- Schiffe. Der zierrakische Groß-Kaiser ist geflüchtet und hat den Zurückgebliebenen einen Scherbenhaufen hinterlassen.

Admiral Dragphan ruft alle unterdrückten Worgass auf, der Knechtschaft der Zierrakies den Rücken zu kehren. Doch neue Feinde fliegen in das System ein und bringen die Zivilisation der Zierrakies an den Rand des Unterganges. Wieder muss die Flotte des neuen Imperiums von Natrid & Tarid eingreifen. Erst hiernach kann über einen Waffenstillstand verhandelt werden. Die Aller Ersten wollen die Weichen für die Zukunft stellen. Sie haben Kontakt zu den Kon-Ra- Tak aufgenommen, einer alten mystischen Rasse des Universums.

Währenddessen kämpft die Flotte des ISD, unterstützt von Schiffen unter dem Befehl von Captain Hunter, gegen eindringende aggressive Daraner. Der Gildor Barenseigs deckt Geheimnisse des letzten natradischen Kaisers auf. Die Spuren führen zu eine weit entfernten Welt. Lorin, die Amazone des Kaisers, konnte gerettet werden. Sie informierte Major Travis über den Verbleib der natradischen Elite und der Adelskaste. Major Travis steht mit einer Schutz-Flotte 12,7 Lichtjahren entfernt von der Heimat im System Kapteyns-Stern. Der Aufbau der Kolonien auf den beiden Planeten des Systems nimmt langsam Formen an. Ein Worgass entpuppt sich als Schläfer des zierrakischen Kaisers. Er beabsichtigt den Aufbau der Kolonie zu sabotieren. Die Mächtigen sinnen nach Rache für ihre vernichtete Patrouillen-Flotte. Eine Armada von 3.000 Schiffen nimmt Kurs auf das redartanische Imperium. Doch der Flucht-Planet der ausgewanderten Natrader ist wachsam. Eine schwere Raumschlacht beginnt.

Piraten greifen eine kleine Flotte des Neuen-Imperiums an. Major Travis versucht die Gemüter zu beruhigen. Bei dieser Gelegenheit führen die Aller Ersten den Oberbefehlshaber der natradischen Hinterlassenschaften zu den Kon-Ra-Tak, die sich als Bezwinger der Gezeiten und der Dimensionen betiteln. Hinweise auf die Mächtigen werden gefunden. Lorin gelingt es zu fliegen, um den ehemaligen natradischen Kaiser Quoltrin-Saar-Arel zu Rechenschaft zu ziehen. Auf Natrid wird eine Krisensitzung einberufen, mit dem Ziel der Amazone zu folgen und sie vor einer Gefangennahme durch den natradischen Kaiser zu schützen. Ein Einsatzteam wird auf die Fluchtwelt der Redartaner geschickt. Major Travis kehrt von seiner Mission zurück und unterstützt den Kampf des redartanischen Widerstandes und von Lorin. Kaiser Quoltrin-Saar-Arel soll einige alte offene Fragen beantworten.

Flucht nach Redartan

Fluchtplanet Redartan

Lorin und Jahol-Sin stolperten auf der Gegenseite aus dem Durchgang des Wurmloch-Transmitter-Generators. Ihre Flucht war gelungen. Lorin konnte die Gutmütigkeit der natradischen Genies Marin und Gareck für ihre Zwecke ausnutzen. Eine technische Demonstration dieses neuen Tores hatte die Amazone genutzt, um sich nach Redartan nach abzusetzen. Sie wollte dem Kaiser Quoltrin-Saar-Arel einige unliebsame Fragen stellen, warum er bewusst das Leben ihrer Amazonen-Truppe geopfert hatte.

Lorin und der ehemalige Protokoll-Roboter des natradischen Kaisers standen in einer großen, kalten Höhle. Das blaue Licht des künstlichen Horizontes in dem Transmitter-Wurmloch-Generator schaltete sich schlagartig ab. Es war stockdunkel.

»Sie haben den Durchgang geschlossen«, bemerkte Lorin. »Aktiviere bitte deine Strahler. Man sieht die Hand vor Augen nicht.«

Auf der Brust des Protokoll-Roboters öffneten sich zwei kleine Klappen. Leistungsstarke Lampen drückten sich nach vorne und schlossen nahtlos mit dem Brustpanzer ab. Das grelle Licht flutete die ganze Höhle.

»Von dieser Höhle hat Atlanta gesprochen«, teilte sie ihm mit. »Hier hat man mich in einer Stasis-Kammer gefunden. Ich wurde zurückgelassen und der Verwesung ausgesetzt. Kein Bediensteter des Kaisers hatte einen Auftrag erhalten, nach mir und anderen Flüchtlingen zu suchen.«

Sie atmete wütend aus.
»Es muss hier irgendwo eine Treppe geben, über die wir in den unteren Bereich dieses Berges gelangen«, flüsterte sie.

Langsam schritten die beiden Ankömmlinge durch die kalte große Höhle. Vorsichtig gingen sie zum Mittelpunkt der Felsenhalle.

»Ich wäre dir besser nicht gefolgt«, teilte Jahol-Sin mit. »In mir kollidieren zwei Programmierungen. Ich habe dem Neuen-Imperium meine Ergebenheit zugesagt.«

Lorin blickte ihn an.
»Das hättest du dir eher überlegen müssen«, antwortete sie. »Der Rückweg ist verschlossen. Wir kommen hier nicht mehr weg. Stell dich besser sofort darauf ein. Wir haben eine Aufgabe zu erfüllen. Der Kaiser muss zur Rechenschaft gezogen werden.«

Sie blickte den Protokoll-Roboter an.

»Ich kann wirklich nicht verstehen, wie man einen Roboter mit einem Mental-Chip versehen kann«, bemerkte sie. »Das bringt nur zusätzliche Probleme. «

»Das ist nicht verwunderlich, dass Amazonen hierfür kein Verständnis haben«, antwortete der Roboter frech. »Ich weiß, dass Emotionen in deiner Ausbildung aufs strengste verboten waren. Es ist schwer sich wieder hieran zu gewöhnen. «

Lorin blieb stehen und drehte sich zu Jahol-Sin um. »Wenn du jetzt nicht mit deinem Gejammer aufhörst, dann schlage ich dir den Kopf ab«, fluchte sie.

»Ich wollte nur meinen Unmut äußern«, antwortete der Roboter. » In den Diensten des Neuen-Imperiums von Natrid & Tarid werde ich und meines Gleichen besser behandelt. Du und die alte kaiserliche Garde sahen uns immer als ein notwendiges Übel an. «

»Höre endlich auf zu diskutieren«, schrie Lorin. »Konzentriere dich auf unsere Aufgabe. «

Jahol-Sin reagierte in einem Sekundenbruchteil.

»Der Kaiser wird von seiner persönlichen Garde beschützt«, wechselte er das Thema. »Das solltest du ja am besten wissen. Wir werden nicht so einfach zu ihm vordringen können. Du kannst nicht mehr auf deine Truppe von Amazonen zurückgreifen und dir den Weg freikämpfen.«

Lorin blieb stehen und blickte ihn ärgerlich an.
»Du bist ja ein ganz schlauer«, sagte sie hämisch. »Glaubst du denn, das weiß ich nicht. Wir haben eine Mission vor uns. Erst danach können wir uns einen Weg zurück überlegen.«

»Da bin ich mir nicht so sicher?«, antwortete Jahol-Sin. »Alles fängt wieder von vorne an. Ich werde ein nicht beachteter Metall-Sklave der kaiserlichen Kaste sein. Das habe ich dir zu verdanken.«

»Jetzt reicht es mir«, schrie Lorin ihn an. »Ich muss mich auf dich verlassen können. Stehst du an meiner Seite, oder nicht?«

Jahol-Sin überlegte kurz.
»Was bleibt mir anderes übrig«, erwiderte er. »Ich möchte ins Neue-Imperium zurück. Nur dort kann ich der geschätzte Protokoll-Roboter sein, der ich auch immer

war. Es wird mir allein nicht gelingen den Durchgang zu öffnen.«

»Er kann nur aus dem Sol-System aktiviert werden«, bemerkte Lorin. »Bis dahin haben wir ausreichend Zeit. «

»Ich verstehe«, nickte Jahol-Sin. »Im Moment gibt es keinen Weg mehr zurück. Aber du rechnest damit, dass Atlanta uns ein Such-Kommando nachschicken wird. Was macht dich so sicher? «

»Die kurze Zeit, die ich mit ihr auf der Atlantis-Basis verbracht habe, hat ausgereicht«, erklärte sie. »Ich konnte erkennen, wie bemüht sie um ihr Personal war. Die Kommandantin hat ihr Wort für mich verbürgt. Ich sollte auf ihrer Basis meinen Dienst verrichten. Sie sprach von einem neuen Eingreif-Kommando, das nur aus Frauen bestehen sollte. Ähnlich, wie meine damalige Amazonen-Einheit. Ich bin mir sicher, dass sie uns suchen lässt. «

Sie blickte in die Halle. Lorin holte tief Luft. Dann hatte sie sich wieder im Griff.

»Leuchte nach rechts«, befahl sie. »Dort ist etwas? « Jahol-Sin leuchtete die rechte Seite der Höhle aus. Versteckt in einer Felsennische wurde eine in Stein geschmolzene Treppe sichtbar.

»Das ist die Treppe, die ins Untergeschoss der Höhle führt«, flüsterte Lorin.

Langsam schritten sie hierauf zu. Der Protokoll-Roboter leuchtete den Abgang aus. Nichts war zu sehen.

»Alles ist ruhig«, bemerkte Lorin. »Warte einen Augenblick. «

Sie nahm den Waffengurt von ihrer Hüfte. Dann öffnete sie ihre Taja und stieg aus dem Schutzanzug heraus. Ihre schöne braune Hautfarbe zeigte ihre natradische Herkunft unverblümt. Aus einer Seitentasche des Schutzanzuges zog sie einen Beutel heraus.

»Was soll das? «, fragte der Protokoll-Roboter. » Die Taja schützt dich besser als deine alte Amazonen- Kleidung. «

Sie drehte ihr markantes Kinn dem Protokoll-Roboter zu. In ihrem Gesicht spiegelte sich ein trauriges Lächeln.

»Ich fühle mich einfach besser in der Kleidung der Amazonen«, antwortete Lorin.

Der Helm war eine spezielle Anfertigung für das Amazonen-Corps. Die starken Streben aus Natridstahl wurden veredelt und glichen skelettierten Knochen einer unterentwickelten Species. Zur Abschreckung waren Nachbildungen von Zähnen, unterhalb der Nasenflügel angebracht. Der hintere Teil der Kopfbedeckung wurde von dem Fell eines seltenen natradischen Bergraubtieres geschmückt. Ihre Brust und die Schultern schützten harte Platten aus fast unzerstörbarem Natrid-Stahl.

Um ihren Hals und unter ihrer Brust verkettete sie jeweils einen Gurt mit hochexplosiver natradischer Sprengmunition. Als Letztes legte sie wieder ihren Waffengurt um ihre Hüfte. Rechtsseitig stecke ein Amazonen-Langschwert, linksseitig hing ein moderner Multifunktions-Laser-Strahler in einem Köcher. Dieser war geeignet, auch die Sprengkapseln abzufeuern, die sie bei sich trug. Sie klopfte auf ihren Gürtel.

»Auf unseren Schutzschirm und das Tarnfeld können wir nicht verzichten«, lächelte sie. »Jetzt fühle ich mich wieder gut. «

»Ihr Verhalten ist sehr leichtsinnig«, erwiderte Jahol-Sin. »Die alten Felle deines Amazonen-Gewandes besitzen keinen Schutzfaktor. «

Lorin blickte ihn an.
»Dafür ist die Schneide meines Schwertes scharf«, lachte sie. »Lass uns gehen. Suchen wir einen Ausgang. «

Langsam schritt Lorin die Stufen der Treppe hinunter. Jahol-Sin folgte ihr verhalten. Die untere Höhle war genauso dunkel, wie die obere Felsenkammer. Von der gegenüberliegenden Wand blinzelte ein dünner Sonnenstrahl durch den Felsen. Ein Teil der Felswand schien porös zu sein.

Lorin zeigte mit ihrer Hand auf die Wand.
»Dort kommen wir aus der Höhle«, stellte sie fest.
»Kannst du einige Steine aus der Felswand herausbrechen?«

Jahol-Sin trat auf die Wand zu. Mit seiner rechten Metallhand griff er nach einem Stein und lockerte ihn. Dann riss er ihn aus der Wand. Achtlos ließ er ihn fallen. Der zweite Stein war einfacher zu greifen. Mit der gewohnten Kraft eines Roboters, entfernte Jahol-Sin Stein für Stein.

Lorin blickte ihm dabei zu.
»Die Öffnung muss nur so breit sein, dass wir durchschlüpfen können«, flüsterte sie ihm zu.

»Ich habe den Befehl verstanden«, antwortete der Protokoll-Roboter. »Ich achte lediglich darauf, dass die Wand nicht instabil wird.«

Lorin bemerkte, dass in Jahol-Sin immer noch ein Zwiespalt tobte.

»Konzentriere dich auf das hier und jetzt«, ermahnte sie ihn. »Alles Weitere wird sich finden.«

Der Protokoll-Roboter antwortete nicht hierauf. Er wusste nur, dass er nicht mehr in den Diensten des natradischen Kaiser stehen wollte. Die kurze Zeit seiner Dienstbereitschaft unter der Feder des Neuen-Imperiums hatte ausgereicht, um die seiner Person entgegengebrachte Wertschätzung lieben zu lernen.

»Nein«, dachte er. »Hier werde ich nur ein Haufen Natridstahl, unter vielen meines Gleichen sein«, dachte er. »Es muss einen Weg zurückgeben?«

Jahol-Sin hatte eine 1,50 Meter große Lücke aus der Felswand gebrochen. Helles Sonnenlicht strahlte durch den schmalen Durchgang.

»Das reicht jetzt«, hörte er Lorin sagen. »Wenn der Durchgang zu groß ist, dann fällt er womöglich den Sicherheitskräften auf.«

»Wie sollen wir denn zu dem Kaiser gelangen?«, fragte Jahol-Sin. »Er wird sicherlich stark bewacht werden.«

Lorin blickte ihn mit eisiger Entschlossenheit an.
»In der Vergangenheit war es immer so, dass der Kaiser und seine Kasten Audienzen gegeben haben«, erwiderte sie. »Wir werden geduldig warten, bis sich eine Besuchergruppe findet, der wir uns anschließen können. Falls sich die alte natradische Technik nicht weiterentwickelt hat, dann werden wir ohne Probleme durch die Sicherheitsschleusen gelangen. Unser Tarnfeld ist von Noel mehrfach modifiziert worden. Wir könnten einen Vorteil gegenüber der alten Technik des Kaisers haben.«

»Es ist vermessen anzunehmen, dass sie ihre Technik nicht weiterentwickelt haben«, bemerkte der Protokoll-Roboter. »Warum gehst du hiervon aus?«

»Das kann ich dir erklären«, antwortete Lorin. »Weil die besten Genies des Reiches, ich spreche von Marin und Gareck, auf der Seite des Neuen-Imperiums tätig sind. Sie allein haben die Flucht von dem Wissenschafts-Mond Nors geschafft. Alle anderen Kapazitäten wurden getötet.«

Sie blickte den Roboter an.

»Wir beiden wissen, dass Marin und Gareck maßgeblichen an allen wichtigen Entwicklungen von Natrid beteiligt waren«, erwiderte sie. »Ohne sie hätte es das natradische Imperium nicht so weit gebracht.«

»Eine lange Zeitspanne ist vergangen«, antwortete Jahol-Sin.» Glaubst du nicht, dass es der kaiserlichen Kaste gelungen ist, neue Wissenschaftler auszubilden, die auch über die geistigen Kapazitäten von Marin und Gareck verfügen?«

»Ich bezweifele es stark«, antwortete Lorin.

»Du kannst es aber auch nicht ausschließen?«, bemerkte der Roboter.» Daher könnten sie uns auch technisch überlegen sein. Wozu sollen wir also unser Leben riskieren?«

»Weil ich mit dem Kaiser eine Rechnung zu begleichen habe«, knurrte die Amazone den Protokoll-Roboter an. »Der ehrenwerte Quoltrin-Saar-Arel wird mir einige Fragen beantworten müssen. Falls er das nicht kann, wird er meine Vergeltung zu spüren bekommen.«

»Sein Wort stünde gegen dein Wort«, antwortete der Roboter. »Glaubst du tatsächlich, der Kaiser wird dir zuhören und dir seine kostbare Zeit für eine Audienz schenken?«

»Ich werde ihn dazu zwingen«, antwortete Lorin zornig. »Es ist meine Pflicht, gegenüber meiner getöteten Truppe Gerechtigkeit zu fordern.

»Du willst den Kaiser vor dein persönliches Gericht stellen?«, fragte der Protokoll-Roboter. »Was ist, wenn du Anzeichen findest, dass er dich hintergangen hat?«

»In diesem Moment handele ich instinktiv, so wie ich es gelernt habe«, antwortete Lorin. »Dann ist die Zeit seines Lebens in dieser Sekunde abgelaufen.«

Jahol-Sin wollte noch etwas antworten, jedoch Lorin hob ihre Hand.

»Genug geredet«, sagte sie. »Machen wir uns auf den Weg in die Stadt.«

Sie zog ihren Rock und ihre Kleidung gerade.
»Aktiviere die Kommunikation und dein Tarnfeld«, befahl sie. »Wir dürfen nicht auffallen.«

Vorsichtig traten die Beiden aus dem Spalt der Felswand heraus ins Freie. Lorin blickte sich vorsichtig nach allen Seiten um. Sie konnte aber nichts Auffälliges entdecken.

»Es sind keine Sicherheits-Truppen festzustellen«, teilte Jahol-Sin mit. »Die Höhle wird nicht bewacht.«

»Das habe ich auch nicht erwartet«, antwortete Lorin. »Der Transmitter-Wurmloch-Generator ist für sie ohne eine Bedeutung. Vielleicht haben sie ihn auch vergessen, ansonsten hätten sie sicherlich Sicherheits-Personal zur Bewachung abgestellt.«

Lorin blickte zum Himmel und verharrte irritiert. Zwei rote Sonnen standen am wolkenlosen Himmel. Doch irgendetwas stimmte nicht. Zahlreiche kleine Explosionen wurden oberhalb des Planeten sichtbar.

»Es findet eine Raumschlacht über diesem Planeten satt«, bemerkte sie erstaunt.

Auch der Protokoll-Roboter hob seinen Kopf und blickte in den Himmel in der Abenddämmerung. In einem Rhythmus von Sekunden flammten weitere kleine Sonnen am Himmel auf, die kurz nach dem Aufblähen wieder in sich zusammenfielen. Raumschiffe konnten zwar nicht erkannt werden, aber immer wieder zahlreiche helle

Laser-Strahlen, die von unterschiedlichen Positionen aus verschossen wurden.

»Die Flotte des Kaisers wird angegriffen«, stellte Lorin fest. »Wir sind nicht die Einzigen, die mit den Machenschaften von Quoltrin-Saar-Arel nicht einverstanden sind.«

»Vielleicht sind es wieder die Rigo-Sauroiden?«, fragte der Protokoll-Roboter.

Lorin blickte ihn an.
»Du bist doch mit dem aktuellen Wissen des Neuen-Imperiums gespeist worden«, sagte sie schroff. »Die Echsen haben den Völker-Suizid vorgezogen. Das wird wieder eine andere Species sein, denen das kaiserliche Imperium auf die Füße getreten ist. Das scheint nie aufzuhören.«

Lorin blickte wieder zum Himmel und sah, wie zahlreiche grelle Laser-Strahlen auf unterschiedliche Ziele abgeschossen wurden. Wieder flammten Kunstsonnen auf, die sich aufblähten und dann in sich zusammenfielen.

»Ich hoffe nicht, dass wir zu spät gekommen sind«, bemerkte Lorin. »Das Ende des zweiten natradischen

Kaiserreiches scheint schon von anderer Seite her eingeläutet worden zu sein. «

Sie senkte ihren Blick in das Tal hinab, wo die große Stadt lag. Es war das erste Mal, dass sie die Stadt der geflüchteten Natrader mit eigenen Augen sah. Sie war eingebettet in einer Parklandschaft. Hügel mit grünen Wiesen waren zu sehen. Diese wurden von Wäldern unterbrochen, die an hohe Nadelbäume erinnerten. Ein Stück weiter schienen Birken und Kastanien zu blühen.

Dann wurden Felder sichtbar, auf denen Blumen und andere Gewächse wuchsen. Flüsse und Seen rundeten das Bild ab. Vorderseitig der Stadt war eine Hafenanlage zu sehen. Der Fluss mündete weit am Horizont in ein Meer. Die zahlreichen Hochhäuser wiesen überwiegend runde Dächer auf. Lorin konnte auch einige Türme erkennen, die an ihrer Oberseite mit einem Flachdach abschlossen. Die Amazone konnte die Zahl der Hochbauten nicht ermessen.

Sie alle waren um ein pyramidenförmiges Gebilde gebaut, auf dem die Fahnen von Kaiser Quoltrin-Saar-Arel wehten. Unzählige Raumschiffs-Verbände befanden sich in der Luft, weitere Staffeln von Kampf-Jets starteten, hoben von den Landezonen ab und donnerten dem

Himmel entgegen. Vermutlich sollten sie bei der stattfindenden Raumschlacht helfen.

Instinktiv duckte Lorin sich, als über ihren Köpfen eine Staffel Kampf-Jets im Tiefflug vorbeiflog.

»Was ist da im Gange?«, flüsterte sie Jahol-Sin zu. »Die ganze Stadt ist in Alarmbereitschaft.«

Das ungleiche Team erkannte, wie auf der kaiserlichen Pyramide vier lange Abwehr-Geschütze ausgefahren wurden. Dann baute sich ein bläulicher Schutzschirm um die ganze Pyramide auf.

»Sie haben einen Schutz-Schirm um die Pyramide gelegt«, bemerkte Jahol-Sinn. »Wir werden dort unmöglich hineingelangen.«

»Wir haben viel Zeit«, antwortete die Amazone. »Unsere Energieversorgung wird uns acht Wochen lang schützen. Erst dann werden wir die Energiekristalle auswechseln müssen.«

Langsam schritten sie über einen engen Fußpfad, den Berg hinab ins Tal. Es war noch ein weiter Fußmarsch bis in die Stadt.

»Je eher wir da sind, umso besser«, dachte Lorin. »Wir werden uns orientieren und vorbereiten müssen. Die natradische Stadt ist neu für uns. «

Wieder starteten Staffeln von Gleiter und beschleunigten in den Himmel des Flucht-Planeten. Lorin ließ die Eindrücke der Stadt auf sich wirken. Vor ihnen lag eine weite Wiesenfläche, die seitlich an die Stadt mündete.

Nach 60 Minuten hatten sie endlich die Talsohle erreicht. Schon von weitem sahen sie die zahlreichen Hochbauten der Stadt, die wie Pilze aus dem Boden schossen. Hier am Boden sahen die Gebäude noch bedrückender aus als vom Eingang der Höhle ausgesehen. Mit schnellen Schritten liefen sie und ihr Begleiter auf die Stadt zu. Niemand hatte sie bisher entdeckt. Eine starke Erregung erfasste sie.

»Ich muss mich beruhigen«, dachte sie. »Das ist unser erster Tag auf dieser fremden Welt. Es darf uns kein Fehler passieren. Wir werden einen kühlen Kopf behalten. Ansonsten haben wir keine Chance, auf den Kaiser zu treffen. «

Je näher sie der Stadt kamen, umso weniger erkannten sie Zivilpersonen in den Straßen. Überall waren schwerbewaffnete Kommando-Einheiten positioniert, die in den kaiserlichen Uniformen steckten.

Sie erinnerte sich an das alte Natrid.
»Auch hier waren zum Schluss Personen in Uniformen mehrheitlich in der Stadt anzutreffen«, dachte sie. »Den Zivilpersonen wurde der Zutritt verweigert.«

Langsam näherten sich Lorin und Jahol-Sin den ersten Häusern. Sie zeigte mit ihrer Hand nach vorne. Dort bewegte sich eine Gruppe von 1.300 Personen, die große Fahnen schwenkten. Langsam schritten sie näher. Dicht an die Häuserwände gedrückt, versuchten sie einen zusätzlichen Schutz zu finden.

»Was schreien die?«, fragte Lorin. »Kannst du es verstehen?«

Der Protokoll-Roboter stellte sein Gehör auf Maximum. »Die Personen rufen Freiheit für die Redartaner«, antwortete er. »Der Planet Redartan gehört den Redartanern. Wir wollen kein kaiserliches Imperium mehr. Es scheinen einige Demonstranten zu sein, die mit ihrer Regierung nicht einverstanden sind.«

»Ist das nicht auf jeder Welt so?«, fragte Lorin. »Irgendwann bricht der Unmut in der Bevölkerung aus.«

Die Amazone dachte nach.

»Jetzt wissen wir auch, wie sich diese Welt nennt«, flüsterte sie. »Redartan bedeutet, das Wort Natrader rückwärts geschrieben. Der Kaiser wollte vermutlich alles Alte hinter sich lassen.«

Sie beobachteten weiter.

Die Demonstranten steigerten sich in Wut.

»Wir wollen keinen Krieg«, schrien sie. »Ruft die Schiffe zurück, verhandelt mit dem Gegner.«

Andere schwenkten ihre Fahnen.

»Keinen Krieg mehr, keinen Krieg, wir haben genug von dem Krieg«, riefen sie gemeinschaftlich.

Die Rufe der Demonstranten wurden lauter und lauter. Lorin und Jahol-Sin beobachteten die Demonstranten eine Zeitlang. Personen aus allen Altersstufen waren vertreten. Junge Redartaner wiegelten die Menge auf. Frauen und Männer schrien immer wieder die gleichen Sätze.

»Wir haben genug von den andauernden Auseinandersetzungen«, tobten sie. »Hört auf mit dem Krieg. Verhandelt mit den anderen Rassen. Wir haben lange genug die Kriegshetze der kaiserlichen Kaste erduldet.«

Jahol-Sin zeigte auf die Seitenstraßen.
»Ich habe es gesehen«, antwortete Lorin. »Die Demonstranten sollten sich jetzt schnell zurückziehen.«

Aus den Seitenstraßen rasten zahlreiche schwarze Gleiter des kaiserlichen Sicherheits-Dienstes heran. Sie alle trugen das kaiserliche Emblem auf ihren Flügeltüren. Ohne Sirene, nur mit dem aktivierten Signallicht auf dem Dach, stoppten die Gleiter ruckartig vor den Demonstranten. Die Schotts öffneten sich und aus jedem Gleiter sprangen 20 schwarz gekleidete und gepanzerte Elite-Soldaten heraus. In gewohnter Manier bildeten sie eine Reihe. Ihre Körper-Schilder hielten sie schützend vor sich, in ihrer rechten Hand drohend einen Schlagstock erhoben. Gefährlich blickten sie die Demonstranten an. Diese waren merkbar verstummt. Synchron hoben die Soldaten ihren Schlagstock und schlugen hiermit auf die Vorderseite ihres Schildes ein. Ein dumpfer anschwellender Ton war zu hören.

»Die Demonstranten sollen eingeschüchtert werden«, bemerkte Lorin. »Das ist die Taktik des kaiserlichen Sicherheitsdienstes.«

Ganze drei Minuten dauerte das Getöse an. Dann verstummte es abrupt.

Der Anführer des kaiserlichen Sicherheits-Dienstes trat vor seine Leute. Er ließ sich ein Megafon geben und hielt es sich vor den Mund.

»Ich fordere die Demonstranten auf, unverzüglich den Platz zu räumen«, schrie der Anführer. »Sie verstoßen gegen die Anordnungen der kaiserlichen Kaste. Ziehen sie sich sofort zurück. Das ist unsere letzte Warnung.«

Hasserfüllt schrien die Demonstranten die Soldaten der kaiserlichen Kaste an.

Ein großer Mann trat aus den Reihen der Demonstranten nach vorne.

»Mein Name ist Admiral Rings-Stan«, sagte er. » Ich war der Befehlshaber der schnellen kaiserlichen Kampf-Verbände. Jahrelang kämpften wir im Namen des Kaisers für Redartan und für unser Volk. Später weigerten wir uns, wehrlose und hilflose Rassen abzuschlachten. Aufgrund dessen wurden wir von der kaiserlichen Kaste abgesetzt und geachtet. Unsere Taten zahlten nicht mehr. Wir waren ab diesem Tag Freiwild. Kommt endlich zur Besinnung. Ihr seid Handlanger des Bösen. Verzichtet auf eure Befehle, legt eure Waffen zu Boden und unterstützt uns.«

Der Anführer der Soldaten blickte den Admiral verachtend an

»Ich kenne euch und eure Mitläufer«, schrie er. »Ihr seid die gesuchten Aufrührer, Attentäter, Demonstranten und Weltverbesserer. Ihr werdet eure gerechte Strafe erhalten.«

Admiral Rings-Stan hob seine beiden Hände in die Luft. Er versuchte ein letztes Mal, die Soldaten umzustimmen. »Der Kaiser tötet unsere Welt«, schrie er. »Legt eure Waffen nieder und helft uns den Kaiser zu stürzen.«

Der Anführer der Soldaten trat einen Schritt zurück. Er gab das Zeichen vorzurücken. Im Gleichschritt rückten die Soldaten vor. Noch steckten ihre Laserwaffen in ihren Holstern. Nur der Schlagstock der Soldaten, wurde von ihnen wieder auf das Körperschild geschlagen. Der dumpfe Ton hallte laut durch die Straßen. Entschlossen schritten die Elite-Soldaten auf die Demonstranten zu.

Diese erkannten, dass mit den Soldaten nicht zu reden war. Gegenstände flogen den Soldaten entgegen. Steine und Flaschen wurden von den Demonstranten geworfen.

Ein Hagel aus Gegenständen flog auf die Soldaten zu. Diese hoben ihre Körper-Schilder über ihren Kopf und wehrten die Gegenstände ab.

»Das Feuer eröffnen«, befahl Admiral Rings-Stan.

Plötzlich hielten die Demonstranten des Anführers Laserstrahler in ihren Händen. Sie feuerten auf die Soldaten.

Die Soldaten reagierten blitzschnell und suchten sich Deckung. Sie erwiderten das Feuer. Laserstrahlen zischten durch die Stadt. Die Wut der Soldaten entlud sich. Schreiende und flüchtende Demonstranten wurden das Ziel. Unzählige Nichtbeteiligte waren bereits dem Laserbeschuss zum Opfer gefallen.

»Sollen wir ihnen helfen? «, fragte Jahol-Sin. » Die Soldaten werden die Demonstranten festnehmen? «

»Falls es nur das ist, damit kann ich leben«, antwortete die Amazone. »Die Demonstranten erkennen nicht, dass sie den Soldaten unterlegen sind. Sie wurden bestens ausgerüstet. Die Soldaten werden die Demonstranten niederknüppeln, oder erschießen. «

Lorin sah, wie die Soldaten vorrückten und mitleidslos auf die Demonstranten einschlugen. Diese waren sie in der Überzahl und versuchten die Soldaten nur mit ihren Händen niederzuringen. Es gelang ihnen nicht. Sobald einige Soldaten am Boden lagen, eilten ihre Kollegen herbei und schlugen umso heftiger auf die Widerständler ein. Die Demonstranten rückten nach und schlugen mit ihren Fäusten und Gegenständen auf die Soldaten ein. Die Soldaten des kaiserlichen Sicherheits-Dienstes prügelten wiederum wütend mit ihren Schlagstöcken um sich. Nasen wurden blutig geschlagen, Gesichter platzten auf.

Es war ein verheerendes Bild. Verbissen rückten die Soldaten vor und prügelten die Menge auseinander. Junge mutige Demonstranten warfen sich gegen die Soldaten. Einige Redartaner lagen bereits schutzlos auf dem Boden. Sie wurden von den Soldaten nicht beachtet. Sie traten auf sie und schritten weiter vorwärts. Hilfeschreie ertönten, zahlreiche blutende Redartaner versuchten sich in Sicherheit zu bringen. Die Elite-Soldaten liefen ihnen nach, griffen nach ihnen und versuchten sie einzufangen.

Einige am Boden liegende Demonstranten wurden hochgerissen und von den Soldaten abgeführt. Die Gegenwehr der Demonstranten, gegen die gut ausgestatteten Einsatzkräfte des Sicherheits-Dienstes, war erloschen. Die kleine Gruppe um Admiral Rings-Stan schien die Einzige zu sein, die mit leichten Waffen ausgestattet war. Sie konnten anderen Demonstranten nicht zu Hilfe kommen. Die Soldaten hatten sie unter ein schweres Abwehrfeuer gelegt, aus dem sie sich nur schwer befreien konnten.

Reihenweise wurden Demonstranten festgenommen und abgeführt. Lorin erkannte, wie sie in einen Sammelgleiter gestoßen worden.

Sie blickte Jahol-Sin an.
»Es hat sich nichts geändert«, flüsterte sie. »Die Macht des Kaisers scheint ungebrochen zu sein.

»Er verschafft seinen Gesetzen mit Gewalt Geltung«, antwortete der Protokoll-Roboter. »In der Geschichte von Tarid ist Vergleichbares wiederzufinden. «

»Doch die Barbaren haben sich erfolgreich weiterentwickelt«, flüsterte Lorin. »Das kann man von unserem Kaiser nicht sagen. Erst jetzt erkenne ich seine eiskalte Vorgehensweise. Das Leben seiner Bevölkerung ist ihm nebensächlich. «

Lorin zeigte auf eine Gruppe Frauen, die von den Soldaten eingekesselt wurde.

»Bleibe hier, ich unterstütze die Frauen«, sagte sie. »Sie haben sich schützend vor ihre Kinder gestellt.«

Jahol-Sin wollte etwas antworten, doch Lorin war schon losgelaufen. Der Protokoll-Roboter beobachte, wie sich die Amazone der Gruppe Frauen näherte. Noch war ihr Tarnschirm aktiv. Die Soldaten erkannten sie nicht.

Der Anführer der fünf Soldaten grinste die Frauen an. »Hier ist Endstation für euch«, sagte er. »Der Kaiser ist sehr enttäuscht von euch Aufrührern.«

»Wir ergeben uns«, antwortete eine Frau der Gruppe. »Wir haben Kinder dabei.«

Der Anführer der Soldaten wirkte irritiert.
»Jetzt ergebt ihr euch?«, schrie er. »Das ist nicht in unserem Sinne.«

Er drehte sich zu seinen Leuten um.
»Tötet sie alle«, befahl er. »Auch die Kinder dürfen nicht entkommen. Statuiert ein Exempel an ihnen. Der Untergrund wird sich hüten, nochmals eine Demonstration anzuzetteln.«

Die Soldaten schritten vor.

In diesem Moment enttarnte sich Lorin. Sie hatte ihr Langschwert gezogen und wirbelte es mit gekonnter Leichtigkeit durch die Luft, über die Köpfe der Soldaten. Die erstaunten Schreie der redartanischen Frauen ließen die Soldaten nach hinten blicken. In diesem Moment raste das Schwert von Lorin herunter und schnitt ihnen ihre Köpfe ab. Sie drehte sich blitzschnell von Soldat zu Soldat. Diese waren unfähig zu reagieren. Nur der erstaunte Blick des Anführers ließ vermuten, dass er die Amazone erkannte. Doch dieser Blick war die letzte Erkenntnis seines Lebens. Sein Kopf fiel von seiner Schulter, der Körper sackte in sich zusammen und blieb zuckend am Boden liegen.

»Lauft«, schrie Lorin. »Bringt euch in Sicherheit. Der Kaiser will ein Exempel statuieren. Sucht ein sicheres Versteck für eure Kinder. Das hier ist kein Spiel mehr.«

»Danke«, antwortete eine Frau.
Sie hatten die Amazone gründlich beobachtet. Die Frauen flüchteten in eine Seitengasse. Lorin hatte ihr Tarnfeld wieder aktiviert und lief auf eine andere Gruppe zu. Diesmal waren es Männer, die von einer Einheit Soldaten bedrängt und getötet wurden. Sie erkannte, dass bereits 13 Männer am Boden lagen und sich nicht mehr bewegten. Vier Soldaten hatten ihre Laserstrahler auf sie gerichtet und gefeuert. Jetzt sollten weitere 20 Männer

exekutiert werden. Die Soldaten lachten immer noch hämisch, als Lorin sich in ihrem Rücken enttarnte.

»Hier ist euer Gegner«, rief sie den Soldaten zu.

Erstaunt drehten sich die vier Soldaten um. Lorins schwere Laserwaffe fauchte auf. Die Soldaten waren nicht mehr in der Lage, auf die neue Bedrohung zu reagieren. Die Vasallen des kaiserlichen Sicherheits-Dienstes wurden getroffen und erstarrten zu Salzsäulen. Langsam kippten sie nach hinten und schlugen auf den Boden auf.

Die Demonstranten jubelten und blickten die Amazone an.

»Verschwindet«, schrie Lorin. »Gleich werden neue Einsatzkräfte auftauchen. Wie wollt ihr den Tod der Soldaten erklären?«

»Wer bist du?«, fragte einer der Demonstranten. »Komm mit uns. Wir brauchen dich.«

»Ich habe eine eigene Mission«, antwortete Lorin. Erneut aktivierte sie wieder ihr Tarnfeld und verschwand aus den Augen der Demonstranten. Eilig lief sie zu dem wartenden Protokoll-Roboter zurück.

Erstaunt blickte Jahol-Sin sie an.
»Fühlst du dich jetzt besser? «, fragte er.

Die Amazone nickte.
»Ich konnte einige Demonstranten retten«, erwiderte sie. »Der Kaiser kennt scheinbar keine Gnade mehr. Er wollte auch die Frauen abschlachten lassen. «

»Das ist eine maßlose Ungerechtigkeit«, bestätigte Jahol-Sin. »Das gab es auf Natrid nicht. «

»Wissen wir alles? «, konterte die Amazone. » Auch du wurdest nicht in alles eingeweiht. Der Kaiser hat schon immer versucht, mit Gewalt seine Pläne durchzubringen.«

Sie blickte auf das Schlachtfeld der Demonstranten. Viele Redartaner lagen Tod am Boden. Andere flohen und liefen in die unterschiedlichen Straßen der Stadt. Die Soldaten verfolgten sie nicht.

»Wir müssen Kontakt zu dem Untergrund aufnehmen«, stellte sie fest. »Nur so ist es möglich, in die Nähe des Kaisers zu kommen. Die Untergrundbewegung kennt sich hier aus. Sie ist mit allen Gegebenheiten vertraut. «

»Du wirst die richtigen Antworten finden«, bestätigte Jahol-Sin.

»Ruhe«, befahl Lorin. »Sind deine Individualfelder aktiv? Einige Sicherheits-Soldaten kommen auf uns zu.«

» Mein Tarnfelder wurde aktiviert«, meldete der Protokoll- Roboter. » Sie können mich nicht sehen. «

Sie drückten sich näher an die Hauswand und hielten den Atem an. Im Laufschritt eilten 12 Sicherheits- Soldaten an ihnen vorbei.

Immer mehr tote Demonstranten wurden von den Soldaten abtransportiert und in die Sammelgleiter geworfen.

Lorin erkannte den Anführer der Demonstranten wieder. Er nannte sich Admiral Rings-Stan und lief mit einer kleinen Gruppe eine Seitenstraße herunter.

»Wir folgen dem Rädelsführer«, sagte sie. »Vielleicht führt er uns zu ihrem Versteck.«

Lorin und Jahol-Sin rannten auf die Gasse zu, in der die Gruppe mit dem Anführer der Demonstranten verschwunden war. Die Amazone erhöhte das Tempo.

»Weit kann die Gruppe der Demonstranten noch nicht sein«, flüsterte der Protokoll-Roboter. »Sie nutzen den Schatten der Häuserwände, um nicht erkannt zu werden.«

Lorin sah, wie die Gruppe links in eine kleine Seitenstraße abbog.

»Schneller«, flüsterte sie. »Wir dürfen sie nicht aus den Augen verlieren. «

»Das werden wir nicht«, antwortete Jahol-Sin. »Ich habe sie mit meinen Wärme-Sensoren erfasst. «

Lorin und Jahol-Sin hasteten hinter den flüchtenden Demonstranten her.

Natrid, Sol-System

General Poison hatte eine Krisensitzung einberufen. Neben dem Stellvertreter Commodore von Häussen, waren Noel, Atlanta, Arfan-Don, Marin und Gareck, Oberst Cameron und Captain Hunter eingeladen. Nach dem sich alle Teilnehmer an dem großen Konferenztisch gesetzt hatten, winkte der General einen Service Roboter herbei, der gekühlte Getränke servierte. Geduldig wartete er ab, bis der Dienst-Roboter seine Arbeit erledigt hatte. Dann blickte er seine Gäste ernst an.

»Sie alle wurden von der Verletzung des Sicherheits-Bereiches unserer Forschungshalle 13, auf dem Mond Europa informiert?«, fragte er mit eisiger Stimme. »Obwohl der Transmitter-Wurmlochgenerator durch eine Einheit Marines abgesichert wurde, gelang es der Amazone Lorin und ihrem Protokoll-Roboter in den künstlichen Horizont zu springen. Ich frage sie allen Ernstes, wie das möglich war?«

Er blickte die Teilnehmer der Konferenz emotionslos an.

30
»Ihnen allen ist klar, dass durch eine möglich Gefangennahme der Amazone die ausgewanderten Natrader auf der Gegenseite Informationen über den Aufbau unseres Neuen-Imperiums erhalten werden. Das beinhaltet auch die Nutzung der technischen Hinterlassenschaften von Natrid durch die Menschheit. Dieses wollten wir in jedem Fall verhindern. Wir wissen nicht, wie sie hierauf reagieren werden.«

Er blickte Atlanta an.

»Die Amazone war ihrer Obhut unterstellt«, teilte der General kritisch mit. »Warum haben sie ihr so viele Freiheiten gelassen? «

»Lorin wurde von mehreren Ärzten der EWK als dienstfähig eingestuft«, antwortete Atlanta. »Sie hat auf unserer Basis zahlreiche Lehrgänge absolviert. Sie zeigte sich wissbegierig und interessiert. Die betreuenden Psychologen bescheinigten mir ihre ernste Absicht, für das Neue-Imperium von Natrid & Tarid Aufgaben übernehmen zu wollen. Entsprechend diesen Bewertungen habe ich sie schulen lassen. Sie war für eine neue Kommando-Einheit vorgesehen, die überwiegend aus Frauen bestehen sollte. Diese Gruppe sollte sie leiten und für Spezialeinsätze ausbilden. «

»Das beantwortet nicht meine Frage, wie sie flüchten konnte«, fragte der General. »Ich habe angeordnet, dass sie unter Bewachung gestellt wird. «

»Das haben wir«, antwortete Atlanta. »Mein Sicherheits-Offizier Arfan-Don ist ihr nicht von der Seite gewichen. Dennoch war es notwendig, sie in ihrer neuen Umgebung und mit der Technik des Imperiums von Natrid & Tarid bekannt zu machen. Im Rahmen dieser Einweisungen wollte sie das Tor kennenlernen, durch das wir sie gerettet haben. Ich maß diesem Wunsch keine große

Bedeutung bei, da der Transmitter-Wurmloch-Generator derzeit von Marin und Gareck umgebaut und an einem neuen Standort installiert wurde. Mein Büro hat eine offizielle Anfrage gestellt und um eine Besichtigung gebeten. Der Termin wurde mit den Wissenschaftlern abgesprochen. Lorin hoffte darauf, einem Testlauf des Transmitters beizuwohnen zu können. Die näheren Einzelheiten kann ihnen mein Sicherheits-Offizier erklären, da ich bei der Demonstration nicht anwesend war.«

Der General blickte den leitenden Sicherheits-Offizier der Atlantis-Basis Arfan-Don an.

»Erzählen sie bitte weiter«, bat der General.

Arfan-Don nickte.
»Wir sind mit einem Tarin-Jet zu dem vereinbarten Termin auf dem Mond Europa geflogen«, teilte er mit. »Nach der Landung haben wir uns auf dem direkten Weg mit Marin und Gareck getroffen. Sie hatten gerade den Rahmen des Transmitters vergrößert und neu aufgebaut. Die Wissenschaftler wollten einen Testlauf durchführen. Wir kamen zur richtigen Zeit. Lorin war sehr interessiert und stellte den Wissenschaftlern Fragen. Nachdem die Marines eingetroffen und sich positioniert hatten, startete Marin mit der Demonstration. Wir alle waren

fasziniert von dem Transmitter-Wurmloch-Generator und ließen Lorin und ihren Protokoll-Robotern nur einen Augenblick aus den Augen. Diesen Moment nutzten sie, um mit schnellen Schritten in den aktivierten künstlichen Horizont zu springen.«

»Warum haben sie die Amazone nicht mit Waffengewalt daran gehindert?«, fragte General Poison.

»Es ging alles so schnell«, antwortete Arfan-Don. »Wir zogen unsere Strahler, doch die Zeit reichte nicht mehr zum Handeln. Es waren lediglich zehn Schritte die Lorin und ihr Protokoll-Roboter überwinden mussten. Wir standen direkt vor dem künstlichen Horizont. Leider haben wir zu keiner Zeit mit einer geplanten Flucht der Amazone gerechnet.«

»Das soll uns für zukünftige Demonstrationen eine Lehre sein«, grollte der General. »So etwas darf einfach nicht passieren.«

General Poison ließ eine kurze Pause vergehen und blickte die Teilnehmer mit ernster Miene an.

»Uns bleibt nichts anderes übrig, als sie wieder einzufangen«, sagte er. »Wir starten eine Mission, die von

Captain Hunter geleitet wird. Dazu setzen wir einen der experimentellen Tarin-Jets von Marin und Gareck ein.«

Er blickte Atlanta an.
»Wie ist es möglich die Amazone wiederzufinden?«, fragte er.

»Das sollte einfacher gehen, als viele von ihnen denken«, antwortete die Kommandantin der großen Basis. »Wir haben Lorin ohne ihr Wissen einen ID-Chip eingesetzt. Dieser kann von uns angepeilt und geortet werden. Der ihr implantierte Chip hat eine Sende-Reichweite von 500 Kilometern. Ich denke das sollte ausreichen, um sie schnell wieder zu finden.«

»Ausgezeichnet«, lächelte der General. »Das ist die erste erfreuliche Nachricht, die ich heute höre.«

Er dachte kurz nach.
»Eine Frage interessiert mich noch«, ergänzte General Poison. »Warum ist der Protokoll-Roboter mit ihr in dem Durchgang verschwunden? So wie ich informiert wurde, ist er doch von Noel komplett neu programmiert worden?«

Der Kunst-Klon der großen Hypertronic-KI von Natrid nickte emotionslos.

»Das ist unser Standard-Verfahren N 3715 bei der Löschung der alten Programmierungen und von Roboter-Speichern«, erklärte er. »Alle Speicherkerne werden mit diesem Verfahren gelöscht, anschließend neu programmiert und mit den aktuellen Befehlen des neuen Imperiums ausgestattet.«

»Dann verstehe ich nicht, wie der Roboter Lorin folgen konnte«, erwiderte der General. »Normalerweise hätte er sie daran hindern müssen, in den künstlichen Horizont zu springen.«

»Die Sicherheitsschaltung muss außer Kraft gesetzt worden sein«, bestätigte Noel. »Wir wissen, dass Jahol-Sin ein direkter Protokoll-Roboter von Kaiser Quoltrin-Saar-Arel war. Vermutlich wurde er mit einem versteckten zweiten Zentral-Speicher ausgestattet. Wie sie wissen, musste der Kaiser in allen Bereichen sein eigenes Süppchen kochen. Ich kann es mir nur so erklären, dass dieser Protokoll-Roboter gegen eine Löschung seiner Programmierung geschützt war. Er wird einen zweiten befehlsüberlagernden Speicherchip besitzen, der nach einer gewissen Zeit unsere Neuprogrammierung überschreibt. Welche Roboter hiermit ausgestattet wurden, ist nirgendwo in meinen

Datenarchiven hinterlegt. Es existieren Informationen hierüber.«

»Ausgezeichnet«, sagte der General. »So langsam kommen alle versteckten Hinweise aus dem alten Natrid ans Tageslicht. Mich überrascht nichts mehr. Durch diese maßlose Heimlichtuerei der kaiserlichen Kaste, musste der große Krieg für Natrid natürlich auch verloren gehen.«

»Bleiben sie sachlich«, antwortete Noel. »Vermutlich haben auch andere Kaiserdynastien ihre Geheimnisse.« Der General blickte Noel ärgerlich an.

»Um die Gespräche nicht eskalieren zu lassen, stimme ich der Mission zu«, sagte Captain Hunter. »Sie sollten 150 Kampf-Roboter in der Höhle auf der Gegenseite in Stellung bringen. Sie werden unseren Rückweg sichern. Ich empfehle dringend, diese Höhle als unsere Basis auszubauen. Das ist unser einziger Weg ins Sol-System. Er darf uns nicht versperrt werden. Diese Höhle scheint von geflüchteten Natradern vergessen worden zu sein. Vielleicht ist es möglich, durch ein getarntes Einsatz-Team einige Schirmfeld-Generatoren zu installieren. Im Notfall könnten wir die Höhle und den Berg unter unseren Super-Schutzschirm legen.«

Der Gesichtsausdruck von General Poison verdunkelte sich.

»Mein Team stelle ich mir selber zusammen«, ergänzte Captain Hunter. »Ich denke an meine erfahrene Crew der Cuuda 001. Auch die Marines meines Schiffes sind eingespielt und verstehen die Anweisungen meiner Offiziere ohne eine mündliche Aufforderung.«

»Noch haben sie keinen Auftrag von mir«, schrie der General. »Nicht so voreilig. Sollen wir ihnen nicht auch eine Bar einrichten. Nur so für den Notfall. Wir brauchen einen sicheren Plan. Sie wissen nicht, was sie auf dem Fluchtplaneten der Natrader erwartet. Unsere ersten Späh-Aufnahmen zeigten eindeutig, dass die Natrader sich in einem Krieg mit einer fremden Rasse befinden. Vermeiden sie unter allen Umständen direkte Kampfhandlungen. Suchen sie lediglich Lorin und ihren Protokoll-Roboter. Bringen sie beide zurück, bevor die Natrader auf der Gegenseite zu viele Informationen von uns bekommen.«

»Das habe ich vor«, fluchte der Captain. »Dafür benötige wir eine Basis. Oder sollen wir uns auf der Gegenseite ein Hotel mieten?«

»Ich plane lediglich eine Rückhol-Mission«, schrie der General. »Einen kostenintensiven Brückenkopf auf der Gegenseite zu errichten, kommt nicht in Frage.«

»Das würde die Mission in jedem Fall vereinfachen«, antwortete Noel. »Die Daten von Lorin könnten zeitnah aufgezeichnet werden. Das Einsatzteam wäre in der Lage schneller zu reagieren.«

»Vermutlich bin ich wieder der Einzige, der an die Kosten denkt«, knurrte der General.

Es klopfte an der Türe. Commodore von Häussen erhob sich und öffnete sie. Ein Adjutant trat ein. Er schritt auf General Posen zu, beugte sich etwas herunter und sprach einige Wörter in sein Ohr.

»Gewähren sie ihm eine Einflug-Genehmigung ins System«, antwortete der General. »Er ist der Einzige von ihnen, der sich vernünftig anmelden kann. Lassen sie ihn nach der Landung sofort hierherbringen.«

Der Adjutant salutierte und bestätige den Befehl. Zackig drehte er sich um und schritt aus dem Besprechungssaal heraus.

Commodore von Häussen schloss die Türe hinter ihm und ging zu seinem Stuhl zurück.

Der General blickte Atlanta an.
»Ihr Liebhaber ist eingetroffen«, fauchte er sie an. »Vielleicht kann uns Thoran einige Informationen geben. Er hat die Daten unserer Drohnen-Aufzeichnungen mit nach Centros genommen. Vielleicht konnten die Lantraner die Galaxie der geflüchteten Natrader bestimmen?«

Atlanta schlug erbost mit ihrer Hand auf den Tisch. Ein dumpfer Ton ertönte. Die Zuhörer zuckten zusammen.

»Wie oft soll ich ihnen noch sagen, dass er nicht mein Liebhaber ist?«, schimpfte sie. »Ich verbitte mir das. Uns verbindet lediglich eine spannende Vergangenheit. Er ist ein guter, geschätzter Freund.«

Die Zuhörer grinsten sie an.

Atlanta bemerkte ihre Blicke und winkte ab.
»Glaubt, was ihr wollt«, fluchte sie. »Für Informationen ist Thoran wieder gut genug.«

»Jetzt kriegen sie sich mal wieder ein, Kindchen«, beruhigte sie General Poison. »Wir sind ja froh, dass sie so einen engen Kontakt zu ihm halten. Die Lantraner sind für uns derzeit unverzichtbar. «

Die Gruppe der Zuhörer lachte laut auf.
Atlanta sprang ärgerlich auf. In diesem Moment klopft es erneut an der Türe.

Der Adjutant trat erneut ein.
»Thoran, der Oberbefehlshaber der lantranischen Flotten-Verbände ist eingetroffen«, teilte er mit.

»Lassen sie ihn eintreten«, sagte der General. »Worauf warten sie noch? «

Der Adjutant gab den Weg frei und ließ Thoran eintreten. Der lantranische Flotten-Oberbefehlshaber trat ein und salutierte nach terranischer Art. General Poison erwiderte freundlich den Gruß.

Thoran blickte sich um.
»Haben sie diese Konferenz für mich einberufen? «, fragte er.

»So schnell haben wir sie nicht zurückerwartet«, bemerkte der General. »Wir haben etwas zu besprechen. Es hat nichts mit ihnen zu tun. «

Er blickte Thoran fragend an.
»Konnten sie etwas über die Koordinaten in Erfahrung bringen?«, fragte General Poison nach.

»Darf ich mich zuerst setzen?«, entgegnete Thoran.
»Aber natürlich«, erwiderte der General.

Thoran ging auf Atlanta zu und beugte sich herab und drückte ihr einen Kuss auf ihre Wange.

Atlanta war dies sichtlich unangenehm. Eine leichte Röte stieg in Ihr Gesicht.

»So viel zur Klärung der zwischenmenschlichen Beziehungen«, grinste Captain Hunter.

Wütend blickte Atlanta ihn an. Der Captain bemerkte, dass sie ihn mit Blicken töten wollte. Er hob beide Hände in die Luft.

»Sorry«, bemerkte er. « Ich habe nur beobachtet. «

General Poison schlug mit der Hand auf den Tisch.
»Konzentrieren sie sich auf das Wesentliche, Hunter«, murrte er. »Eine schwierige Mission liegt vor ihnen. «

»Auch nicht schwerer als die Bisherigen«, erwiderte der Captain.

»Habe ich etwas verpasst? «, fragte Thoran. » Ist etwas passiert? «

Atlanta nickte.
»Dazu kommen wir später«, unterbrach der General. »Thoran, konnten ihre Experten etwas mit den Sternen-Konstellationen anfangen? «

Der Lantraner nickte.
»Das war keine einfache Aufgabe«, antwortete er. »Wir wurden in die Irre geführt. Unsere Wissenschaftler waren an sich selber am Zweifeln. Doch dann gelang uns die Bestimmung der Koordinaten durchzuführen. «

»Spannen sie uns nicht auf die Folter«, sagte der General. »Wo liegt das System? «

»So einfach ist das nicht zu erklären«, erwiderte Thoran. »Ich weiß nicht, ob sie es verstehen werden? «

»Halten sie uns nicht für dumm«, bemerkte Noel. »Tarid hat in den letzten Monaten einen gewaltigen technischen Sprung gemacht. «

»Das ist uns bekannt«, erwiderte Thoran. »Ansonsten hätte unsere hohe Empore sich nicht bereit erklärt, das Neue-Imperium zu unterstützen und auf seine zukünftigen Aufgaben vorzubereiten. «

Er machte eine kurze Pause. Dann fuhr er fort.
»Wie sie wissen, hat ihr ehemaliger natradischer Kaiser den Transmitter-Wurmloch-Generator von einer fremden Rasse erhalten?«, erklärte der Lantraner. » Wir vermuten, dass es die Kon-Ra-Tak waren. Auf diese wissende Rasse muss ihr Kaiser unbeabsichtigt gestoßen sein. Den Kon-Ra-Tak wird nachgesagt, dass sie lange vor uns, alle Geheimnisse des Universums entschlüsseln konnten. Aufgrund einer sich ausbreiteten großen Langeweile haben sie sich in andere Dimensionen des Alls zurückgezogen. Sie werden als allmächtig bezeichnet, als unsterblich und sie lieben es, anderen Rassen Rätseln aufzugeben. «

»Worauf wollen sie hinaus? «, fragte der General.

Thoran lachte.
»Dieser gesteuerte Wurmloch-Transmitter trägt die Handschrift ihrer Entwicklungskunst«, erklärte Thoran. »Vermutlich wusste der natradische Kaiser nicht, was er da benutzte. «

Die Zuhörer blickten den Lantraner fragend an.

Dieser lächelte charmant die Mitglieder der Gesprächsgruppe an.

»Bei diesem angeblichen Transmitter-Wurmloch-Generator handelt es sich um eines der äußerst seltenen Geräte, die gleichzeitig eine Zeitspirale in ein Wurmloch initiieren. Das Gerät gräbt sich sprichwörtlich durch Raum und Zeit. Der Fluchtort der Natrader liegt nach unseren Messungen 12 Millionen Lichtjahre von hier entfernt, an der East-Side des Adramelech-Systems und 300.000 Jahre vor unserer heutigen Zeitrechnung in der Vergangenheit. Aus diesem Grunde konnten wir die Sternen-Konstellationen nicht richtig zuordnen. Erst als wir den Faktor Zeit hinzugerechneten, gelang es uns den Standort ihres Sternen-Systems zu bestimmen.«

»Bedeutet ihre Andeutung, dass der Transmitter-Wurmloch-Generator sich auch auf unterschiedliche Zeitebenen einstellen lässt?«, fragte Marin.

»Das scheint so«, entgegnete Thoran. »Ob er eine fest programmierte Zeitzone besitzt, oder ob sie sich einstellen lässt, das entzieht sich unserer Kenntnis. Um mehr sagen zu können, müssten unsere Wissenschaftler das Steuermodul des Gerätes zerlegen und analysieren.

Dabei ist es leider möglich, dass sich die jetzige Einstellung löscht. Sie würden keine Verbindung mehr zu dem Planeten der geflüchteten Natrader herstellen können.«

»Da es sich um unser einziges Gerät handelt, können wir das nicht riskieren«, bemerkte Gareck. »Wir sind noch in einer Testphase. Gerade jetzt, wo wir planen ein Kommando durch den Tunnel schicken, darf die Verbindung nicht verlorengehen.«

»Die Amazone des Kaisers ist mit ihrem Protokoll-Roboter geflüchtet«, teilte Atlanta Thoran mit. »Vermutlich will sie den Kaiser zu Rechenschaft ziehen?«

Thoran verzog sein Gesicht.
»Ich hoffe sehr, dass dadurch kein Zeit-Paradoxon ausgelöst wird«, antwortete er. »Von dem Flucht-Planeten ihres Kaisers ausgesehen, findet der Untergang von Natrid erst noch statt.«

General Poison schüttelte sein Kopf.
»Was erzählen sie da für einen Unsinn«, sagte er. »Wie kann man den Untergang eines vernichteten Planeten miterleben?«

»Man könnte die Situation noch gefährlicher gestalten«, erklärte Thoran. »Falls der Kaiser über einen geeigneten

Antrieb verfügen würde, dann könnte er auf direktem Wege ins Sol-System fliegen und die dort lebenden Natrader warnen. Wir erinnern uns, der Transmitter-Wurmloch- Generator hat die geflüchteten Natrader auf einem 12 Millionen Lichtjahre entfernten Planeten abgesetzt, der 300.000 Jahre vor unserer heutigen Zeit in der Vergangenheit liegt. Entsprechend dieser Informationen müsste Admiral Tarin nicht mit seiner Flotte starten, sondern könnte diese in seinem Heimat-System zusammenziehen, um die anfliegende Flotte der Rigo-Sauroiden zu vernichten.

Man könnte viele Varianten durchspielen. Gegebenenfalls würde Kaiser Quoltrin-Saar-Arel seine redartanische Flotte starten, um die Natrader im Sol-System unterstützen. Sicherlich würden auch dann die Rigo's vernichtet werden und die Zukunft verändert werden. Das Leben, wie sie es kennen, würde aufhören zu existieren. Leider sind das alles nur Vermutungen. Wir Lantraner haben uns nie mit Zeitexperimenten beschäftigt. Doch unsere Experten warnen eindringlich vor einer Manipulation der Zeit.

General Poison pfiff durch seine Zahne.
»Das scheint eine ganz heiße Kiste zu sein«, sagte er. »Die Amazone Lorin ist mittendrin. Hoffentlich macht sie keine, nicht mehr behebbaren Fehler.

»Das lantranische Wissen hin und her«, bemerkte Marin. »Thoran hat doch gerade mitgeteilt, dass die Lantraner keine Erfahrungen mit Zeitreisen haben. Wir im Gegenzug doch. Im Rahmen unserer Testversuche mit den Tarin-Jets mussten wir Zeitreisen durchführen, um die Tauglichkeit unserer Entwicklungen zu überprüfen. In einer Mission gerieten wir in einen Hinterhalt. Unsere Schutzbegleiter mussten mehrere Eingeborene erschießen. Dieser Eingriff hat auch die Zeit nicht kollabieren lassen. Wir haben an diesem Thema geforscht. Es ist uns nicht klar, ob es dieses Paradoxon überhaupt gibt. Sicherlich wird es variable und flexible Einflüsse geben. Hier bedarf es weiterer Forschungen.«

»So schwierig ist das Thema nicht«, sagte Thoran. »Es sollte auch euch Wissenschaftlern einleuchten. Falls der Großvater von Captain Hunter bei einer Zeitreise getötet wird, dann wird es keine Nachkommen seiner Familie mehr geben. Captain Hunter würde vermutlich in der Gegenwart von einer Sekunde zur anderen aufhören zu existieren.«

»Spekulationen«, erwiderte Gareck. »So etwas ist noch nie ausprobiert worden. Wir werden diese Frage nicht beantworten können. Vielleicht wird das Vakuum mit etwas anderem aufgefüllt?«

»Das alles ist nicht bestätigt«, fuhr Marin energisch fort. »Zu diesem Thema müssen weitere Experimente erfolgen. Wenn wir von General Poison den ausdrücklichen Befehl bekommen, dann werden wir in dieser Angelegenheit weiter forschen.«

Thoran nickte.
»Ich warne hiervor«, antwortete er. »Diese Technik in den Händen von Regime-Gegnern kann Imperien zum Einsturz bringen.«

Die natradischen Genies winkten ab.

»Das ist derzeit nicht unsere vorrangige Aufgabe«, unterbrach General Poison die Diskussion. »Vielmehr stellt sich die Frage, wie wir Lorin und ihren Protokoll-Roboter wieder einfangen können.«

Der lantranische Flotten-Oberbefehlshaber blickte ihn an. »Ich gebe ihnen noch weitere Hintergrund-Informationen«, sagte er. » Die Fluchtwelt der Natrader befindet sich in einer Entfernung von 12 Millionen Lichtjahren. Laut den Informationen aus unseren Datenbanken, liegt ihr Imperium im Hoheitsgebiet der Adramelech. Berücksichtigt man den Zeitunterschied von 300.000 Jahren, dann befinden sich die Natrader in einem großen Krieg. Zu dieser Zeit führten die selbsternannten Mächtigen ihre großen Reinigungskriege im Universum durch.

Das waren Kämpfe um die militärische Vorherrschaft im All. Auswuchernde Species, nicht in ihr Bild passende Rassen und vor allem humanoide Stämme, wurden gezielt angegriffen, vernichtet und ausgerottet. Im Anschluss wurden die Planeten den Bedürfnissen der Adramelech angepasst. Unzählige Schlachten mit Milliarden von Opfern tränkten auf vielen Planeten die Erde rot mit Blut. Den Adramelech gelang es tatsächlich viele Sterneninseln zu reinigen.«

Thoran ließ eine kurze Pause vergehen und blickte die Zuhörer an. Dann fuhr er fort.

»Auch in die Milchstraße wollten sie eindringen und ihr schreckliches Werk fortführen«, erklärte er. »Doch unser Frühwarnsystem funktionierte. Wir konnten die Flotte der Adramelech vernichtend schlagen und sie an einem Eindringen in die Milchstraße hindern.«

Thoran blickte General Poison und Noel an.
»Wären wir nicht eingeschritten, dann würde es heute keine Natrader und keine Terraner geben«, erklärte er. »Aber ich will nicht ausschweifen. Bei den Adramelech

handelt es sich um eine Rasse einer eigenwilligen Evolution. Sie haben sich über Jahrmillionen aus Seeigeln, Stachelschweinen, oder ähnlichen Tieren entwickelt. Trotz ihrer geistigen Weiterentwicklung konnten sie ihre Herkunft nicht verbergen. Vermutlich sehen sie derzeit auf der Höhe ihrer Evolution. Noch immer besitzen ihre Körper zahlreiche Stacheln, die überwiegend der Abwehr und Verteidigung von Angreifern dienen.

Wie bei vielen sehr alten Ausgeburten des Alls, sehen sie sich selbst als einzige intelligente und überlegenswerte Species der Evolution. Im Laufe der Millionen von Jahren ihrer Existenz, bemühten sie sich immer wieder um Hilfsvölker, die sie für den Angriff auf unterschiedliche Sternensektoren des Universums gezüchtet haben. Wir sind uns nicht sicher, aber würden es auch nicht ausschließen, wenn sich herausstellen sollte, dass die Adramelech die Rigo-Sauroiden für den Angriff auf Natrid gezüchtet haben.

Sie sollten verstehen, dass die Adramelech jede 500.000 Jahre eine Reinigung des Universums durchführen. Warum sie jetzt nach 300.000 Jahren schon hiermit beginnen, das entzieht sich unserer Kenntnis. Vermutlich sind ihre Kontroll-Flotten auf die ausgewanderten Natrader gestoßen, die sich in einem ihrer gesäuberten Sektoren angesiedelt haben. «

»Was ist so besonders an dieser Rasse?«, fragte Atlanta. »Können wir sie besiegen?«

Thoran lächelte sie an.
»Das schätze ich so an ihr«, bemerkte er. »Sie kommt immer ohne Umschweife auf die direkte Frage.«

Thoran blickte den General an.
»Die Adramelech sind nicht zu unterschätzen«, warnte er. »Sie experimentieren mit der blauen Energie des Zwischenraums. Wie sie wissen werden, gibt es oberhalb des Hyperraums noch den völlig unbekannten Zwischenraum. Ihre Großduplikatoren beziehen ihre Energie von dort. Diese gewaltigen Energien lassen sich auch kurzfristig ansaugen. Den Adramelech ist es gelungen, diese Energie in einer blauen Wolke zu binden und zu steuern.

Lässt man sie frei, legt sie sich über die Schutzschirme angreifender Schiffe. Alle bekannten Schirmfelder können dieser konzentrierten Energie aus dem Zwischenraum nicht trotzen. Sie kollabieren innerhalb kürzester Zeit. Dann frisst sich diese Energie durch die Schiffswände zu dem Antriebskern durch und lässt in Energiemeiler explodieren. Wir haben noch kein Gegenmittel gehen diese Energie gefunden.«

»Das bedeutet, dass unsere lantranischen Schutzschirme auch wirkungslos sind?«, fragte Captain Hunter.

Thoran zuckte mit seinen Schultern. »Das weiß ich nicht«, antwortete er. »Sie konnten noch nicht getestet werden. Wir sind lange nicht mehr auf eine Flotte der Adramelech gestoßen. Wie sie wissen, haben wir uns auf die Milchstraße konzentriert und versucht Schaden von unserer Sterneninsel zu nehmen. «

»Wie konnten sie dann die Adramelech besiegen? «, fragte General Poison.

»Das kann ich ihnen sagen«, antwortete der Lantraner. »Die Schiffe der Adramelech tragen unterhalb ihrer Schiffe eine Ausdehnungsblase. In ihr wird diese blaue Energie aus dem Zwischenraum angesaugt, gespeichert und umgewandelt. Dieser Prozess dauert einige Minuten. In dieser Zeit sind ihre Schiffe angreifbar. Einige kräftige Laser-Salven auf diese Eindämmungsblase lässt sie kollabieren. Die freiwerdende blaue Energie entweicht, breitet sich und kann nicht mehr gelenkt werden. Sie hüllt die Schiffe der Adramelech ein und vernichtet sie.

Eine zweite Möglichkeit ist es, ihre anfliegenden Flotten direkt in den Schlund einer Dimensions-Spalte zu schicken. Wir besitzen eine Technik, die Dimensions-Spalten im Universum aufreißen kann. Diese Spalten ziehen alle ihre Schiffe magisch an und verschlucken sie. So erging es den Angriff-Flotten der selbsternannten Mächtigen, als sie es probierten uns anzugreifen. Wir wissen nicht, was mit ihren Schiffen passiert ist. Unsere aufgebauten Dimensions-Spalten haben ihre Schiffe angezogen und sie möglicherweise in andere Raumzeitzonen des Universums befördert. Wir haben keine Information, ob sie zerstört wurden, oder sie in einer anderen Dimension wieder herausgekommen sind. Unsere Technik erlaubt es uns lediglich die Dimensions-Spalten zu öffnen.«

»Es ist durchaus möglich, dass sie die Schiffe der Adramelech nur in eine andere Dimension geschickt haben?«, teilte Marin mit. » Aus den Augen, aus dem Sinn. Vielleicht ärgern sich jetzt andere Rassen mit dem Problem herum.«

Thoran zog seine Arme hoch.
»Wir können es nicht ändern«, antwortete er. »Die Zielsetzung für unsere Wissenschaftler war es, die Gefahr durch den Angriff der Adramelech zu beseitigen. Das haben wir erfolgreich gemeistert. Wir können den Weg ihrer Schiffe nicht verfolgen. Für uns war die Gefahr für die Milchstraße erst einmal beseitigt.«

»Wie hilft mir das jetzt weiter?«, fragte Captain Hunter. » Ich brauche nur die Amazone zu finden, zu ergreifen und zurückzubringen. Dafür wird ein Paralyse-Strahler reichen. «

»Dann wollen wir einmal hoffen, dass Lorin ihnen mit ihrem Schwert nicht den Kopf abschlägt«, bemerkte Atlanta. »Sie besitzt eine Spezialausbildung der kaiserlichen Kaste und ist sehr schwer zu ergreifen. «

»Sie haben ihr doch einen ID-Chip implantiert? «, bemerkte Captain Hunter. » Damit kann sie sich nicht mehr verstecken. «

»Das ist es ja, was ich meine«, antworte Atlanta. »Sie versuchen immer alles mit ihren Muskeln und ihren Waffen zu erledigen. Vielleicht sollten sie ein wenig mehr denken. «

Captain Hunter grinste sie frech an.

»Haben sie Bedenken? «, fragte General Poison nach.

Atlanta schüttelte ihren Kopf.
»Keineswegs«, antworte sie. »Es kommt darauf an, wie sich der Protokoll-Roboter verhält. Er kann den ID-Chip

von Lorin orten. Gegebenenfalls auch auf ihren Wunsch hin entfernen. Falls das passieren sollte, findet Captain Hunter die Amazone nicht mehr.«

»Welche Alternativen haben wir?«, erkundigte sich Noel.

»Keine«, antwortete Atlanta. »Wir können den Weg der Amazone ohne den ID-Chip nicht verfolgen. Sie kann sich überall hinbegeben. Wir werden auf Auffälligkeiten achten.«

»Das bedeutet, dass wir sie nicht aufhalten können?«, bemerkte General Poison. »Es scheint so, als ob wir die Hilfe von den Natradern brauchen.«

Thoran räusperte sich.
Alle Anwesenden blickten ihn an.

»Besitzen sie DNA von ihr?«, fragte der Lantraner.

Atlanta nickte.
»Die Ärzte haben ihr es entnommen, um ihr Alter und ihre Zugehörigkeit zu überprüfen«, antwortete sie.

»Gut«, erwiderte Thoran. »Ich habe einige Drohnen in meinem Raumschiff. Diese können aufgrund der DNA eines Lebewesens ihre Spuren aufnehmen. Sie tarnen sich während ihres Fluges. Nur in dem Moment ihrer Scans werden sie sichtbar. Vielleicht möchten sie diese einsetzen?«

General Poison schüttelte sein Kopf.
»Was sie alles an Bord haben«, schmunzelte er. »Da würden sogar die alten Natrader neidisch werden.

Noel blickte ihn irritiert an, verzichte aber auf eine Antwort.

»Das wäre hilfreich für uns«, antworte Captain Hunter. »Wir könnten so ein Bewegungs-Schema von Lorin erstellen. Dann wissen wir, welche Pläne sie verfolgt und wo sie Unterschlupf sucht.«

Der Captain blickte die Zuhörer an.
»Wann geht es los?«, fragte Captain Hunter.

Der General blickte ihn an.
»Sofort«, antwortete er. »Wir dürfen keine Zeit verlieren. Der Höhle auf dem fremden Planeten wird von uns als Stützpunkt ausgebaut. Dieser ermöglicht uns einen ständigen Zugang zu der Welt der geflüchteten Natrader. Diese Standort wird unser Nachschubdepot sein.«

Der General wandte sein Gesicht den Wissenschaftlern zu.

»Marin und Gareck«, sagte er. »Ich möchte, dass sie die wissenschaftliche Überwachung vornehmen. Sie werden unser Personal entsprechend einteilen, den Einbau der Defensivanlagen und des Schutzschirmes überwachen. Ferner könnten sie Fragen bezüglich ihres experimentellen Tarin-Jets beantworten, falls dieses notwendig wird. «

Marin wollte etwas hierauf antworten, doch der General hob seine Hand.

»Ich wünsche keine Diskussionen hierüber«, teilte er mit. »Ihre laufenden Projekte werden ausgesetzt, bis die Mission auf dem Fluchtplaneten der Natrader beendet wurde. «

Der General blickte die Gesichter der Zuhörer ernst an. »Alle wissen, was zu tun ist«, ergänzte er. » Commodore von Häussen und Noel werden die technischen Anlagen zusammenstellen. Captain Hunter wird sein Team aktivieren und zum Mond Europa fliegen. Dort treffen wir uns. Um die Einheiten Marines und die Kampf-Roboter kümmere ich mich. Ich brauche hoffentlich niemanden zu sagen, dass die Angelegenheit eilt und wichtig für uns ist.

Die Amazone muss wieder eingefangen werden. Sie wird sich verantworten müssen.«

»Darf ich an der Mission teilnehmen?«, fragte Arfan-Don. »Ich fühle mich etwas schuldig an der Misere.«

»Machen sie sich keine Gedanken«, beruhigte ihn der General. »Auch Captain Hunter wäre die Amazone abhandengekommen.«

»Das ist noch nicht bestätigt«, lächelte der Captain. »Mein Team hätte ihr nicht so viel Freiraum gelassen.«

Der General winkte ab.
»Kümmern sie sich um ihre Aufgabe«, befahl er. »In drei Stunden treffen wir uns auf dem Europa-Mond, in der wissenschaftlichen Halle von Marin und Gareck.«

Planet Redartan

Admiral Rings-Stan, der Anführer der Demonstranten stand auf einem Podest und blickte die aufgebrachte Menge der Demonstranten an. Er war sich klar, dass ihre heutige Aktion zu viele Opfer gekostet hatte.

Nur langsam hob er seine Arme.
»Ruhe bitte«, rief er. »Ruhe bitte.«

Langsam verstummte die große Menge der Zuhörer. »Ich bitte euch um Vergebung«, sagte der Admiral langsam und deutlich. »Noch nie wurden wir so brutal von der kaiserlichen Garde bekämpft, wie bei unserer heutigen Protestaktion. Das konnte die Führung des Widerstandes unmöglich vorhersehen. Ich verstehe euren Schmerz. Wenn ihr es wollt, lege ich mein Amt sofort nieder und übergebe die Aufgaben in kompetentere Hände. Dann lösen wir unseren Widerstand auf und versuchen andere Wege zu gehen. «

Die Menge verstummte schlagartig. Ein Demonstrant stand auf.

»Wir machen ihnen persönlich keinen Vorwurf«, antwortete er. »Der Schmerz über unsere Verluste lässt uns aufschreien. Wir alle wissen, dass sie die Führungsposition des Widerstandes am besten ausfüllen können. Doch wir haben heute gesehen, dass wir ohne Waffen, nichts gegen die kaiserlichen Garden ausrichten können. «

Ein anderer Demonstrant stand auf.
»Mein Name ist Sarn-Dorun«, teilte er mit. »Ich bin der Sprecher der Demonstranten aus den Ostbezirken von Redartan. Nach dem heutigen Tag stimme ich meinem

Vorredner zu. Die kaiserlichen Garden haben eine neue Strategie. Sie versuchen uns eindeutig einzuschüchtern, vielmehr auch auszuschalten. Sie machen hemmungslos von ihren Waffen Gebrauch. Das ist eine neue brutale Vorgehensweise.«

Admiral Rings-Stan nickte bestätigend.
»Das Gleiche haben wir registriert«, erwiderte er. »Der Kaiser will alle lästigen Regimegegner aus dem Weg räumen. Die Schergen haben wahllos auf unsere Gruppen gefeuert. Sie hatten es gezielt auf unsere Führungsgruppe abgesehen. Wir konnten nur dank unserer wenigen Waffen die Soldaten auf Distanz halten und flüchten.«

Eine Frau stand auf.
»Mein Name ist Cura-Kyrim«, stellte sie sich vor. »Ich habe noch eine andere Entdeckung gemacht.«

Die Augen von zahlreichen Demonstranten blickten sie an.

»Unsere Frauengruppe hatte ihre Kinder dabei«, teilte sie mit. »Im Nachhinein war das ein großer Fehler von uns. Wir konnten das brutale Vorgehen der imperialen Soldaten nicht vorhersehen. Dieses Mal war es anders als bei allen Demonstrationen, an denen wir uns bisher beteiligt hatten. Eine Gruppe von fünf Soldaten hatte uns eingekesselt. Sie waren nicht daran interessiert, uns entkommen zu lassen. Wir konnten ihre Worte hören, wie sie sich untereinander beratschlagten. Sie wollten ein Exempel an uns statuieren. Wir konnten eindeutig hören, wie der Anführer befahl, auch unsere Kinder zu ermorden.

Dieser eiskalte Befehl des Anführers der Soldaten ließ uns klar werden, dass wir mit dem Regime und den Machenschaften von Kaiser Quoltrin-Saar-Arel nichts mehr zu tun haben möchten. Er darf nicht mehr der Führer unseres Volkes sein. Wir konnten erkennen, dass er nur noch bestrebt ist, seine Macht zu behalten. «

Ein anderer Demonstrant erhob sich.
»Von dem gleichen Erlebnis können auch wir berichten«, sagte er. »Mein Name ist Murn-Racta, wir kommen aus dem nordwestlichen Bereich unseres Planeten. «

»Darf ich sie bitten, Cura-Kyrim ihren Bericht zu Ende sprechen zu lassen«, monierte Admiral Rings-Stan. »Jede Einzelheit ist wichtig. Sie kommen später zu Wort. «
Murn-Racta nickte und verstummte.

»Danke Admiral«, sagte die weibliche Demonstrantin. »Ich möchte gerne meinen Bericht abschließen. «

Sie blickte die Demonstranten an.

»Sie werden sich jetzt fragen, wie wir trotzdem mit heiler Haut vor den Soldaten des kaiserlichen Sicherheits-Dienstes flüchten konnten?«, ergänzte sie. » Aus eigener Initiative wäre es nicht mehr möglich gewesen. Wir sahen unserem Tod ins Auge. Doch plötzlich enttarnte sich hinter den Soldaten eine muskulöse Frau. Sie hatte ein Langschwert erhoben und in ihrer anderen Hand eine schwere Laserwaffe auf die Soldaten gerichtet. Die Frau sprach die Soldaten an und rief ihnen zu, dass sie sich doch lieber um gleichwertige Gegner kümmern sollten.

Die Schergen des Kaisers griffen nach ihren Strahlern. Doch die Zeit reichte nicht mehr. Die Frau wirbelte ihr Schwert auf die Soldaten nieder und schnitt ihnen ihre Köpfe in Sekundenbruchteilen ab. Wir hielten unseren Kindern die Augen zu. Blut spritzte in alle Richtungen. Es war entsetzlich. Die Frau schien kein Mitleid mit den Soldaten zu haben. Sie rief uns zu, unsere Kinder in Sicherheit zu bringen und uns einen geeigneten Schutz zu suchen. Dann verschwand sie wieder vor unseren Augen. Sie wird mit einem Tarnschild ausgerüstet sein. «

Admiral Rings-Stan dachte nach.
»Wer war die Frau?«, fragte er. » Hat sie einen Namen genannt? «

Cura-Kyrim schüttelte ihren Kopf.
»Es ging alles so schnell«, antwortete sie. »Sie hat uns förmlich das Leben gerettet. Ich konnte sie eine kurze Zeitlang mustern. Ihre Bekleidung erinnerte mich an eine alte Amazonen-Uniform, wie ich sie aus unseren Datenarchiven von Natrid her kenne.«

»Das wird ein Irrtum sein«, bemerkte ein Lord Gyron-Zirn, ein Begleiter des Admirals. »Der Kaiser unterhält schon lange kein Amazonen-Corps mehr.«

»Trotzdem bin ich mir sicher, dass es sich um eine Amazone handelte, wie sie früher auf unserem Ursprungs-Planeten eingesetzt wurde«, antwortete die Demonstrantin energisch.«

»Danke für ihre Beobachtungen«, sagte Admiral Rings-Stan. »Es tut gut, dass ihnen und ihrer Gruppe, sowie den Kindern nichts passiert ist. Falls sie nochmals teilnehmen möchten, lassen sie bitte ihren Nachwuchs an einem sicheren Ort. Es scheint so, dass sich die Fronten verhärtet haben. Wie sie selbst gesehen haben, können wir derzeit für ihre Sicherheit nicht garantieren.«

Er zeigte mit seiner Hand auf Murn-Racta.
»Welche Beobachtungen können sie uns mitteilten?«, fragte er.

Geduldig hatte der Angesprochene auf seinen Moment gewartet.

»Ich kann die Angaben von Cura-Kyrim bestätigen«, teilte er hektisch mit. »Meine Gruppe hatte leider nicht so viel Glück. Mit 33 Personen waren wir zur Unterstützung der großen Demonstration angereist. Als die Soldaten ihre Zurückhaltung fallen ließen, wurden wir als eine der ersten Gruppen eingekesselt. Sie ließen uns keine Zeit, uns zurückzuziehen. Der Anführer der Soldaten gab unmissverständlich den Befehl auf uns zu feuern. Dreizehn Personen meiner Gruppe erwischte es. Sie wurden eiskalt getötet. Wir konnten nichts tun. Gemäß den Anweisungen der Führung des Widerstandes sind wir alle ohne Waffen gekommen. Eine Verteidigung war uns nicht möglich.«

Der Admiral nickte.
»Die Schuld liegt bei unserem Vorstand«, antwortete er. »Wir wussten nichts von den Befehlen der Soldaten.«

»Wir geben niemandem die Schuld«, antwortete Murn-Racta. »Vermutlich musste es einmal hierzu kommen. Wir sind dem Kaiser auf der Nase herumgetanzt. Jetzt ist ihm das zu viel geworden.«

»Fahren sie mit ihren Beobachtungen fort«, beruhigte ihn Lord Gyron-Zirn. »Der heutige Tag wird nicht ungestraft bleiben. Alle mutigen Redartaner, die heute ihr Leben verloren haben, werden von uns nachhaltig geehrt werden.«

»Es waren vier verwegene Elite-Soldaten des Kaisers, die in der Uniform des Sicherheits-Dienstes steckten«, teilte Murn-Racta mit. »Das war ein Schlag gegen die Freiheit aller Redartaner. Jedenfalls streckten die vier Soldaten meine Freunde nieder, ohne ihnen die Möglichkeit zu geben, sich von der Demonstration zurückzuziehen. Wir waren unfähig ein Wort zu sprechen. Fassungslos blickten unsere Augen auf unsere getöteten Freunde. Die vier Soldaten hatten ihre Laserstrahler auf uns gerichtet. Wir dachten bereits, dass jetzt die restlichen 20 Männer unserer Gruppe exekutiert werden sollten. Sie lachten immer noch hämisch, als sich die Amazone in ihrem Rücken enttarnte.«

Er blickte die Zuhörer an.
»Hier ist euer Gegner«, rief sie den Soldaten zu.

Erstaunt drehten sich die vier Soldaten um. Die schwere Laserwaffe der Amazone fauchte auf. Die Schergen des Kaisers waren nicht mehr in der Lage, sich auf die neue Bedrohung einzustellen. Die Soldaten des Sicherheits-

Dienstes wurden getroffen. Ihre Bewegungen erstarrten schlagartig. Langsam kippten sie nach hinten und schlugen auf den Boden auf. Wir jubelten und blickten die Amazone an.

»Verschwindet«, schrie sie uns an. »Gleich werden neue Einsatzkräfte auftauchen. Wie wollt ihr den Tod der Soldaten erklären?«

»Wer bist du?«, fragte ich die Frau. »Komm mit uns. Wir brauchen dich.«

»Ich habe eine eigene Mission zu erledigen, antwortete die Amazone.

Dann aktivierte sie wieder ihr Tarnfeld und verschwand aus unserem Sichtfeld. Sie besitzt eindeutig ein modernes Tarnfeld.«

»Ich sage es noch einmal«, entgegnete Lord Gyron-Zirn. »Es gibt auf Redartan keine Amazonen mehr. Vermutlich will sich die Frau nicht zu erkennen geben. Das ist ein Mythos aus den Geschichtsbüchern unserer Vorfahren. Wir wissen doch alle, dass in vielen Teilen der Überlieferungen zahlreiche Kapitel beschönigt wurden.«

»Die Uniform der Frau entspricht exakt den Überlieferungen«, teilte der Demonstrant aus dem nordwestlichen Bereich mit. » Auch wenn es keine Amazone war, kämpfen konnte sie besser als die Soldaten des Kaisers. Diese Kämpferin wäre im jedem Fall eine Bereicherung für uns. «

Lord Gyron-Zirn blickte Admiral Rings-Stan. Dieser hob seine Hände zur Beruhigung der Menge.

»Wir werden der Angelegenheit nachgehen«, bekräftigte er. »Diese Frau hat heute viele Leben unserer Freunde gerettet. Vielleicht können wir sie finden und sie für unsere Sache begeistern. «

»Was ist, wenn sie nur Blut vergießen wollte? «, fragte Lord Gyron-Zirn. » Vielleicht ist das auch wieder eine Falle der kaiserlichen Kaste. Wie kommt sie an einen Tarnschirm heran. Diese militärischen Ausrüstungen werden strengstens bewacht und sind für unsere Bevölkerung nicht zugänglich. Ich frage euch jetzt, wo hat diese Frau den Tarnschirm her? «

Die Euphorie legte sich schlagartig. Die Demonstranten wussten, wie schwierig es war an diese sensiblen Gerätschaften zu kommen.

Admiral Rings-Stan trat vor.

»Zukünftig werden wir umdenken müssen«, teilte er der Menge mit. »Unser gewaltfreier Widerstand wird von dem Kaiser nicht mehr honoriert. Er will uns zum Schweigen bringen. Das liebe Freunde, wird er niemals schaffen. «

Lauter Beifall wurde von dem Demonstranten hörbar. Der Admiral hob seine Hände in die Höhe. Die zustimmenden Schreie verstummten.

»Es bleibt uns nichts anderes übrig, als mit Waffengewalt zu antworten«, erklärte er. »Ab sofort werden wir die kaiserliche Kaste und ihre Vasallen bekämpfen, wo immer wir auf sie treffen. Die Zeit des friedlichen Demonstrierens ist vorbei. Keiner kann uns nachsagen, dass wir nicht alles versucht haben. Doch der Kaiser ist unnachgiebig. Er war zu keiner Zeit gesprächsbereit, oder hat unsere Belange aufrichtig angehört. «

Die zahlreichen Demonstranten stimmten laut zu. Beifall wurde hörbar, der durch die große Halle peitschte.

Kirn-Barock meldete sich zu Wort.
»Sprechen sie«, erteilte ihm der Admiral das Wort.

»Wir verfügen nicht über ausreichende Waffen«, gab der Demonstrant zu bedenken. »Nur allein mit unseren Händen werden wir die gut ausgerüsteten Soldaten des kaiserlichen Sicherheits-Dienstes nicht besiegen können.«

Lord Gyron-Zirn nickte ihm zu.
»Derzeit noch nicht«, antwortete er. »Das wird eine wichtige Grundlage unserer Planungen werden. Der Kaiser denkt, dass seine heutige Strategie aufgegangen ist. Sein Ziel war es, uns einzuschüchtern und viele von uns auszulöschen. Er freut sich sicherlich, dass sein Plan aufgegangen ist. Wir sind vor der rohen Gewalt geflohen. Jedoch sind wir nicht eingeschüchtert. Die Zeit ist nicht mehr fern, in der wir es ihm mit der gleichen Brutalität zurückzahlen werden. Wir werden alle Demonstranten versammeln und uns zu großer Stärke formieren.

Alle unsere Brüder, die heute nicht hier sein konnten, werden kommen und uns unterstützen. Wir kämpfen für unsere Freiheit und unsere Zukunft. Der Kaiser wird feststellen, dass er eine nicht aufzuhaltende Macht entfesselt hat, die wie ein Sturm über seine Bastion herfällt. Wir werden gleichzeitig, aufgeteilt in unterschiedliche Kampfgruppen, die Waffendepots der kaiserlichen Flotte angreifen und sie plündern. Dort ist alles, was wir brauchen. «

Er stoppte und blickte zu der großen Eingangstüre, die plötzlich aufflog und sich wieder schloss. Niemand trat ein. Die Wachen an der Türe drückten sie wieder in ihr Schloss.

Der Blick von Lord Gyron-Zirn richtete sich erneut auf die Zuhörer.

»Der Kaiser wird mit unserem Angriff nicht rechnen«, teilte er mit. »Sicherlich wird er nach dem heutigen Tage mit sich und seinem Sicherheitsdienst zufrieden sein.«

Cura-Kyrim meldete sich zu Wort.
Der Lord nickte ihr zu.

»Uns ist zu Ohren gekommen, dass der Angriff der Species auf unser System viele Verluste gekostet hat«, erklärte sie. »Die Hälfte der im System stationierten Heimat-Flotte wurde zerstört. Die Fremden verfügen über eine uns unbekannte blaue Energie, die unsere Schiffe vernichten kann. Sollten wir nicht mit unserem Angriff warten, bis der Kaiser die Fremden besiegt hat?«

Admiral Rings-Stan trat vor. Ernst blickte er die Demonstranten an.

»Wie sie wissen, war ich ein angesehener Offizier in der Raumflotte des Kaisers«, erklärte er. »Bis zu dem Zeitpunkt, an dem ich seine Befehle hinterfragen musste. Ich besitze immer noch Kontakte zu dem Flotten-Oberkommando, speziell auch zu Admiral Tarn-Lim, dem heutigen Oberbefehlshaber der kaiserlichen Flotte. Er bestätigte mir ihre Informationen unter verdeckter Hand. Diesmal ist seine Flotte von einer unbekannten Species angegriffen worden, die sich selbst die Mächtigen nennen.

Diese Rasse wird als Adramelech, die Vernichter des Universums bezeichnet. Niemand weiß genau, wo sie herkommen. Sie verfügen über geheime Wissenschaften und stehen vermutlich technisch weit über unserem Niveau. Admiral Tarn-Lim teilte mir mit, dass wir unser Imperium in ihrem Hoheitsgebiet errichtet haben. Jetzt frage ich sie, was würde unser Kaiser machen, wenn eine fremde Rasse in seinem Imperium einen Brückenkopf errichten würde?«

»Er würde alles daransetzen, diese fremde Rasse zu vertreiben, oder sogar auszulöschen«, antwortete Sarn-Dorun. »Unter diesen Aspekten stehen wir vor einem neuen Krieg. Wenn unsere Flotte tatsächlich unterlegen ist, dann ist mit der Vernichtung von Redartan zu rechnen.«

»So sieht die derzeitige Situation aus«, bestätigte der Admiral. »Ich kann nicht einschätzen, welche Gegenmaßnamen der Kaiser plant. In dem geheimen Kommandostab der kaiserlichen Kaste verfügen wir über keine Informanten.«

»Umso wichtiger wird es sein, mit der fremden Species ein Friedensabkommen zu schließen«, überlegte Sarn-Dorun. »Vielleicht sind sie einsichtig und lassen uns unser Territorium?«

Der Admiral schüttelte seinen Kopf.
»Admiral Tarn-Lim ließ mich wissen, dass sie einen der Adramelech als Gefangenen ergreifen konnten«, teilte er mit. »Sein Schiff wurde vernichtet. Er konnte rechtzeitig an Bord eines unserer Rettungs-Schiffe geholt werden, bevor sein Sauerstoffvorrat aufgebraucht war. Dieser Gefangene ist ebenfalls ein Widerstandskämpfer, wie wir auch. Von ihm erhielt Admiral Tarn-Lim wichtige Informationen. Scheinbar handelt es sich um ein uraltes Volk, das schon lange Zeit vor uns in dieser Galaxis lebte.

Sie sehen sich allein als die Mächtigen des Universums an. Nach ihrer eigenen religiösen Ansichten, dürfen nur sie über das geheiligte geistige Leben verfügen. Von ihrer Führung wird es keiner anderen Species gestattet, sich neben ihnen zu entwickeln. Ihre schwarze Imperiums-Ballung darf mit keinem fremden Atem verunreinigt werden.«

Admiral Rings-Stan ließ eine Pause vergehen. Die Demonstranten in der Halle waren verstummt. Sie verarbeiteten die neuen Informationen.

»Der Gefangene gab noch weitere Informationen preis«, fuhr der Admiral fort. »Unser Imperium befindet sich in einer gereinigten Zone ihres Hoheitsgebietes. Aus diesem Grunde wurde sie auch erst jetzt auf uns aufmerksam. Jede 500.000 Jahre führen die Adramelech galaktische Reinigungs-Kriege durch. Es handelt sich um Kämpfe und Schlachten, welche die militärischen Vorherrschaften im All regeln sollen. Auswuchernde Species, nicht in ihr Bild passende Rassen und vor allem humanoide Stämme, werden gezielt angegriffen, vernichtet und ausgerottet. Im Anschluss werden die Planeten den Bedürfnissen der Adramelech angepasst.

Unzählige Schlachten mit Milliarden von Opfern tränken auf vielen Welten die Erde rot mit Blut. Den Adramelech gelang es tatsächlich in den vielen Jahrtausenden ihrer Existenz, unzählige Sterneninseln selbst, oder durch ihre schrecklichen gezüchteten Hilfsvölker zu reinigen. Ihr Imperium wurde immer größer und dehnte sich über viele neue Sterneninseln aus. Die Adramelech sind eine Rasse, die einer eigenwilligen Evolution entstammt. Sie besitzen eine blaue Hautfarbe und verfügen spitze Stacheln auf ihren Körpern.

Trotz der geistigen Weiterentwicklung ihrer Species, können sie ihre Herkunft aus dem niedrigen Tierreich nicht verbergen. Noch immer besitzen ihre Körper zahlreiche Stacheln, die überwiegend der Abwehr und Verteidigung von Angreifern dienen. Vermutlich stehen sie derzeit auf der Höhe ihrer Evolution. Wir vermuten, dass ihre Kontroll-Flotten auf eine unsere Grenz-Patrouillen gestoßen sind. Erst durch diesen Zufall wurden sie auf uns aufmerksam. Sie erkannten sofort, dass sich eine fremde Rasse in einem von ihnen gesäuberten Sektor angesiedelt haben musste.«

»Ist es möglich einen Gegenangriff starten?«, fragte Murn-Racta. »Sicherlich wäre es hilfreich, wenn unsere Flotten sie in die Knie zwingen würden, bevor sie ihr Flottenaufkommen verdoppeln könnten?«

»Das sind alles gute Vorschläge«, entgegnete Lord Gyron-Zirn. »Mir ist bekannt, dass viele von ihnen tapfer in der kaiserlichen Flotte ihren Dienst absolviert haben. Doch dieses Zusammentreffen mit den Adramelech läuft nicht nach den Vorstellungen des Kaisers ab. Wir sind hier auf einen Gegner gestoßen, der uns ebenbürtig scheint. Neben dem Verlust der Hälfte unserer System- Flotte, wurde bei dem Angriff auch unser großer Weltraum-Bahnhof massiv beschädigt. Sieben der acht verfügbaren Wurmloch-Transmitter sind ausgefallen.

Der letzte dieser wichtigen Einrichtungen wurde beschädigt und arbeitet unzuverlässig. Derzeit können keine zusätzlichen Flotten-Verbände von den äußeren Regionen durchgeschleust werden. Dem Kaiser ist der Nachschub von eigenen Flotten verbaut worden. Sicherlich versuchen alle verfügbaren Einheiten mit ihren Hypersprung-Triebwerken ins heimatliche System zurückzueilen, doch das kann mehrere Monate dauern, bis sie bei uns eintreffen. Auch die Reparatur des Weltraum-Bahnhofes wird mehr als drei Monate in Anspruch nehmen.«

»Dann sind wir den Fremden ausgeliefert«, schimpfte ein Demonstrant. »Wir sollten über eine Evakuierung nachdenken.«

»Eine erneute Evakuierung kommt nicht in Frage«, antwortete Admiral Rings-Stan. »Der Kaiser ist hierzu nicht bereit. Admiral Tarn-Lim teilte mit, dass er immer noch unter der Flucht von unserem Ursprungs-Planeten Natrid leiden würde. Zahlreiche Angehörige unseres

Volkes musste er damals zurücklassen und fanden den sicheren Tod. Der Durchgang zu unserer Fluchtwelt stand auf Tarid, nicht auf unserem Heimatplaneten Natrid. Über eine erneute Evakuierung ist mit dem Kaiser nicht zu sprechen. Ich hoffe sehr, dass ihr mit der Geschichte unserer Rasse vertraut seid.«

»Der Kaiser ist ein Hindernis für unser Volk«, tobte Cura-Kyrim. »Er steht möglichen Friedensverhandlungen im Wege. Er muss abdanken.«

Admiral Rings-Stan lächelte die weibliche Demonstrantin an.

»Der Kaiser lebt länger als wir alle«, antwortete er. »Glauben sie wirklich, dass er jetzt abdanken wird? Er und die kaiserliche Kaste werden uns weiterhin Befehle erteilen, wie sie es gewohnt sind. Die Verwaltungs-Pyramide ist technisch auf dem neusten Stand. Keiner von uns kommt dort hinein.«

»Trotzdem muss der Kaiser beseitigt werden«, ergänzte die weibliche Rednerin. »Unter seiner Führung wird sich auf unserem Planeten nie etwas ändern.«

Die Demonstranten verstummten.

***

Lorin und Jahol-Sin sahen, wie die Flüchtenden eine unscheinbare versteckte Treppe hinuntereilten. Sie verschwanden aus ihrem Blickfeld. Die Amazone und der Protokoll-Roboter erhöhten das Tempo und erreichten die zugewachsene Treppe.

Lorin blickte hinunter.
»Das scheint ein altes Kellerverlies zu sein«, flüsterte sie. »Dreißig Stufen gehen in den Boden. Dort unten sehe ich eine schwere Metalltüre.«

»Wir sollten den Flüchtigen nicht folgen«, bemerkte Jahol-Sin. »Wer weiß, was uns dort unten erwartet? Ich bin ein Protokoll-Roboter und kein Kampf-Roboter.«

»Trotzdem besitzt du Waffen«, antwortete Lorin. »Dein Schutzschirm schützt dich, zusätzlich hast du dein Tarnfeld aktiviert. Was soll dir noch passieren? Schalte deine Waffenarme ein und halte mir den Rücken frei.«

Ohne eine Antwort von Jahol-Sin abzuwarten, schritt Lorin die Treppe hinunter. Der Protokoll-Roboter folgte ihr widerstrebend.

Lorin legte ihr Ohr an die Türe. Nichts war zu hören. Sie wartete bis Jahol-Sin hinter ihr stand, dann zog sie abrupt die Türe auf. Sie war nicht verschlossen und lies sich leicht öffnen. Es war dunkel. Nichts deutete auf die Anwesenheit von Personen hin. Ein muffiger Geruch strömte aus der Dunkelheit.

»Ein gutes Versteck«, lächelte Lorin. »Der schlechte Geruch unterstützt den Verdacht, dass hier lange niemand mehr gewesen ist. Ich brauche deine Wärme-Sensoren. Bitte überprüfe den Innenraum. «

Jahol-Sin trat vor. Seine sensiblen Sensoren tasteten den Gang ab.

»Ich habe etwas gefunden«, antwortete er. »Der vor uns liegende Gang ist 14 Meter lang. Dann krümmt er sich nach rechts. Dort befindet sich wieder eine große Metalltüre. Hinter ihr registrierte ich eine große Halle. Sie muss die Ausmaße eines Fußballfeldes haben. In ihr befinden sich über 2.000 Redartaner. «

»Ich habe Recht gehabt«, bemerkte Lorin. »Wir haben den Unterschlupf des Widerstandes gefunden. «

»Falls es der Widerstand ist? «, flüsterte der Protokoll-Roboter.

»Folge mir«, befahl die Amazone. »Wir versuchen mit ihnen Kontakt aufzunehmen.«

Jahol-Sin leuchtete den Korridor aus. Langsam schritt das ungleiche Team in die Dunkelheit des Versteckes. Der Gang krümmte sich, wie es der Protokoll-Roboter erkannt hatte. Vorsichtig näherten sie sich der großen Metalltüre. Lorin legte ihr Ohr an die Türe. Nur leise konnte sie die Stimmen erkennen. Geräuschlos öffnete sie die Türe einen kleinen Spalt.

»Sprechen sie«, hörte Lorin eine Stimme sagen.
»Wir verfügen nicht über ausreichende Waffen«, gab der Demonstrant zu bedenken. »Nur allein mit unseren Händen werden wir die gut ausgerüsteten Soldaten des kaiserlichen Sicherheits-Dienstes nicht besiegen können.«

»Derzeit noch nicht«, antwortete die erste Stimme. » Das wird eine wichtige Grundlage unserer Planungen werden. Der Kaiser denkt, seine heutige Strategie ist aufgegangen. Sein Ziel war es, uns einzuschüchtern und viele von uns auszulöschen. Er denkt sicherlich, dass sein Plan aufgegangen ist. Wir sind vor der rohen Gewalt geflohen. Jedoch sind wir nicht eingeschüchtert. Die Zeit ist nicht mehr fern, in der wir es ihm mit der gleichen Brutalität zurückzahlen werden. Wir werden alle Demonstranten versammeln und uns zu großer Stärke aufbauen. Alle unsere Brüder, die heute nicht hier sein konnten, werden kommen und uns unterstützen. Wir kämpfen für unsere Freiheit und unsere Zukunft. Der Kaiser wird feststellen, dass er eine nicht aufzuhaltende Macht entfesselt hat, die wie ein Sturm über seine Bastion herfällt. Wir werden gleichzeitig, aufgeteilt in unterschiedliche Kampfgruppen, die Waffendepots der kaiserlichen Flotte angreifen und sie plündern. Dort ist alles, was wir brauchen.«

Lorin hatte genug gehört.
»Wir gehen hinein uns positionieren uns an einer freien Stelle der Wand«, befahl sie. »Kein unnötiges Geräusch.«

»Ich habe verstanden«, antwortete Jahol-Sin.

Lorin stieß die Türe auf. Schnell traten sie ein und gingen geräuschlos auf die rechte Wand zu.

Lorin sah, wie die Soldaten irritiert die Türe anblickten und diese wieder schlossen.

Der Redner auf dem Podest schaute ihnen hierbei zu. Dann richtet sich sein Blick wieder auf die Zuhörer.

»Der Kaiser wird mit unserem Angriff nicht rechnen«, teilte er mit. »Sicherlich wird er nach dem heutigen Tage mit sich und seinem brutalen Sicherheitsdienst zufrieden sein. «

Eine weibliche Demonstrantin meldete sich zu Wort.
Der Redner auf dem Podest nickte ihr zu.

»Uns ist zu Ohren gekommen, dass der Angriff der Fremden viele Verluste gekostet hat«, erklärte sie. »Die Hälfte der im System stationierten Flotte wurde zerstört. Die Fremden verfügen über eine uns unbekannte blaue Energie, die unsere Schiffe vernichten kann. Sollten wir nicht mit unserem Angriff warten, bis der Kaiser die Fremden besiegt hat? «

Ein dekorierter Admiral der Flotte trat vor. Ernst blickte er die Demonstranten an.

»Wie sie wissen, war ich ein angesehener Offizier in der Flotte des Kaisers«, teilte er mit. » Bis zu dem Zeitpunkt, an dem ich seine Befehle hinterfragen musste. Ich besitze immer noch Kontakte zu dem Flotten- Oberkommando, speziell auch zu Admiral Tarn-Lim, dem heutigen Oberbefehlshaber der kaiserlichen Flotte. Er bestätigte mir ihre Informationen unter verdeckter Hand. Diesmal wurde unsere Flotte von einer unbekannten Species angegriffen, die sich selbst als Mächtigen bezeichnen.

Die Rasse wird von anderen Völkern als Adramelech bezeichnet, auch bekannt als die Vernichter des Lebens im Universum. Niemand weiß genau, wo sie herkommen. Sie verfügen über geheime Wissenschaften und stehen vermutlich technisch weit über unserem Niveau. Admiral Tarn-Lim teilte mir mit, dass wir unser Imperium unwissentlich in ihrem Hoheitsgebiet errichtet haben. Jetzt frage ich sie, was würde der Kaiser machen, wenn eine fremde Rasse in seinem Imperium einen Brückenkopf errichten würde?«

»Er würde alles daransetzen, diese fremde Rasse zu vertreiben, oder sogar auszulöschen«, teilte ein weiterer Demonstrant mit. »Unter diesen Aspekten stehen wir vor einem neuen Krieg. Wenn unsere Flotte tatsächlich unterlegen ist, dann müssen wir mit der Vernichtung von Redartan rechnen.«

»So sieht die derzeitige Situation aus«, bestätigte der Admiral. »Ich kann nicht einschätzen, welche Gegenmaßnamen der Kaiser plant. In dem geheimen Kommandostab der kaiserlichen Kaste verfügen wir über keine Informanten.«

»Umso wichtiger wird es sein, mit den Fremden ein Friedensabkommen zu schließen«, bemerkte der Demonstrant erneut. »Vielleicht sind die Fremden einsichtig und gewähren uns Frieden? «

Der Admiral schüttelte seinen Kopf.
Admiral Tarn-Lim informierte mich, dass sie einen Gefangenen der Adramelech haben«, erklärte er. » Sein Schiff wurde vernichtet und er konnte rechtzeitig an Bord eines unserer Rettungsschiffe gebracht werden, bevor sein Sauerstoffvorrat aufgebraucht war. Dieser Gefangene ist ebenfalls ein Widerstandskämpfer, so wie wir auch. Von ihm erhielt Admiral Tarn-Lim wichtige Informationen. Scheinbar handelt es sich um ein uraltes Volk, das lange Zeit vor uns in dieser Galaxis lebte. Sie sehen sich alleine als die Mächtigen des Universums.

Nach ihrer eigenen religiösen Ansicht, dürfen nur sie über das geheiligte geistige Leben verfügen. Ihre Führung gestattet keiner anderen Species, sich neben ihnen zu entwickeln. Ihre schwarze Imperiums-Ballung darf mit keinem fremden Atem verunreinigt werden. «

Lorin erkannte, wie der Admiral eine Pause vergehen ließ. Die Demonstranten in der Halle waren verstummt. Sie verarbeiteten die neuen Informationen.

»Der Gefangene gab noch weitere Informationen preis«, fuhr der Admiral fort. »Unser Imperium befindet sich in einer gereinigten Zone ihres Hoheitsgebietes. Aus diesem Grunde wurde sie auch erst jetzt auf uns aufmerksam. Jede 500.000 Jahre führen die Adramelech galaktische Reinigungs-Kriege durch. Es handelt sich um Kämpfe und um Schlachten, welche die militärischen Vorherrschaften im All regeln. Auswuchernde Species, nicht in ihr Bild passende Rassen und vor allem humanoide Stämme, werden gezielt angegriffen und vernichtet. Im Anschluss werden die Planeten den Bedürfnissen der Adramelech angepasst. Unzählige Angriffe haben Milliarden von Opfern verursacht. Auf vielen Welten wurde der Boden rot mit dem Blut der getöteten Lebewesen getränkt. Den Adramelech gelang es in den vielen Jahrtausenden ihrer Existenz, unzählige Sterneninseln zu reinigen.

Ihr Imperium wuchs und dehnte sich über viele neue Sterneninseln aus. Es handelt sich um eine Rasse, die nach unserer Meinung aus einer eigenwilligen Evolution entstanden ist. Sie besitzen eine blaue Hautfarbe und verfügen über spitze Stacheln. Trotz ihrer geistigen Weiterentwicklung können sie ihre Herkunft aus dem niedrigen Tierreich nicht verbergen. Vermutlich sehen sie sich derzeit auf der Höhe ihrer Evolution. Noch immer besitzen ihre Körper zahlreiche Stacheln, die überwiegend der Abwehr und Verteidigung von

Angreifern dienen. Vermutlich sind ihre Kontroll-Flotten auf eine unserer Grenz-Patrouille gestoßen. Erst durch diesen Zufall wurden sie auf uns aufmerksam. Sie erkannten in uns eine fremde Rasse, die sich in einem von ihnen gesäuberten Sektor angesiedelt hatte.«

»Können wir keinen Gegenangriff starten?«, fragte ein weiterer Demonstrant.» Sicherlich wäre es hilfreich, wenn unsere Flotten sie in die Knie zwingen würden, bevor sie ihr Flottenaufkommen verdoppeln können?«

»Das sind alles gute Vorschläge«, erwiderte Lord Gyron-Zirn.»Mir ist bekannt, dass viele von ihnen tapfer in der kaiserlichen Flotte ihren Dienst absolviert haben. Doch dieses Zusammentreffen mit den Adramelech läuft nicht nach den Vorstellungen des Kaisers ab. Wir sind hier auf einen Gegner gestoßen, der uns ebenbürtig scheint. Neben dem Verlust der Hälfte unserer System-Flotte, wurde auch unser großer Weltraum-Bahnhof massiv beschädigt. Sieben der acht verfügbaren Wurmloch-Transmitter sind ausgefallen. Der Durchgang wurde beschädigt und arbeitet unzuverlässig.

Derzeit können keine zusätzlichen Flotten-Verbände von den äußeren Regionen durchgeschleust werden. Dem Kaiser ist der Nachschub an seinen Flotten verbaut. Sicherlich versuchen alle verfügbaren Einheiten mit ihren

Hypersprung-Triebwerken ins heimatliche System zurückzueilen, doch das kann mehrere Monate dauern, bis sie bei uns eintreffen. Auch die Reparatur des Weltraum-Bahnhofes wird mehr als drei Monate in Anspruch nehmen.«

»Dann sind wir den Fremden ausgeliefert«, schrie ein Demonstrant. »Wir sollten über eine Evakuierung nachdenken.«

»Eine erneute Evakuierung kommt nicht in Frage«, antwortete der Admiral. »Der Kaiser ist hierzu nicht bereit. Admiral Tarn-Lim teilte mit, dass er immer noch unter der Flucht von unserem Ursprungs-Planeten Natrid leiden würde. Zahlreiche Angehörige unseres Volkes musste er damals zurücklassen und dem sicheren Tod überstellen. Der Durchgang zu dieser Fluchtwelt stand auf Tarid, nicht auf unserem Heimat-Planeten Natrid. Über eine erneute Evakuierung ist mit dem Kaiser nicht zu sprechen. Ich hoffe sehr, dass ihr mit der Geschichte unserer Rasse vertraut seid.«

»Der Kaiser ist ein Hindernis für unser Volk«, schimpfte die weibliche Demonstrantin. »Er steht möglichen Friedensverhandlungen im Wege. Er muss abdanken.«

Der Admiral lächelte sie an.

»Der Kaiser lebt länger als wir alle«, antwortete er. »Glauben sie wirklich, dass er jetzt abdanken wird? Er wird seine Befehle weiterhin geben, wie er es gewohnt ist. Die kaiserliche Pyramide ist technisch auf dem neusten Stand. Keiner von uns kommt dort hinein. «

»Trotzdem muss der Kaiser beseitigt werden«, ergänzte die weibliche Rednerin. »Unter seiner Führung wird sich auf unserem Planeten nie etwas ändern. «
Die Demonstranten verstummten.

Lorin und Jahol-Sin nutzten diesen Moment und enttarnten sich.

Ein Aufschrei ging durch die Demonstranten.
»Sie hat Recht«, rief Lorin dem Admiral zu. »Eine andere Lösung gibt es nicht. «

Entsetzt richteten sich alle Blicke auf die Eindringlinge. Der Admiral winkte die Sicherheitskräfte zu sich.

»Halten sie ihre Sicherheitskräfte zurück«, warnte Lorin. »Sie werden einen Angriff auf mich nicht überleben. Wir sind auf ihrer Seite. «

Lorin zog ihren Strahler und schoss vor die Füße der heraneilenden Sicherheitskräfte. Der Steinboden splitterte und kleine Steine flogen durch die Luft.

»Stopp«, befahl Admiral Rings-Stan. »Zieht euch zurück. Das ist die Amazone, die unsere Leute gerettet hat. Ich glaube ihr. Sie ist auf unserer Seite. «

Die Sicherheitskräfte gehorchten sofort.

»Wer sind sie? «, erkundigte sich der Admiral. » Sie waren auch bei der großen Demonstration dabei. «

»Wir sind gerade erst angekommen«, antwortete Lorin. »Der Weg führt uns von Natrid direkt zu ihnen. Ich bin die letzte Amazone des kaiserlichen Amazonen-Corps. Kaiser Quoltrin-Saar-Arel hat uns hintergangen. Ich wünsche klare Antworten von ihm, warum er mich und meine Getreuen in den Tod geschickt hat. «

Eine eisige Stille durchzog die riesige Halle. Lorin blickte sich um. Sie schätzte, dass in der Halle weit über 2.000 Personen versammelt waren. Dann blickte sie wieder den Admiral an.

Dem schien es die Stimme versagt zu haben. Nur langsam fing er sich wieder.

»Keiner unserer Vorfahren verfügt über eine so lange Lebenserwartung«, antwortete er. »Sie sprechen Alt-Natradisch. Wie kommen sie zu uns? «

»Das ist eine lange Geschichte«, antwortete Lorin. »Auf dem gleichen Wege, wie ihre Vorfahren auch zu diesem Fluchtplaneten gelangt sind. Wir haben den Transmitter-Wurmloch-Generator des Kaisers aktiviert und sind auf diese Welt gelangt. Sie nennen sich jetzt Redartaner. Vermutlich wollten sie nichts mehr mit der Ursprungswelt unserer Rasse zu tun haben. «

Tumult keimte unter den Zuhörern auf.

Der Admiral hob seine Hände.
»Bitte mäßigen sie sich«, teilte er mit. »Die Entscheidung wurde nicht von uns getroffen. Der Kaiser wollte alle Erinnerungen an den Untergang unserer ersten Welt vergessen machen. «

»Natrid ist aus der Asche auferstanden und breitet sich zu neuer Blüte aus«, erklärte Lorin. »Doch das ist nicht der Verdienst der ängstlichen und geflüchteten Natrader. Die Barbaren von Tarid haben sich zu einer hochstehenden Kultur entwickelt. Sie dürfen nach Anweisungen von Admiral Tarin alle natradischen Hinterlassenschaften nutzen und das alte kaiserliche Imperium wieder in seinen alten Grenzen neu aufbauen. Ihre Wissenschaftler haben bereits viele technische Errungenschaften weiterentwickelt und perfektioniert, ohne Hilfe durch Natrid. Sie sind wesentlich fortgeschrittener, als wir es je waren. Zusätzlich haben sie intelligente Freunde gefunden. Es handelt sich um fremde Rassen, mit denen sie sich gut verstehen. Sie unterstützen sie massiv hierbei.«

»Das entspricht nicht der Wahrheit«, schimpfte Lord Gyron-Zirn. »Natrid und das alte natradische Imperium ist untergegangen. Ich kenne mich in den Geschichtsarchiven unseres Volkes gut aus. Der Angriff der Rigo-Sauroiden konnte nicht aufgehalten werden. Wie kommen sie dazu, solche Geschichten zu erzählen?«

»Ich bin Lorin«, antwortete die Amazone. »Als Anführerin einer starken Amazonen-Einheit mussten wir für den Kaiser meistens die Schmutz-Arbeit erledigen. Schauen sie in ihren Archiven nach. Suchen sie nach dem Namen Lorin und sie werden meine Angabe bestätigt sehen.«

Die Demonstranten hörten interessiert zu.
»Natrid wurde vernichtet«, fuhr Lorin fort. »Die natradische Kultur existiert nicht mehr. Das entspricht den Tatsachen. Alle prädestinierten Natrader, die durch

das Fluchttor nach Redartan gehen durften, haben hiervon jedoch nichts mitbekommen. Man kann ihnen lediglich den Vorwurf machen, dass sie Natrid den Rücken gekehrt haben, als der Kampf gegen die Rigo- Sauroiden ihren Höhepunkt erreicht hatte. Admiral Tarin traf mit seiner Flotte zu spät ein. Die Planeten im Sol-System waren verwüstet, ein Leben auf ihnen nicht mehr möglich. Die natradische Heimat-Flotte wurde vernichtend geschlagen. Trotzdem gelang es Admiral Tarin, die vollständige Zerstörung der Planeten im Sol-System zu verhindern. Seine Angriffs-Flotte griff die Heimat-Welt der Sauroiden an und zerstörte sie. Nach seiner leider zu späten Rückkehr in die Heimat, wurde der Angriff der Rigo-Sauroiden aufgehalten, ihre Schiffe zurückgedrängt und aufgerieben. Die wenigen übriggebliebenen Angreifer wählten den Völker-Suizid. Die Rasse der Rigo-Sauroiden existiert nicht mehr.«

Lorin ließ eine kurze Pause vergehen.
»Admiral Tarin wusste nichts über den Flucht-Transmitter nach Redartan«, fuhr Lorin fort. »Dieser war in den kaiserlichen Gemächern auf der Atlantis-Basis auf Tarid installiert. Nachdem die große Basis ihre Zerstörung vorgetäuscht hatte, senkte sie sich auf den tiefen Boden des Ozeans von Tarid ab. Admiral Tarin ging von der Vernichtung der Basis aus, wie alle anderen überlebenden Natrader auch. Andererseits hatte Kaiser Quoltrin-Saar-

Arel nie vor, Admiral Tarin und die Offiziere seiner Flotte auf die Fluchtwelt zu überführen. Er gab dem Admiral die Schuld für die Vernichtung unseres Heimat-Systems. Der Kaiser überließ alle nicht prädestinierten Natrader dem sicheren Tod. So plante er es jedenfalls. Sie sehen es an dem Beispiel des Admirals, der viele Erfolge und Siege für das kaiserliche Imperium errungen hatte, wie Quoltrin-Saar-Arel mit seinen Getreuen verfuhr. Dankbarkeit war nicht eine seiner besonderen Eigenschaften.«

»Die Geschichte kennen wir nicht«, antwortete Admiral Rings-Stan. »Sie ist nicht in unseren Geschichtsarchiven verzeichnet. Falls ihre Aussagen den Tatsachen entsprechen, dann müsste der Kaiser von uns mit anderen Augen gesehen werden. Diese Tat von ihm war sehr verabscheuungswürdig.«

»Das ist es, was ich ihnen sagen will«, antwortete die Amazone. »Ich bin hier, um von dem Kaiser Klarheit zu erlangen, warum er mich und meine Amazonen auf eine Todesmission geschickt hat. Falls er die Absicht hatte, sich meiner Einheit zu entledigen, dann hat seine letzte Stunde geschlagen. In diesem Fall gehe ich davon aus, dass er unsere Niederlage geplant hatte. Er wird durch das Schwert in meiner Hand sterben.«

Ein Aufschrei ging durch die Menge.

»Wir verstehen ihre Wut«, antwortete der Admiral. »Doch wir werden uns nicht an einem Attentat an dem Kaiser beteiligen. Aus unserer Sicht haben wir ihm viel zu verdanken. Nur durch ihn konnten wir den Weg zu dieser Fluchtwelt finden. Er hat unsere Kultur auf Redartan neu aufgebaut und uns zu einem mächtigen Volk anwachsen lassen. Nicht alle seine Entscheidungen können von uns kritisiert werden.«

Lorin blickte den Admiral an.
»Deswegen demonstriert ihr auch gegen das Regime der kaiserlichen Kaste und lasst euch von seinen Vasallen töten?«, entgegnete sie empört. »Nach meinen ersten Eindrücken hat sich nichts geändert. Der Kaiser lässt keine anderen Meinungen zu. War es nicht in eurem Sinne, dass ich eingeschritten bin, um eure Kinder und eure Kämpfer zu retten?«

Die weibliche Demonstrantin stand auf.
»Mein Name ist Cura-Kyrim«, sagte sie. »Wir sind dir unsagbar dankbar, dass du eingegriffen hast. Die Soldaten des kaiserlichen Sicherheitsdienstes wollten ein Exempel statuieren. Sie hatten tatsächlich die Absicht, unsere Kinder zu exekutieren. Ohne dich hätte unsere Demonstration ein schlimmes Ende genommen. Wir danken dir aufrichtig.«

Murn-Racta stand auf.

»Ich möchte mich meiner Vorrednerin anschließen«, sagte er. »Bevor sie eingriffen, haben die Soldaten des Kaisers 13 Personen meiner Gruppe eiskalt hingerichtet. Wir waren noch 20 Demonstranten und sahen unser Ende kommen. Ich bestätige hier nochmals die Absicht der Soldaten des kaiserlichen Sicherheitsdienstes, die uns komplett auslöschen wollten. Vielen Dank für ihr Eingreifen. Dass wir jetzt noch hier sitzen können, ist nur ihrem schnellen Eingreifen zu verdanken.«

Er drehte sich Admiral Rings-Stan zu.
»Aus der Sicht meiner Gruppe hat sich die Amazone unsere Unterstützung verdient«, sagte er. »Sie hat zahlreiche Leben gerettet, die dem Kaiser nichts wert waren. Der imperiale Sicherheitsdienst ist direkt dem Kaiser unterstellt. Er gibt die Befehle. Entsprechend dieser Tatsache ist davon auszugehen, dass Quoltrin-Saar-Arel das Leben seiner Untertanen nicht mehr schätzt. Wir sind lediglich für ihn Mittel zum Zweck, um seine Raumschiff-Flotten zu bemannen. Er sieht in uns seine persönlichen Sklaven. Ich sage, werfen wir Quoltrin-Saar-Arel der Amazone zum Fraß vor.«

Zustimmende Schreie ertönten von den Demonstranten. »Nieder mit dem Kaiser«, riefen sie. »Er hat genug Blut an seinen Fingern kleben. Die kaiserliche Kaste wird nicht eher ruhen, bis sie alle Demonstranten mundtot gemacht wurden «

Lord Gyron-Zirn trat vor.
»Der Vorstand des Widerstandes versteht eure Wut«, bestätigte er. »Doch wir sind keine Mörder. Unser Ziel ist es, dass der Kaiser von sich aus abdankt. Er wird arretiert und seine persönliche Sicherheits-Garde aufgelöst. Dann wählen wir eine neue Regierung. «

Tumult brach in der großen Halle aus.
»Wir wollen seinen Tod«, riefen Einiger der Demonstranten. »Der Kaiser hat zahlreiche Freunde von uns hinrichten lassen und keine Gnade gezeigt. Warum soll er nicht das gleiche Schicksal erleiden. «

Admiral Rings-Stan hob seine Hände.
»Ruhe bitte«, schrie er. »Ruhe bitte. Das ist keine Lösung. Bedenkt auch, dass wir vor einem Konflikt mit einer fremden Rasse stehen, die uns auslöschen will. Wer von uns ist derzeit besser geeignet als der Kaiser, um wirksame Gegenmaßnahmen zu entscheiden? «

Ein weiterer Demonstrant erhob sich.
Er blickte die Amazone an.

»Mein Name ist Kirn-Barock«, teilte er mit. »Falls die Aussagen von der Amazone Lorin der Wahrheit entsprechen, dann hat der Kaiser den Tod verdient. Er hat unzählige Natrader ihrem sicheren Tod überlassen. Das ist unverzeihlich.«

Er zeigte auf die Demonstranten.
»Viele von uns waren loyale Offiziere in der Flotte des Kaisers«, fuhr er fort. »Warum sind wir jetzt in dem Untergrund tätig? Weil wir die brutalen Vernichtungs-Missionen des Kaisers nicht mittragen wollten. Wir hielten seine Vorgehensweise für falsch. Trotz unserer großen Verdienste und Auszeichnungen, hat der Kaiser uns mit Schimpf und Schande aus der Flotte geworfen. Wir wurden Geächtete und konnten uns nur noch verdeckt auf Redartan bewegen. Ich frage euch, geht man so mit seinen Getreuen um?«

»Nein«, schrien unzählige Demonstranten. »Der Kaiser ist unberechenbar geworden. Wir wollen ihn nicht mehr als Oberhaupt unseres Planeten.«

Admiral Rings-Stan, der Anführer der Demonstranten schlug erbost mit seiner Hand auf das Rednerpult.

»Jetzt reißt euch zusammen«, fluchte er. »Es ist der falsche Zeitpunkt, um einen Bürgerkrieg anzuzetteln. Wir sind hierfür nicht ausgerüstet. «

»Das lässt sich schnell ändern«, erwiderte ein Demonstrant. »Wir haben genug von dem Kaiser. Seht das endlich ein. Unsere Freiheit steht auf dem Spiel. So geht es nicht mehr weiter. «

Es sah so aus, als ob die friedliche Stimmung in der Halle umschlagen würde. Dem Admiral gelang es nicht, die Massen zu beruhigen.

Lorin trat auf das Rednerpult zu.
»Darf ich kurz sprechen? «, fragte sie den Admiral.

Dieser blickte die Amazone durchdringend an. Er musterte ihre braune Hautfarbe und erkannte ihre Herkunft von Natrid. Ihr markantes Gesicht zeigte Entschlossenheit.

»Versuchen sie ihr Glück«, antwortete der Admiral. »Beruhigen sie die Demonstranten. Dann haben sie etwas gut bei mir. «

Lorin lächelte ihn verführerisch an. Dann schritt sie an ihm vorbei und drehte sich den Demonstranten zu.

»Redartaner«, sagte sie mit lauter Stimme. »Redartaner hört mir zu. «

Die Massen beruhigten sich und schauten die Amazone an.

»Ich bin ein Überbleibsel aus unserer alten Heimat«, erklärte sie. »Der Kaiser informierte mich, dass meine Truppe und ich ihm auf die Fluchtwelt folgen sollten. Vorher mussten wir jedoch noch eine leichte Aufgabe für ihn erledigen. Wir bekamen den Befehl, notgelandete Rigo-Sauroiden auf Tarid zu eliminieren. Dann sollte ich meine Amazonen-Truppe nach Redartan überführen. Wir taten unser Bestes. Doch aus immer mehr abgestürzten Feindschiffen, formierte sich ein großes Heer an kampferprobten Sauroiden.

Wir standen vor einer unlösbaren Aufgabe. Meine getreuen Amazonen stürzten sich für den Kaiser in den Tod und nahmen viele Feinde mit in den Untergang. Ich bin die letzte der Amazonen und konnte nur mit Mühe den Fluchttransmitter erreichen. Der Kaiser und seine geliebte Kaste waren bereits hindurchgegangen. Niemand wartete mehr auf mich, oder auf andere Offiziere der kaiserlichen Flotte. «

Sie zeigte auf Jahol-Sin.

»Das ist der persönliche Protokoll-Roboter von Quoltrin-Saar-Arel«, ergänzte sie. »Ich verdanke ihm mein Leben. Er ließ mich durch den Fluchttransmitter treten, um die andere Seite zu erreichen. Dort angekommen befand ich mich verletzt in einer dunkeln Höhle wieder. Meine Wunden waren so stark, dass ich nicht mehr lange leben würde. Niemand von der kaiserlichen Kaste war dort, um mögliche Verletzte in Empfang zu nehmen. Ich erkannte, dass Kaiser Quoltrin-Saar-Arel nicht mit meinem Überleben gerechnet hatte.

Mit viel Glück konnte ich mich in eine Stasis-und Genesungskammer retten. Dort fiel ich in einen tiefen Schlaf. Nur durch eine Expedition des Neuen-Imperiums von Natrid & Tarid kann ich heute vor ihnen stehen. Sie fanden mich nach 100.000 Jahren, kurz vor dem Ausfall der Stasis-Kammer. Sie retteten, versorgten und pflegten mich. Jetzt stehe ich vor ihnen und verlange Rechenschaft von dem Kaiser. Mein Schwert wird über ihn richten, um Gerechtigkeit zu fordern. Lassen sie mich ihr Problem beseitigen. Helfen sie mir, zu dem Kaiser zu gelangen. Ich möchte ihm Auge zu Auge gegenüberstehen und ihn nach seinen verabscheuungswürdigen Plänen befragen. «

Zustimmung schalte aus dem Halle zu ihr herüber.

»Der Kaiser soll uns Antworten geben«, entgegnete ein Demonstrant. »Wir fordern eine lückenlose Aufklärung.«

Aus dem Augenwinkel sah Lorin, wie ein Soldat Lord Gyron-Zirn eine Nachricht übermittelte. Dieser nickte und ging schnellen Schrittes auf Admiral Rings-Stan zu. Der Lord flüsterte dem Admiral etwas in sein Ohr. Dieser blickte den Lord entsetzt an.

Bleich trat er an die Seite von Lorin.
»Sie haben Recht«, flüsterte er. »Wir werden sie unterstützen. Lassen sie mich bitte ans Rednerpult. Ich möchte gerne unsere Leute über die neue Situation informieren.«

Lorin trat zurück
Admiral Rings-Stan blickte ernst auf die Demonstranten. »Freunde, Mitstreiter und Demonstranten«, sagte er. »Wir haben gerade Mitteilung erhalten, dass unser Kaiser die imperiale Verwaltung abgesetzt und das Militärrecht ausgerufen hat. Admiral Tarn-Lim, der Befehlshaber des Flotten-Oberkommandos, Commodore Run-Lac, der Stellvertreter des Admirals und die ganze Administration des Oberkommandos wurden von ihren Posten enthoben und sollen verhaftet werden. Sie werden einen Schauprozess erhalten und anschließend vermutlich öffentlich exekutiert werden.

Der Kaiser gibt dem Admiral die Schuld, über den Verlust der halben System-Flotte und die Beschädigung des wichtigen Weltraum-Bahnhofes. Das Admiral Tarn-Lim die Adramelech besiegt und vertrieben hat, scheint für den Kaiser ohne Bedeutung zu sein. Lord Grun-Baris, der Kommandeur des redartanischen Geheimdienstes sollte die Verhaftung durchführen. Es gelang ihm nicht. Admiral Tarn-Lim und seine Offiziere widersetzten sich. Sie konnten sich absetzen und befinden sich auf der Flucht.

Die kaiserliche Kaste unter dem Vorsitz von Lord-Admiral Sirn-Orel hat sie geächtet. Ihr wisst, was dies bedeutet. Die Offiziere können jetzt von allen redartanischen Personen getutet werden, ohne dass sie zur Rechenschaft gezogen werden. Der Kaiser will sich des Flotten-Oberkommandos entledigen. «

Eisige Stille war im Saal zu hören. Die Demonstranten verarbeiteten die Informationen.

»Das ist unerhört«, schimpfte ein Demonstrant. »Der Kaiser treibt die Situation auf die Spitze. «

»Admiral Tarn-Lim ist unser wichtigster Stratege«, bemerkte Sarn-Dorun. »Niemand außer ihm ist in der

Lage so komplexe Missionen durchzuführen. Wer soll uns vor den Feinden beschützen?«

»Wir haben dem Admiral sehr viel zu verdanken«, teilte Kirn-Barock mit. »Er war es, der immer wieder die Suchkommandos des Geheimdienstes zurückgerufen hat. Nur durch seine Hilfe sind wir heute noch am Leben. Wir sollten einschreiten und die Offiziere des Flotten-Oberkommandos retten?«

Die Demonstranten ereiferten sich.
»Admiral Tarn-Lim muss gerettet werden«, brüllten sie. »Er ist unsere beste Verteidigung. Nur durch seine Strategie konnten wir überleben. Wir müssen ihn schützen«

»Wir besitzen nicht die Mittel«, antwortete Lord Gyron-Zirn. »Das würde zahlreiche Verluste für uns bedeuten. Die kaiserlichen Garden sind sehr gut ausgerüstet. Sie alle werden nach dem Admiral suchen. Die Waffendepots der Flotte werden stark bewacht sein.«

»Jetzt ist der Zeitpunkt gekommen, um zu handeln«, bestätigte Cura-Kyrim. »Wir können nicht zusehen, wie der Admiral und das Flotten-Oberkommando hingerichtet werden.«

Admiral Rings-Stan trat vor.

»Ich habe verstanden«, sagte er. »Ihr möchtet Kontakt zu dem Admiral aufnehmen. Wir werden einen Plan ausarbeiten, um den Admiral und seine Offiziere in Sicherheit zu bringen. Er wird sicherlich eine Bereicherung für uns sein. «

Er drehte sich zu Lorin um.
»Unser Gast verfügt als einzige Person über ein Tarnfeld«, ergänzte er. »Falls sie uns den Weg öffnen kann, kommen wir in die militärischen Depots der Flotte. Dort sind ausreichend Waffen vorhanden. Ohne diese werden wir scheitern. «

Er drehte sich zu Lorin um.
»Können sie uns helfen? «, fragte er.

Lorin dachte nach.
»Deswegen bin ich hier«, antwortete sie. »Hierauf habe ich 100.000 Jahr gewartet. Im Gegenzug unterstützen sie mich, eine Audienz bei dem Kaiser zu erhalten. Das ist eine Hilfe auf Gegenseitigkeit, wie es früher auf Natrid üblich war. «

Die Menge jubelte.

Admiral Rings-Stan reichte Lorin die Hand.

»Es ist besiegelt«, sagte er. »Die Amazone und ihr Protokoll-Roboter sind auf unserer Seite. Lasst uns einen Plan ausarbeiten. «

Ein Schuldiger für den Kaiser

Imperium der Redartaner

Kaiser Quoltrin-Saar-Arel hatte den Verlust der Hälfte seiner Systemflotte immer noch nicht akzeptiert. Ein Schuldiger für diese Misere war noch nicht gefunden worden. Der Kaiser tobte und schrie seine Berater an. Er bezeichnete sie als degenerierte Schwachbegabte, die sein Imperium in diese Katastrophe geführt hätten. Er ließ zahlreiche Führungsoffiziere auswechseln und hoffte auf diesem Wege mehr positive Aktivitäten generieren zu können. Die fünfzehn neuen Berater der kaiserlichen Kaste, standen mit gesenktem Kopf vor dem Herrscher.

»Sind die erforderlichen Reparaturen unseres Weltraum-Bahnhofes angelaufen?«, fragte er mit fester Stimme.

»Alle wissenschaftlichen Spezialisten kümmern sich um die Reproduktion der Anlage«, teilte Lord-Admiral Sirn-Orel mit. »Wir arbeiten in mehreren Schichten. Hierdurch werden wir die erwartete Reparaturdauer von drei Monaten etwas unterschreiten.«

»Was bedeutet ihr Hinweis, etwas unterschreiten?«, fragte der Kaiser.

Der Lord-Admiral trat von einem Bein auf das andere. Er blickte dem Kaiser in die Augen.

»Wir werden nach unseren Plänen, falls keine weiteren Aggregate ausfallen, voraussichtlich 14 Tage vorher fertig werden«, erklärte er vorsichtig. «

»Das reicht nicht«, tobte der Kaiser. »Wir müssen täglich mit einem neuen Angriff rechnen. Ist ihnen das nicht klar?«

»Sicherlich verstehen wir ihre Besorgnis«, erwiderte Lord-Admiral Sirn-Orel. »Die kaiserliche Kaste lässt die von ihnen angeordneten Arbeiten bereits mit allen Ressourcen durchführen. Durch den Abzug der wissenschaftlichen Elite von unseren Raumschiffs-Werften, entstehen dort leider Engpässe. Der Ausstoß neuer Schiffe verzögert sich entsprechend. Gemäß ihrem Befehl wurden die Wissenschaftler alle in unserem Weltraum-Bahnhof eingesetzt. «

»Das ist nicht hinnehmbar«, tobte der Kaiser und sprang von seinem Thron auf. »Ihr wurdet mir als ausgesuchte Experten benannt. Nur aus diesem Grunde habe ich euch zu meinen neuen Beratern erhoben. Das Imperium erwartet bessere Lösungen als von euren Vorgängern. Ich hoffe für euch alle, dass ihr nicht auch in einer speziellen Zelle mit Schmerzverstärker enden möchtet? «

Entsetzt blickten die Berater den Kaiser an. Bisher hatten die neuen Berater es nur vermutet, was mit ihren Vorgängern passiert war. Doch jetzt sprach der Kaiser ihnen die Wahrheit direkt ins Gesicht.

»Wir werden sie nicht enttäuschen«, antwortete Lord-Admiral Sirn-Orel. »Selbstverständlich kümmern wir uns persönlich um zusätzliches Personal für alle Werften. Die verlorene Zeit wird aufgeholt werden.«

»Das hoffe ich für euch«, grollte der Kaiser.
Er schritt an allen seinen Beratern vorbei und musterte sie eindringlich. Dann ging er zurück zu seinem Thron und setzte sich.

»Wurde die große Demonstration aufgelöst?«, wechselte er das Thema. »So etwas können wir im Moment gar nicht dulden.«

»Wir haben der Führung des Sicherheitsdienstes den Schießbefehl erteilt«, entgegnete Lord Varel-Lurim. »Unsere Sicherheits-Garde konnte einige der Demonstranten ausschalten. Sie werden nie mehr an einem Aufstand teilnehmen.«

»Sehr gut«, lachte der Kaiser. »Das wird ihre Euphorie dämpfen. Niemand wird es erlaubt werden, gegen die kaiserlichen Entscheidungen zu protestieren. «

»So wurde es von uns bekanntgegeben«, bestätigte der Lord. »Leider mussten die Soldaten des Sicherheitsdienstes auch Verluste verzeichnen. Sechszehn Soldaten wurden getötet. «

»Wie konnte das passieren? «, erkundigte sich der Kaiser. » Bisher waren die Demonstranten doch unbewaffnet. Sie sind mein Sicherheits-Berater. Von ihnen erwarte ich, dass sie sich auf solche Situationen einstellen. «

»Unsere Soldaten waren bestens ausgerüstet«, antwortete Lord Varel-Lurim. »Wie mir berichtet wurde, hatten nur die Gruppe um den Anführer Admiral Rings-Stan einige Waffen dabei. Bei dem schweren Gefecht wurden unsere Soldaten getroffen. Einer weiteren Gruppe von Soldaten, die Demonstranten eingekesselt hatten, wurde bestialisch der Kopf abgeschlagen. Unsere technische Untersuchung ergab, dass es mit einer scharfen Klinge, oder einem Schwert geschehen sein muss. Weitere vier Soldaten wiesen großkalibrige Lasertreffer auf. Diese stammen aus Spezialwaffen mit großer Hitzeentwicklung. «

Der Kaiser blickte ihn fragend an.

»Ich meine hiermit solche Waffen, die nicht auf Redartan verwendet werden «, erklärte Lord Varel-Lurim.

Der Kaiser lehnte sich in seinem Stuhl zurück.
»Sie meinen tatsächlich, es handelt sich um keine redartanische Laserwaffe? «, erkundigte er sich.

»Nach den Analysen der wissenschaftlichen Kaste kann ich das bestätigen«, antwortete der Lord. »Es scheinen Eindringlinge auf Redartan zu sein. Vermutlich hat es ein Schiff der Adramelech durch die Abwehrblockade von Admiral Tarn-Lim Flotte geschafft. Die wissenschaftliche Kaste geht von einem getarnten Schiff aus. Ansonsten hätte der Admiral des Flotten-Oberkommandos es garantiert abgefangen. «

»Der Admiral hat mir versichert, dass kein fremdes Schiff seinen Blockade-Verband durchflogen hat«, sagte der Kaiser. »War das auch wieder eine Lüge des Flotten-Oberkommandos? «

Er sprang auf und stieß seinen Zepter-Stab voller Entrüstung mehrmals auf den Boden auf. Dumpfe donnernde Töne hallten durch den Sitzungssaal.

»Ruft sofort Admiral Tarn-Lim zu mir«, befahl er. »Noch besser, das ganze Flotten-Oberkommando soll hier erscheinen, mitsamt dem Verräter Niras-Tok. Beordert auch Lord Grun-Baris zu mir. Er wird zusätzliche Aufgaben übernehmen müssen.«

Admiral Tarn-Lim, Commodore Run-Lac und Niras-Tok saßen in einem Gleiter des redartanischen Flotten-Oberkommandos. Sie kamen von einem Verhör von Adra'Metun zurück. Der gefangene Adramelech gab weiterhin bereitwillig Auskunft auf die Fragen des Admirals. Er hoffte inständig, etwas an der Einstellung seines Regimes, das unter der Führung eines verhassten Regenten fungierte, verändern zu können. Admiral Tarn-Lim hatte den Gefangenen gefragt, wann mit einem erneuten Angriff einer Flotte der Adramelech zu rechnen wäre.

Adra'Metun teilte den Personen des Flotten-Oberkommandos mit, dass er keinen genauen Zeitraum benennen könne. Wenn es dem Regenten seines Imperiums gelang, weitere starke Verbände zusammenzuziehen, dann müsste mit einem kurzfristigen Gegenschlag gerechnet werden. Falls der Regent ein gezüchtetes Hilfsvolk aktivieren sollte, könnten sicherlich noch mehrere Monate vergehen. Mehr wollte der Gefangene hierzu nicht sagen.

Der Gleiter flog über die große Stadt und bog in die Richtung der kaiserlichen Verwaltungs-Pyramide ein. Commodore Run-Lac zeigte mit seinem Finger aus dem Seitenfenster des Gleiters.

»Dort werden wieder gute Redartaner von dem kaiserlichen Sicherheitsdienst abgeschlachtet«, sagte er voller Empörung

Admiral Tarn-Lim und Niras-Tok sahen es ebenfalls und schüttelten ihren Kopf.

»So wird sich Kaiser Quoltrin-Saar-Arel keine neuen Freunde machen«, bestätigte der Admiral. »Ich frage mich tatsächlich, ob er noch als volksnaher Herrscher betitelt werden kann? «

»Jetzt bestimmt nicht mehr«, sagte Niras-Tok. »Die Sicherheits-Soldaten schießen mit ihren Laser- Gewehren auf die Demonstranten. «

Mit Entsetzen sahen Admiral Tarn-Lim und Commodore Run-Lac die Aussage des Commanders bestätigt.

»Sie scheinen alle Hemmungen verloren zu haben«, schimpfte der Admiral. »Ich werde den Kaiser hierauf ansprechen. Ein solch drastisches Vorgehen muss von den Kasten genehmigt werden. Nicht nur die kaiserliche Kaste besitzt ein Mitspracherecht.«

»Wagen sie sich nicht zu weit vor«, bemerkte der Commodore. »Der Kaiser ist derzeit nicht besonders gut auf uns zu sprechen. Er denkt immer, dass seine Flotten unschlagbar sind. Jetzt wurde er erstmals eines Besseren belehrt.«

»Der Tag musste einmal kommen«, nickte der Admiral. »Viel zu lange wurden fremde Rassen von uns auf Distanz gehalten und von der kaiserlichen Kaste als minderwertig eingestuft. Das rächt sich jetzt.«

»Ich bereite die Landung vor«, meldete der Pilot aus dem Cockpit.

Die Offiziere beobachteten, wie der Gleiter das Hochhaus des Flotten-Oberkommandos anflog, abbremste und die Nase des Gleiters etwas anhob. Dann setzte er die Flugmaschine gekonnt in der markierten Zone auf dem Dach auf.

Zwei Sicherheits-Soldaten kamen angelaufen und rissen den Schott auf. Admiral Tarn-Lim, Commodore Run-Lac und Niras-Tok sprangen aus dem Gleiter und schritten auf den Eingang des Gebäudes zu. Als die Offiziere in die Einsatz-Leitstelle kamen, wurden sie bereits erwartet. Niemand der Offiziere durfte seinen Dienst verrichten.

Erstaunt blickte sich Admiral Tarn-Lim um.
»Was ist hier los?«, fragte er. » Haben wir keine Arbeit mehr? «

Die Offiziere der Leitstelle verzogen ihr Gesicht.
»Der Geheimdienst ist da«, teilte der diensthabende Admiral Garan-Sek mit. »Sie halten uns von unserer Arbeit ab. «

Aus einem hinteren Raum trat Lord Grun-Baris, der Kommandeur des redartanischen Geheimdienstes und grinste den Admiral verächtlich an.

»So sieht man sich wieder«, sagte er kalt. »Ich habe ihren ganzen Stab suspendiert. Niemand führt weitere Arbeiten durch. «

Er schnipste mit zwei seiner Finger. Zwanzig Kampf-Roboter mit entsicherten Waffen traten aus dem Raum und blickten die Offiziere des Flotten-Oberkommandos gefährlich an. Ihre Waffenarme waren angehoben und auf die Offiziere gerichtet.

»Sie überziehen schon wieder ihre Kompetenzen«, erwiderte der Admiral entspannt. »Unsere Behörde ist ausschließlich dem Kaiser unterstellt. «

»Das ist mir bewusst«, antwortete der Lord. »Hier ist das Sonder-Kommuniqué des Kaisers. Er hat die Abberufung ihrer Abteilung genehmigt. «

Grun-Baris warf die Infofolie mit dem kaiserlichen Siegel vor die Füße des Admirals.

Dieser sah kurz darauf, hob sie aber nicht auf.
»Was wollen sie? «, fragte er den Lord-Kommandeur des Geheimdienstes.

»Der Kaiser wünscht ihre sofortige Anwesenheit«, antwortete der Lord. »Er scheint sehr ungehalten zu sein. Daher wollen wir ihn auch nicht länger warten lassen. «

Er winkte seinen Soldaten zu.
»Alle Personen abführen«, befahl er. »Der Kaiser wird in seinem Sitzungssaal über sie richten. Geben sie ihre Waffen ab. «

»Das können sie vergessen«, antwortete der Admiral. »Wir werden unsere Waffen erst abgeben, wenn der Kaiser uns persönlich hierzu auffordert. Lassen sie uns erschießen, dann wird der Kaiser ihnen sicherlich einige Fragen stellen.«

In dem Gesicht von Grun-Baris rumorte es. Er war sich unschlüssig, wie er sich verhalten sollte.

»Gut«, antwortete er. »Behalten sie ihre Waffen. Meine Kampf-Roboter halten sie im Visier. Bei der kleinsten Bewegung und dem Griff nach ihren Waffen, eröffnen sie das Feuer auf ihre Offiziere.«

»Wir haben verstanden«, antwortete der Admiral.

Der Lord-Kommandeur des Geheimdienstes drehte sich zu seinen Soldaten um.
»Führen sie die ehemaligen Offiziere des Flotten-Oberkommandos zu unserem gepanzerten Gleiter«, befahl er. »Sie werden standesgemäß transportiert.«

Die Gelegenheit nutzte der Admiral. Er flüsterte Commodore Run-Lac etwas zu.

»Wenn es nicht anders geht und wir zu den Waffen greifen müssen, dann sollten zuerst die Kampf-Roboter ausgeschaltet werden«, befahl er. »Ein gezielter Schuss zwischen die Augen reicht aus, um ihren Befehlsspeicher zu deaktivieren.«

Der Commodore nickte verhalten.

»Sie fühlen sich äußerst sicher«, flüsterte er. »Ihre Schutzschirme sind nicht aktiviert. Ich gebe ihren Befehl weiter. «

Ganze 30 Minuten waren vergangen. Admiral Tarn-Lim und seine Offiziere wurden wie Gefangene in den kaiserlichen Anhörungssaal geführt. Die Kampf-Roboter bauten sich an den großen Wänden des Raumes auf. Sie ließen die Gefangenen nicht aus ihren Augen. Lord Grun-Baris war die Schadenfreude deutlich anzusehen. Er machte sich gar nicht erst die Mühe, seine Gefühle zu verbergen.

Der Kaiser saß auf seinem Thron und beobachtete das Schauspiel. Seine 15 Berater hatten sich rechts und links des Throns verteilt.

Zwei Diener schlossen die Türen des Saales. Der Kaisers stieß mit seinem Zepter-Stab dreimal auf dem Boden auf. Die dumpfen Töne hallten durch den Saal. Lord-Admiral Sirn-Orel trat vor.

»Wir sind vollzählig«, bemerkte er. »Sie alle sind herbeordert worden, um einer Sondersitzung der kaiserlichen Kaste, unter Vorsitz unserer Exzellenz

Quoltrin-Saar-Arel, beizuwohnen. Aufgrund der gegebenen Umstände und der Vernichtung der Hälfte unserer System-Flotte, wurde diese Sitzung für notwendig angesehen und auf besonderen Wunsch des Kaisers einberufen. Akzeptieren alle anwesenden Personen die Entscheidungen dieses ehrwürdigen Gremiums?«

»Ja«, antworteten die anwesenden Offiziere.

Dieses Ritual war vorgeschrieben. Nur durch eine gemeinschaftliche Zusage konnte eine Anhörung beginnen.

Lord-Admiral Sirn-Orel nickte.
»So sei es«, sagte er. »Alle hier getroffenen Entscheidungen sind unumkehrbar und werden zum Wohle des redartanischen Imperiums getroffen.«

Sein Blick kreiste durch die Runde der Anwesenden. Er blieb auf dem Kommandeur des Flotten-Oberkommandos hängen.

»Admiral Tarn-Lim«, sagte er. »Sie sind der kommandierende Oberbefehlshaber unserer Flotte? Treten sie bitte vor und schildern sie mir ihre Sicht über den Ablauf des Angriffes der Adramelech.«

Der Admiral verbeugte sich vorschriftsmäßig.
»Verehrter Kaiser, geschätzte kaiserliche Kaste, werter Lord-Admiral«, antwortete er. »Das alles wurde bereits vorgetragen. Wir sollten uns lieber auf unsere Feinde vorbereiten?«

»Der angerichtete Schaden braucht einen Schuldigen«, erwiderte der Lord-Admiral. »Wir können nicht gegen die KI's der Flotte ermitteln, sondern lediglich gegen die leitenden Offiziere des Flotten-Oberkommandos. Teilen sie uns endlich die Wahrheit mit.«

Der Admiral wusste jetzt, warum er und seine Offiziere hier waren. Der Kaiser wollte einen Schuldigen für die Vernichtung seiner Flotte finden. Verächtlich blickte er den Kaiser an.

»Wir wurden von einem mächtigen Feind angegriffen, der erst seit kurzem über unsere Existenz informiert wurde«, teilte der Admiral mit. »Unser kaiserliches Imperium befindet sich in dem Hoheitsgebiet der Adramelech.«

Der redartanische Kaiser war außer sich.
»Das kann jeder sagen«, tobte er. »Welche Beweise haben wir hierfür?«

Wütend schritt er auf und ab.

»Ich habe diese Versammlung der Stabs-Offiziere einberufen, um nochmals über den Ablauf der Schlacht informiert zu werden«, erklärte er. »Wie konnte es zu dieser massiven Zerstörung unserer Flotten-Kampfstationen, der Hälfte unserer Raumflotte und großer Teile unseres Wurmloch-Bahnhofes kommen? Diese wertvollen Anlagen hätten besser abgesichert werden müssen. Es ist unverzeihlich, dass diese Einrichtungen nicht mehr zur Verfügung stehen.«

Er blieb vor Admiral Tarn-Lim stehen.

»Es wird immer offensichtlicher, dass ihre Abwehr-Maßnahmen nicht gegriffen haben?«, sprach er den Admiral an.» Das Flotten-Oberkommando hat die falschen Entscheidungen getroffen.«

»Ich verbitte mir ihre Anschuldigungen«, erwiderte Admiral Tarn-Lim. »Unser Gefangener hat uns eindeutig klargemacht, wo das Hoheitsgebiet der Adramelech verlauft. Wir befinden uns an der East-Side ihres Gebietes. Diese Rasse ist seit Anbeginn des Universums hier angesiedelt. Ich frage sie allen Ernstes, was würden sie machen, wenn eine fremde Rasse einen Stützpunkt in ihrem Imperium gründen würde?«

»Das steht hier nicht zur Diskussion«, schnaufte der Kaiser. »Wir urteilen heute lediglich über falsche Entscheidungen und über den massiven Verlust unserer Ressourcen.«

Der Kaiser war aufgesprungen. Kampf-Roboter rückten näher an die Offiziere des Flotten-Oberkommandos heran.

»Ich frage sie noch einmal«, zischte der Kaiser. »Warum haben unsere Abwehr-Maßnahmen nicht funktioniert?«

»Mit den uns zur Verfügung stehenden Ressourcen haben wir nicht nur ihr Leben, sondern auch das Leben aller Bewohner unserer 10 Planeten gerettet«, antwortete der Admiral. »Das habe ich ihnen doch alles schon einmal erklärt. Allein 60.000 unserer schweren Schiffe haben die Unterseite des Wurmloch-Bahnhofes abgesichert. Mehr Ressourcen konnten wir beim besten Willen nicht hierfür abstellen. Dass die Adramelech 200 ihrer Schiffe mit Antimaterie anreichern und diese förmlich opfern würden, das konnten wir nicht vorhersehen.

Sie werden nicht umsonst die Vernichter des Universums genannt. Sie sind in unser System eingefallen, um unsere humanoide Lebensform auszurotten. Wir leben seit Jahrtausenden in ihrem Hoheitsbereich. Jetzt erst hat man unsere Rasse entdeckt. Bei den Adramelech handelt es sich um eine sehr alte Species des Universums. Leider ist sie für viele schreckliche Vorfälle verantwortlich. So auch für die Züchtung der Rigo-Sauroiden und der Vernichtung unserer alten Heimat-Welt.«

Der Kaiser winkte leger ab.
»Diese Aussagen können nicht bestätigt werden«, bemerkte er. »Sie können von ihrem Stab erfunden sein, um von den tatsächlichen Verlusten abzulenken.«

Der Admiral schaute dem Kaiser in die Augen.
»Sie waren es, der den Standort unserer Fluchtwelt ausgewählt hat«, betonte er. » Ihre damaligen Offiziere erklärten diesen Bereich des Universums für sicher. Wir erkennen erst heute, dass dies nicht der Fall ist. Ihre Offiziere haben die Situation falsch interpretiert. Entsprechend dieser Tatsache, müssen sie sich selbst diesen Vorwurf gefallen lassen. Nur sie alleine tragen die Schuld, dass unsere Vorfahren den falschen Ort für unsere neue Zivilisation ausgesucht zu haben. Die Vergangenheit holt uns wieder ein. Wir sollten reagieren und nicht zulassen, dass die selbsternannten Mächtigen ein zweites Mal die Heimatwelt von natradischen Flüchtlingen zerstören.«

»Das ist lange her«, antwortete der Kaiser. »Die Offiziere leben nicht mehr. Ein Schuldiger kann nicht mehr zur Rechenschaft gezogen werden. Anders ist es jedoch bei unserer heutigen Anhörung. Den Adramelech ist es gelungen, mit nur knapp 3.000 Schiffen die Hälfte unserer Flotte zu vernichten. Wozu werden sie erst in der Lage sein, wenn sie mit einer größeren Flotte auftauchen? «

»Für diesen Fall sollten sie sich bereits einen neuen Flucht-Planeten suchen«, schlug ihm der Admiral vor. »Darin sind sie ja geübt. «

Der Kaiser war kurz vor dem Explodieren.
»Der Verlust unserer Schiffe beträgt nach letzten Ermittlungen exakt 138.714 Einheiten«, teilte er mit. »Die größte Anzahl ging verloren, nachdem die fremden Schiffe ihre blaue Energie aus dem Zwischenraum aktivieren konnten. Hierfür mache ich alleine sie verantwortlich. Das Flotten- Oberkommando hat versagt und die Adramelech unterschätzt. «

Die Offiziere des Flotten-Oberkommandos senkten betroffen ihren Kopf.

»Admiral Tarn-Lim hat richtig gehandelt«, bemerkte Niras-Tok. »Uns waren die Hände gebunden. Solange die wissenschaftliche Kaste kein Gegenmittel gegen die blaue Energie findet, wird das immer wieder passieren.«

»Jetzt ergreift auch noch der von den Adramelech gehirnmanipulierte Commander die Partei seines Vorgesetzten«, tobte der Kaiser. » Wir wissen doch gar nicht, ob sie nicht die Schuld an dem ganzen Übel tragen?«

Der Kaiser ging zu seinem Thron zurück.
»Für mich ist die Schuldfrage geklärt«, betonte er. »Das komplette Flotten-Oberkommando hat gänzlich versagt und die Situation falsch bewertet. Admiral Tarn-Lim hat sich auf einen Verräter verlassen, dessen Gehirn von den Adramelech umgedreht wurde. Hierfür kann es nur eine Strafe geben. «

Der Kaiser winkte seinen Berater zu sich.
»Verkünden sie das Urteil«, befahl er.

Lord-Admiral Sirn-Orel trat erneut vor.
»Im Namen des Kaisers Quoltrin-Saar-Arel wird folgendes Urteil ausgesprochen«, sagte er bedächtig. »Die Führungsoffiziere des Flotten-Oberkommandos haben vollständig versagt. Sie sind für den Verlust von 138.714 redartanischen Zerstörern verantwortlich und für die massive Beschädigung unseres wichtigen Weltraum-

Bahnhofes. Hierdurch ist es möglich, dass bei einem erneuten Angriff der Adramelech die Kultur unseres Imperiums Schaden nimmt, oder im schlechtesten Fall untergeht. Das ist in keiner Weise hinnehmbar. Admiral Tarn-Lim und seine Führungsoffiziere werden suspendiert. Sie verlieren jegliche Art von zugestandenen Privilegien. Ihre privaten Güter fallen der kaiserlichen Kaste zu. Sie entscheidet über deren weitere Verwendung.

Der Admiral und seine Offiziere werden arretiert und dem Tode übereignet. Der Zeitpunkt der Exekution wird noch bekanntgegeben. Sämtliche Aufgaben des Flotten-Oberkommandos werden von Lord Grun-Baris, dem Kommandeur des redartanischen Geheimdienstes kommissarisch übernommen, bis sich ein Nachfolger gefunden hat. Auch der Gefangene Adramelech wird dem Lord-Kommandeur übereignet. Er entscheidet über seine weitere Verwendung. «

»Das ist eine Unverschämtheit«, tobte Commodore Run-Lac. »Ich schäme mich für sie. Uns wird jetzt alles klar. Sie sind nichts anderes als ein Tyrann. Ich verstehe langsam auch die Demonstranten, die ihr minderwertiges und niedriges Verhalten schon lange erkannt haben. «

Erbost war der Kaiser aufgesprungen. Sein Gesicht war rot angelaufen.

»Für sie werde ich mir etwas Besonderes ausdenken«, fluchte er. »Sie werden öffentlich hingerichtet, um alle Demonstranten von weiteren Aufständen abzuhalten. Dieser Schauprozess wird für uns alle eine schöne Abwechslung sein.«

Lord-Admiral Sirn-Orel blickte Lord Grun-Baris. »Entwaffnen sie die Offiziere und überführen sie alle in die kaiserlichen Folteranlagen«, befahl er.

»Jetzt«, rief Admiral Tarn-Lim seinem Commodore zu.

»Die Kampf-Roboter ausschalten«, befahl der Commodore seinen Offizieren.

Blitzschnell hatten die Offiziere ihre Laserwaffen gezogen. Im Dauermodus feuerten sie auf die Kampf-Roboter. Diese standen noch an der Wand und warteten auf neue Befehle. Im Zischen der Laserstrahler wurden ihre Befehlseinheiten mehrfach getroffen und ausgeschaltet. Die trainierten Offiziere des Flotten-Oberkommandos machten kurzen Prozess mit den Robotern. Der Kaiser war entsetzt. Das Szenario verlief anders, als er sich das vorgestellt hatte. Blitzschnell sprang er auf und lief hinter seinen Thron in Sicherheit. Seine Berater bauten sich als eine schützende Front vor ihm auf. Die Soldaten von Lord Grun-Baris erwachten aus ihrer Starre und erwiderten das Feuer. Es gelang ihnen, zwei Offiziere des Flotten-Oberkommandos auszuschalten. Dann wurden sie selbst von den Laserstrahlen der Offiziere des Flotten-Oberkommandos getroffen. Admiral Tarn-Lim schwenkte mit seinem Laser auf den Kaiser zu. Er hatte kein freies Schussfeld auf ihn.

»Gebt den Weg frei«, forderte er die Beratern auf. »Wir wollten nur den Kaiser. Er ist für die ganze Misere verantwortlich.«

Die Berater waren bleich im Gesicht. Sie bewegten sich nicht.

»Wir müssen dem Kaiser durch unseren Körper Schutz gewähren«, antwortete Lord-Admiral Sirn-Orel. »So ist es vorgeschrieben. Halten sie ein. Respektieren sie die Entscheidungen des Kaisers.«

»Das werden wir nicht«, antwortete der Admiral. »Wir werden dem Kaiser den Prozess als Verräter an dem redartanischen Volk machen. Er ist für viele Tötungen von Offizieren, Widerständlern und unliebsamen Personen unseres Volkes verantwortlich. Die Redartaner werden über den Kaiser entscheiden. Gehen sie aus dem Weg, ansonsten schießen wir uns den Weg frei.«

»Ab heute sind sie geächtet«, schrie der Lord-Admiral. »Alle Redartaner dürfen sie töten, ohne hierfür zur Rechenschaft gezogen zu werden. Dafür werden wir sorgen.«

Bevor der Admiral reagieren konnte, klappten im Rücken des Throns drei geheime Türen auf. Schwerbewaffnete Elite-Kampf-Roboter drangen in den Saal. Es war offensichtlich, dass sie es auf die Offiziere des Flotten-Oberkommandos abgesehen hatten. Verzweifelt wurden die Roboter von den Offizieren unter Feuer genommen. Doch Immer mehr von ihnen rückten nach. Ihre Anzahl wurde erdrückend, für die sich tapfer verteidigenden Offiziere des Flotten-Oberkommandos.

Admiral Tarn-Lim erkannte, dass hier nicht mehr viel auszurichten war.

»Rückzug«, befahl er. »Wir werden uns neu organisieren.«

Weiter auf die Angreifer feuernd, liefen die Offiziere rückwärts aus der bereits geöffneten Türe des

Sitzungsaals. Als letzter Offizier sprang der Admiral aus dem Schussfeld und durch die Türe.

»Die Türe verschweißen«, befahl er. »Keiner darf herauskommen.«

Der Admiral blickte Commodore Run-Lac an.
»Wir müssen in die Leitstelle des Flotten-Oberkommando«, befahl er. »Alle für den Nahkampf ausgerüsteten Gleiter werden mitgenommen. Sie sind mit genügend Waffen bestückt. Wir ziehen uns in die alte Höhle in dem Berg Gonral, vor unserer Hauptstadt Saarron zurück. Dort werden sie uns nicht vermuten. Alle Überwachungssysteme werden von unserer Leitstelle gesteuert. Schaltet sie aus und zerstört die zentralen Anlagen. Das wird uns ausreichend Zeit bringen.«

Commodore Run-Lac salutierte und wies die Offiziere ein. Dann verließen alle Personen schnellen Schrittes die kaiserliche Verwaltungs-Pyramide. Es blieb nicht viel Zeit. Lord Grun-Baris, der Kommandeur des redartanischen Geheimdienstes würde sicherlich schnell handeln und die Leitstelle des gehassten Flotten-Oberkommandos besetzen.

Imperium der Adramelech

In einer dunkeln Kutte verhüllt, saß der Regent des Imperiums auf seinem Thron. Er blickte seine Offiziere und die Vertreter der Obersten Vollkommenheit an. Sein Gesicht konnte unter der ins Gesicht gezogenen Kapuze nicht erkannt werden.

»Informiert mich über den Stand der Operation«, sagte er mit tiefer Stimme. »Sind die drei Botschafts-Schiffe auf dem Weg zu den Uylanern? «

»Ihr Befehl wurde konsequent umgesetzt«, antwortete Prinz Dadra'Katyn. »Ich gebe jedoch zu bedenken, dass wir seit 150.000 Jahren keinen Kontakt mehr zu ihnen hatten. Ich hoffe sehr, dass sie sich unserem Befehl unterwerfen werden. «

»Was wird ihnen anders übrigbleiben? «, bemerkte der Regent. » Sie alle tragen unseren modifizierten Genstrang in ihrem unterentwickelten Gehirn, der sie gefügig macht. Sie werden unseren Befehlen ohne Widerspruch Folge leisten. «

»Bitte berücksichtigen sie das Alter ihrer Schiffe«, antwortete Lord Pidra'Borxon. »Die Uylaner sind nicht in der Lage ihre Schiffe nach unseren Erwartungen zu pflegen. Es sind grobe, schwerfällige Tiere. Es kann sein, dass viele der Schiffe nicht mehr einsatzbereit sind? «

»Über welche Anzahl verfügen sie?«, fragte der Regent.

Lord Pidra'Borxon blätterte in einer Infofolie.
»Ihnen wurden damals 600.000 Schiffe übereignet«, antwortete er. »Diese sollten sie für ihre Raub- und Vernichtungsfeldzüge nutzen. Die weit größerer Zahl unserer Schiffe wurde den Rigo-Sauroiden übergeben. Damals wurde der Feldzug gegen die Herren der Milchstraße geplant.«

Der Regent lehnte sich in seinem Thron zurück.
»Leider wissen wir, dass keine Schiffe der Rigo-Sauroiden-Flotte übriggeblieben sind«, antwortete er bedächtig. »Vielleicht war es zu früh, die Rigo-Sauroiden nach ihrer Züchtung mit diesem Auftrag zu betrauen. Ihre Art war noch nicht befestigt. Sie haben alle Schiffe und sich selbst in den Untergang geflogen.«

»Hohe Eminenz«, erwiderte Prinz Dadra'Katyn. »Ihnen wurden die Informationen meines Geheimdienstes vorgelegt. Als Regent unseres Imperiums konnten sie gar nicht anders reagieren. Der Vorstoß der Natrader in neue Sterneninseln, hätte über kurz oder lang die Grenzen unseres Hoheitsgebietes erreicht. Trotz des Unterganges der Rigo-Species, konnte der weitere Vorstoß der Humanoiden gestoppt werden. Heute sind sie bedeutungslos, in alle Richtungen verstreut, wenn nicht sogar ausgestorben.«

»Das ist nicht korrekt«, antwortete der Regent. »Haben sie nicht die Aufzeichnungen von Vizeadmiral Hodrun'Tarun erhalten? Er ist der Stellvertreter von Flotten-Admiral Gordra'Wetun. Leider ist der Admiral nicht mehr bei Sinnen. Er wird in Kürze der wissenschaftlichen Verwertung übergeben.«

»Wir wurden nicht informiert«, antwortete Prinz Dadra'Katyn erstaunt. »Vizeadmiral Hodrun'Tarun hielt uns vermutlich für zu unwichtig.«

Der Regent schmunzelte seine Offiziere an.
»Das kann vorkommen«, entgegnete er. »Ich spiele ihnen den Funkspruch des Verräters Adra'Metun noch einmal vor. Er hat sich von den Humanoiden gefangen nehmen lassen. Der Hyper-Funkspruch wurde von der KI des Flaggschiffes von Gordra'Wetun gespeichert.«

Der Regent drückte einen Knopf auf seinem Stuhl. Unsichtbare Lautsprecher gaben den Ton wieder.

»Hier spricht Adra'Metun«, hörten die Offiziere einen der ihren sprechen. »Mein Mentor war Adra'Sussor. Ich genieße die Gastfreundschaft dieser humanoiden Wesen.

Sie haben mich vor dem Tod gerettet, dem ihr mich übereignet hattet. Ich darf euch eine Mitteilung überbringen. Sie lassen euch Folgendes wissen. Wir kennen die Koordinaten eures Heimat-Systems. Dieser Angriff wird nicht unbeantwortet bleiben. Wir werden nicht eher ruhen, bis der Regent des dunklen Imperiums der Adramelech und seine Handlanger, die Oberste Vollkommenheit, unserer Gerichtsbarkeit unterstellt wurden.

Wir haben es bereits einmal geschafft, eure gezüchteten Rassen zu vernichten und von den Raumkarten zu tilgen. Die Rigo-Sauroiden wurden ausgelöscht. Unsere Vorfahren waren die Natrader. Aus ihrer Stärke sind wir hervorgegangen und haben uns weiterentwickelt. Endlich wissen wir, wer für den Untergang unserer ersten Heimatwelt verantwortlich ist.

Das allein gibt uns den Grund, euer unwichtiges Imperium zu zerschlagen und eure Führung zur Verantwortung zu ziehen. Wir sorgen dafür, dass in dem Imperium der Adramelech ein neues Zeitalter anbricht. Informiert alle Jüngeren eures Volkes. Die Zeit der Erneuerung ist angebrochen. Erhebt euch und verhindert den Untergang eures Volkes. Entledigt euch des Regenten und der Obersten Vollkommenheit. «

»Hier endet die Aufzeichnung«, teilte der Regent mit. »Es ist unverantwortlich, dass die Übertragung unserer Bevölkerung zugänglich gemacht wurde. Auf vielen Planeten brechen Aufstände aus, die wir nur mit massiver Truppen-Präsenz niederschlagen können. «

»Das Volk verändert sich«, bestätigte Lord Quito'Weytun, ein Mitglied der Obersten Vollkommenheit. »Hiervor haben wir immer eindringlich gewarnt. Ihre dauernden Feldzüge gegen andersartige Lebensformen, die hohen Steuerabgaben, pressen unsere Bevölkerung drastisch aus. Sie sind ihrer imperialen Führung überdrüssig geworden. «

Der Regent war aufgestanden. Spitze Stacheln standen vor Erregung in seinem Gesicht.

»Die Steuereinnahmen sind angemessen und notwendig, um weitere Flottenkontingente zu bauen«, erklärte er aufgebracht. »Alle Adramelech, die das nicht einsehen wollen, werden gefügig gemacht. Ich bin Zadra'Scharun, Regent des Wissens und der Erleuchtung. Nur mir ist es gegeben, alle Entscheidungen des Reiches zu treffen. «

Die Offiziere des Regenten und die Mitglieder der Obersten Vollkommenheit verbeugten sich tief.

»Allmächtigkeit und Erleuchtung sei dir gegeben«, erwiderten sie in einer hellen schwingenden Tonlage.

Die Ehrbezeugung ließ den Regenten wieder ruhiger werden.

»Die Einwände von Lord Quito'Weytun werden berücksichtigt«, bemerkte er. »Ich werde alle Stadt-Kommandanten anweisen, eine intensivere Öffentlichkeitsarbeit zu betreiben. Die Ausständischen werden einsehen, dass eine Absicherung unseres Imperiums notwendig ist. «

Er blickte seinen militärischen Berater an.
»Admiral Jordin'Rorxon«, sagte der Regent. »Nachdem unser geschätzter Flotten-Admiral Gordra'Wetun nicht mehr zur Verfügung steht, werden sie den Befehl über alle unsere Raum-Verbände übernehmen. Sichern sie unser Hoheitsgebiet ab und verhindern die ein Eindringen dieser widerspenstigen humanoiden Rasse, die nach eigenen Aussagen von den Natradern abstammen. Zumindest bis zu dem Zeitpunkt, an dem wir die Uylaner auf sie hetzen können. Der letzte Keim ihrer Zivilisation wird von uns ausgelöscht werden. «

Vizeadmiral Hodrun'Tarun trat vor.
»Darf ich sprechen? «, fragte er zurückhaltend.

Der Regent nickte ihm großmütig zu.

»Ich habe bereits einmal meine Bedenken vorgetragen«, sprach er den Regenten an.» Falls sie den Uylanern genehmigen unser Hoheitsgebiet anzufliegen, werden wir unweigerlich zahlreiche Verluste an den Bewohnern unterschiedlicher Planeten unseres Imperiums verzeichnen müssen. Versprengte Einheiten der Uylaner werden keinen Unterschied zwischen Natradern oder Adramelech auf ihrer Jagd machen. Wir setzen unsere Bevölkerung unnützen Gefahren aus «

»Kollateralschaden gibt es immer«, grinste der Regent. »Das müssen wir in Kauf nehmen.»Nehmen sie eine Absicherung der betreffenden Planeten vor, so gut, dass möglich ist. «

»Verstanden«, antwortete er.»Auf wie viele Schiffe darf ich zurückgreifen? «

»Sprechen sie sich mit Admiral Jordin'Rorxon ab«, erwiderte der Regent.»Er wird ihnen einige Schiffe überlassen. «

»Sollen wir Adra'Sussor in die Jagd auf die Humanoiden mit einbinden? «, fragte Prinz Dadra'Katyn.» Seine

Wiedergeburt steht kurz bevor. Er wird sicherlich über das Schicksal seines Jüngeren nicht erfreut sein.«

»Das wünsche ich«, antwortete der Regent. »Wir haben ihm viel zu verdanken. Durch ihn sind wir auf die Nachkommen der Natrader aufmerksam geworden. Er verdient es anwesend zu sein, wenn wir sie auslöschen.«

»Dann leite ich seine Reproduktion ein«, antwortete Prinz Dadra'Katyn. »Sein Wissen wird in seinen Körper heruntergeladen. Er wird die gleiche Person sein, die vor seiner Auslöschung war.«

Vizeadmiral Hodrun'Tarun hatte still zugehört.
»Die Auswahl der Personen, die wieder ins Leben zurückgerufen werden, das entscheidet der Regent«, dachte er. »Das aber, ist nicht in dem Sinn unserer Gründerväter.«

Verächtlich verzog er sein Gesicht.
»Dem Regenten muss Einhalt geboten werden«, dachte er. »Hier geht es um den Erhalt unseres Volkes. Wie viele Offiziere haben wir bereits verloren? Werden sie alle wieder reproduziert, oder nur jene, die dem Regenten treu ergeben sind? Diese Entscheidung trifft neuerdings nur noch der Regent.«

Er verbeugte sich tief vor dem Regenten, wie alle anderen Zuhörer ebenfalls.

»Allmächtigkeit und Erleuchtung sei dir gegeben«, sprachen die Anwesenden, wie aus einem Mund.

Hodrun'Tarun war die erneute Huldigung des Kaisers schwergefallen. Es wurde ihm klar, dass immer noch nicht das Volk über sich selbst bestimmen konnte. Er entschied sich endgültig dafür, Kontakte zu dem Untergrund aufzunehmen.

Sternensystem der Uylaner

Das Sternen-System lag weit entfernt am Rand einer Spiral-Galaxie. Keiner der fortgeschrittenen Rassen, die über die Fähigkeit des Raumfluges verfügen, maßen diesem System eine große Bedeutung bei. Zwei große Sonnen bestrahlten fünf Planeten, die alle urweltliche Lebens-Bedingungen aufwiesen. Der dritte Planet war die zentrale Hauptwelt einer Rasse, die sich Uylaner nannte. Die Welt wies eine dichte feuchte Vegetation auf. Neben zahlreichen Bergkämmen, konnten ausgeprägte Strauch- und Sandgebiete registriert werden, die an einen eher lichten tropischen Primärwald erinnerten. Die Feucht- und Trockenwälder der tropischen Savannen, die phasenweise während der Regenzeiten dichtes Unterholz aufwiesen, trockneten während der Trockenzeit aus. Die dichten hohen Baumwälder ließen einen Blick auf den Boden des Planeten nicht zu. Dichte Nebelschwaden hingen über den Feuchtgebieten.

Die Führung des Ältesten hatte sich versammelt. Der felsige Ratssaal war dämmrig. Er lag tief in einem massiven Berg versteckt, dessen Spitze in die Wolken ragte. Er war das Heiligtum dieser Rasse. Seit Anbeginn der Zeit durften nur die gewählten Sprecher der Clans eintreten. Die ausgesuchten Uylaner fanden den Weg hierher, wenn wichtige Entscheidungen besprochen werden mussten. Hier tagte zu den Anlässen der Ältestenrat der Rasse. In dieser Umgebung fühlten sich die sechs Ratsmitglieder wohl und konnten ihre besten Entscheidungen treffen.

Laute Schreie, die an Urwaldlebewesen erinnerten, hallten durch den steinigen Saal und wurden als Echo wiedergegeben. Das schien die Uylaner zu belustigen, die als Sprecher der Clans den Beirat präsentierten. Laut grunzend hielten sie sich ihren Bauch und lachten vermessen. Die 2.10 Meter großen Wesen erinnerten an Gorillas. Die hellgrüne Haut schien ledrig und sehr fest zu sein. Die muskulösen Körper der Wesen beeindruckten fremde Gegner schon bei dem ersten Anblick. Kräftige weiße Reißzahne wurden beim Lachen in ihrem breiten Mund sichtbar.

»Ruhe bitte«, rief der Vorsitzende. »Hört mit diesen lächerlichen Lauten auf. Manchmal denke ich, ihr seid in euer Entwicklungsstadium zurückgefallen. Wir haben eine wichtige Angelegenheit zu besprechen.«

Qurgun lachte und gab noch zwei tiefe Schreie von sich. Wieder lachten die restlichen Teilnehmer tief auf.

»Das gilt auf für dich, Qurgun«, schellte ihn der Vorsitzende, der Urgun genannt wurde. »Wenn du dich nicht fügst, dann lasse ich dich entfernen. Du befindest dich hier in der hohen Rats-Versammlung unserer Rasse. Ehre unsere Vorfahren und beleidige sie nicht.«

Die restlichen Ratsmitglieder schüttelten ihren Kopf. »Es ist immer das gleiche mit den ausgewählten Vertretern der Clans«, bemerkte Vrgun, der zweite Sprecher des Rates. »Sie wissen die Versammlung nicht zu würdigen.«

Der Vorsitzende Urgun schlug mit einem schweren Stein auf den langen Tisch, an dem er und seine Ratskollegen saßen.

Der Schlag ließ die Sprecher der Clans zusammenzucken. Brgun stieß Qurgun mit seiner Kralle in die Seite. Schlagartig verstummte der heitere Uylaner.

»Wir erweisen dem Rat den Respekt unserer Clans«, riefen die ausgewählten Abgesandten in einem krächzenden Ton, der mehr an das Gebrüll eines Raubtieres erinnerte.

»Warum wurden wir zu dieser Sitzung gerufen? «, erkundigte sich Sorgan.

»Ihr seid die Vertreter der 14 Stämme unserer Rasse«, teilte Urgun mit. »Es stehen Entscheidungen an, die über den Fortbestand unserer Zivilisation entscheiden. «

»Was sollten das für Entscheidungen sein? «, fragte Sirgan. » Mir sind keine Bedrohungen bekannt. Alle sich uns annähernden Species wurden vernichtet. «

»Es ist von viel wichtigerer Art, wie eure kleinen Vernichtungsfeldzüge«, antwortete der Vorsitzende. »Derzeit gibt es keine Aufstände bei den befreundeten Worgass-Kolonien«, teilte Tirgun mit. »Die Formwandler erfüllen ihre Aufgaben. Ihr Wunsch nach einer Selbstverwaltung wurde ihnen aus dem Kopf geschlagen.«

Wieder lachten alle Uylaner brüllend auf.

»Ich meine natürlich hiermit, dass ihre Rädelsführer vor den Augen ihrer Kollegen von uns zerrissen und gefressen wurden«, lachte Tirgun. »Derzeit sind die Worgass mit neuen Forderungen vorsichtig geworden.«

»Wir kennen eure Vorgehensweise bei der Befriedung von Aufständen«, erwiderte Nrgun.
Er fungierte als fünftes Ratsmitglied.

»Hoffentlich trefft ihr nicht einmal auf einen Worgass, der eure Gestalt angenommen hat«, ergänzte er.

»Das würde ich direkt herausschmecken«, lachte Tirgun. »Die Worgass haben alle einen Geschmack, der an salzige Algen erinnert. Von daher fressen wir sie nur widerwillig.«

Wieder erfüllte lautes Gelächter den Saal.
»Können wir endlich zum Thema kommen«, fragte der Vorsitzende Urgun aufgebracht. »Wenn das jetzt so weiter geht, werde ich das Gremium auflösen und ernsthafte Uylaner vereidigen.«

Tirgun stand auf und hob seine muskulösen kräftigen Hände. Die spitzen langen Krallen an den Enden der vier

Finger jeder Hand, blitzten in dem Schein des künstlichen Lichtes. Er winkte seinen Kollegen zu, sich ruhig zu verhalten. Langsam verebbte die Geräuschkulisse.

»Danke für deine Mühe«, lächelte der Vorsitzende. »Kommen wir zu dem heutigen Tagespunkt, der erörtert werden muss.«

Er blickte die Anwesenden an.
»Seit einigen Tagen erhalten wir Hyperkomm-Funksprüche von den Adramelech«, erklärte er. »Wir haben sie bisher ignoriert. Aus den Nachrichten geht hervor, dass ihre Botschafter mit drei Schiffen auf dem Weg zu uns sind.«

Verärgertes Gekreische hallte durch den Sitzungssaal des Rates.

Urgun lehnte sich auf seinem Stuhl zurück und wartete ab, bis sich das Gremium beruhigt hatte.

»Seit 150.000 Jahren haben sich die stacheligen Blauhäutigen nicht mehr gemeldet«, erinnerte Progan. »Was wollen die Mächtigen von uns?«

»Lasst den Vorsitzenden endlich aussprechen«, forderte Grgrun, der sechste des Rates. »Wir haben nicht ewig Zeit eurer Theater zu erdulden. «

Er blickte Urgun an.
»Fahren sie fort, Vorsitzender«, sagte er.

Der nickte dankbar.
»Das Gleiche, was sie immer von uns wollen«, antwortete der Urgun. »Vermutlich sollen wir wieder die Schmutzarbeit für sie erledigen? «

»Das ist nicht hinnehmbar«, zischte Jurgan. »Wie kommen sie zu der Meinung, dass es immer so weitergehen wird? «

»Ihr seid zu jung, um die Geschichte unserer Existenz verstehen zu können«, antwortete der Vorsitzende. » Die Adramelech haben uns künstlich erzeugt. Wir sind das Ergebnis ihrer Laborversuche. Sie haben unserer Rasse fremde Gene hinzugefügt, die einen Vernichtungsdrang in uns erwecken. Die Adramelech besitzen eine Technik, mit der sie uns alleine durch einen funktechnischen Impuls zu nicht denkenden Tötungsmaschinen umformen können.«

Einen Augenblick herrschte nachdenkliche Stille unter den jungen Uylanern.

»Das bedeutet, wir sind ihnen praktisch ausgeliefert?«, fragte Dorgan. »Können wir nichts dagegen tun?«

»Das haben wir bereits«, antwortete Urgun. »Die Adramelech haben sich seit 150.000 Jahren nicht mehr gemeldet. Unsere Mediziner hatten genug Zeit, das manipulierte Gen zu lokalisieren. Sie konnten die Manipulation beheben. Seit exakt 47.000 Jahren werden alle Neugeborenen ohne das Adramelech-Gen zur Welt gebracht. Die Mächtigen wissen hiervon nichts. Sie gehen davon aus, dass wir ihnen immer noch hörig sind.«

»Was bedeutet das für uns?«, fragte Sirgan. »Sollten wir uns nicht bei ihnen für diesen Eingriff in unsere Persönlichkeit bedanken?«

»Deswegen sitzen wir zusammen«, antwortete der Vorsitzende. »Die Schiffe unserer Flotte wurden modernisiert. Unsere Techniker konnten in den letzten Jahrtausenden die gesamte Funktionsweise ihrer Schiffe entschlüsseln und nachbauen. Wir könnten sie mit der Macht unserer Flotte angreifen und sie für die Genmanipulation zur Rechenschaft ziehen.«

»Über welche Anzahl von einsatzfähigen Schiffen verfügen wir derzeit?«, fragte Brgun.

Die Gesamtanzahl der Kriegsschiffe aller Clans beträgt nahezu 1.000.0000 Einheiten. Doch einige große Familien führen Feldzüge an den äußeren Regionen des Alls durch. Sie sind dort auf interessante Sternen-Systeme gestoßen, auf die sie nicht verzichten möchten.«

Der Vorsitzende blickte die Zuhörer an.
»Eine grobe Schätzung von mir wäre die Anzahl von 500.000 Schiffen, die für den Einflug in das Imperium der Adramelech zur Verfügung stehen würde.«

»Wir sollten berücksichtigen, dass es noch keine Rasse in Betracht gezogen hat, einen Schlag gegen die Mächtigen zu organisieren«, erwiderte Murgun nachdenklich. »Wäre es nicht möglich, dass auch die Adramelech die Technik ihrer Schiffe weiterentwickelt haben? Wir könnten unterlegen sein und müssten eine Niederlage in Kauf nehmen.«

»Keine andere Rasse im Universum wurde von ihnen so massiv manipuliert und für ihre Reinigungskriege missbraucht, wie die Unsere«, antwortete Sorgan. »Das alleine ist Grund genug, ihnen den Denkzettel zu verpassen. Unsere Flotten wurden aufgewertet. Die Durchschlagskraft hat sich verdoppelt. Unsere Krieger sind geübt und eingeschworen. Wir sind die Besten. Keine der niedrig geborenen Species traut sich zu, etwas gegen uns zu unternehmen.«

»Das ist wahr«, bestätigte der Vorsitzende des Rates. »Doch mit deinen Parolen beeindrucken wir die Mächtigen nicht. Wenn wir zu den Adramelech wollen, haben wir eine lange Flugzeit vor uns. Nicht zu vergessen, dass unsere Flotte die letzte Instanz durch ihren Zeit-Transmitter fliegen muss. Falls sie unsere Absichten erkennen, dann werden sie ihre Anlage verschließen.«

Sorgan drehte sich schweigend um und blickte die Sprecher der anderen Clans an.

»Vielleicht kann uns der Vorsitzende einmal darüber aufklären, wie unsere Clans, die von den Adramelech über uns gebrachte Schmach reinwaschen kann?«, erkundigte er sich. »Sie haben uns beleidigt, mit Füßen getreten, uns als Abschaum betrachtet und in ihren Krieg eingebunden. Wir waren unfähig, uns hiergegen aufzulehnen. Es ist an der Zeit, ihnen diese Schmach heimzuzahlen.«

Ein lautes Knurren war von den entsandten Vertretern der Clans zu hören. Sorgan hatte mit seinen Worten direkt in ihr Herz getroffen.

Gurren, Kreischen und lautes Gebrüll durchzog die Felsenhalle.

»Ihr geht zu weit, Sorgan vom Clan der Sorrills«, betonte der Vorsitzende. »Eure Anstachelung der anderen Clan-Sprecher ist offensichtlich. Ihr seid nicht der Chef eurer Clan-Gruppe. Ich habe alle Anwesenden zu dieser Anhörung gebeten, damit ihr euren Clans die Neuheiten berichten könnt. Entscheidet in Ruhe mit den Ältesten, welche Vorgehensweise wir in Betracht ziehen sollten. Eine Abstimmung erfolgt im Anschluss der Entscheidung. Unsere Mehrheitsrecht bindet alle Clans. So haben wir es immer durchgeführt und so wird es bleiben. «

Sorgan verbeugte sich vor dem Rats-Vorsitzenden. »Getadelt stehe ich vor ihnen«, gestand er ein. »Es war nie meine Absicht zu beleidigen. Der tiefe Schmerz über die Manipulation unserer Rasse durch die Adramelech, wird meine Gedanken vernebelt haben. «

Er richtete seinen Kopf auf. Ein lauter brüllender Schrei verließ seine Kehle. Das Echo wurde siebenfach wiedergegeben.

»Ich hoffe, du fühlst die jetzt besser? «, fragte der Vorsitzende. » Deine Einsicht ehrt dich. Ich verzichte auf einen Verweis an deinen Clan-Chef. Er wird nichts von deiner Entgleisung erfahren.«

»Ehre dem Vorsitzenden«, erwiderte der Gescholtene. »Mein Dank ist ihnen sicher.«

Der Vorsitzende nickte und blickte die restlichen Teilnehmer an.

»Lasst uns über den möglichen Weg einer Kontaktaufnahme sprechen und welche Vorteile sich hieraus für uns ergeben«, teilte er mit.

Sorgan wusste, dass er das Thema nicht weiterverfolgen durfte, ohne Nachteile zu erleiden.

»Alter Bastard«, dachte er. »Urgun nutzt die Position als Sprecher des Rates aus, um uns in seine gedanklichen Bahnen zu lenken. Jeder der hier Anwesenden weiß, dass ein Krieg mit den Adramelech über kurz oder lang nicht zu vermeiden ist. Spätestens dann, wenn sie bemerken, dass wir nicht mehr unter ihrem Willen stehen, werden sie Gegenmaßnamen ergreifen. Nur wenn wir Siege feiern können, dann ist Urgun an vorderster Stelle zu finden und lässt sich durch alle anwesenden Clan-Chefs ehren.«

»Wie viel Personal ist auf den Botschafts-Schiffen der Mächtigen zu rechnen«, fragte Hirgun.» Gibt es hierüber Informationen? «

»Die Schiffe der Mächtigen werden durch eine Hypertronic-KI gesteuert«, erklärte der Vorsitzende. »Jedenfalls war das noch vor 150.000 Jahren der Fall. Alle Funktionen ihrer Raumschiffe wurden automatisiert. Neben den zwei Piloten gibt es noch einen Techniker, einen Elektroniker, einen Spezialisten für die Waffen-Systeme und natürlich den Botschafter und seine zwei Berater. Im günstigsten Fall besteht die Besatzung pro Schiff aus acht Adramelech. Ihre Großkampf-Schiffe verfügen über deutlich mehr Personal. Wenn ihre drei Schiffe über unserer Zentralwelt stehen, werden sie vermutlich die Impulswellen senden, die unseren Vernichtungsdrang aktiveren sollen. Da diese Impulswellen bei unserer Bevölkerung keine Wirkung mehr haben, empfehle ich in diesem Augenblick zuschlagen und die Kommunikations-Anlagen ihrer Schiffe zerstören. Nur so ist es möglich, dass sie ihre Entdeckung nicht weitergeben.«

Laute Schreie ertönten in dem Raum, die sich immer mehr steigerten. Die muskulösen Wesen schrien begeistert durcheinander und stampften mit ihren Säulenfüßen auf.

Der Vorsitzende des Rates hob seine ledrigen Hände. »Ruhe bitte«, rief er. »Es ist eure Aufgabe, die Schiffe zu kapern und die Adramelech gefangen zu nehmen.«

»Was machen wir mit ihnen?«, fragte Wirgun.

Der Vorsitzende schüttelte seinen Kopf.
»Das ist die Sache von euren Clan-Chefs«, antwortete er »Sie sollen mit ihnen machen, was sie wollen.«

»Denkt an die Metallhandschuhe«, erinnerte der Vorsitzende. »Die Blauhäutigen werden ihre Stacheln ausfahren.«

»Wir werden ihnen für ihre Tat alle Stacheln einzeln ausreißen«, bemerkte Sorgan. »Die Zeit der Vergeltung rückt näher.«

Der Vorsitzende blickte den Jungspund skeptisch an. »Warten wir es ab«, antwortete er. »Die Adramelech sind nicht zu unterschätzen. Nicht umsonst besitzen sie das größte Imperium im bekannten Universum. Über Jahrtausende reinigten sie ihre Hoheitsgebiete von nachwachsenden und von ihnen als minderwertig eingestuften Rassen. Auch sie sind kampferfahren.«

Die versammelten Personen blickten sich an.

»Wie weit sind ihre drei Schiffe von unserem System entfernt?«, erkundigte sich Jurgan. »Werden wir sie nicht abfangen müssen?«

»Vorkehrungen wurden bereits getroffen«, antwortete Urgun. »Zehn unserer schweren Einheiten wurden als Diplomaten-Schiffe getarnt. Sie geben sich als Eskorte aus und begleiten die Schiffe der Adramelech zu unserem Heimat-System. Dort haben wir 100 Schlacht-Kreuzer in Stellung gebracht. Diese werden sich auf unseren ausdrücklichen Befehl hin, um die Schiffe der Adramelech kümmern. Vorher wollen wir uns aber anhören, was sie zu sagen haben.«

Beifall wurde laut. Die gewählten Sprecher der vertretenden Uylaner-Clans waren mir der Vorgehensweise einverstanden.

»Geht zurück zu euren Clans und berichtet ihnen«, sagte Urgun. »Bereitet eure Kampf-Truppen vor. Wir werden nicht mehr lange untätig hier herumsitzen. Diese hoheitliche Aufgabe betrifft alle unsere Clans.«

»Ehre dem Vorsitzenden«, priesen ihn die Sprecher der Clans.

In einem wilden Durcheinander sprangen sie auf und liefen aus dem Felsendom des Ältestenrates.«

Sol-System

Hektisches Treiben war auf Europa, dem kleinsten Mond des Jupiters, festzustellen. General Poison hatte grünes Licht gegeben, die Höhle auf dem Fluchtplaneten der Natrader als Brückenkopf auszubauen. Jeder der hier tätigen EWK-Techniker wusste, dass die Zeit drängte. Zahlreiche Militär-Transporter entluden Gerätschaften. Arbeits-Roboter fuhren mit großen Entlade-Maschinen sensible Anlagen in die große Werfthalle. Dreißig Marines sicherten den Transmitter-Wurmloch-Generator. Mehrere Kolonnen von Technikern schritten langsam mit voll bepackten Anti-Grav.-Plattformen durch das geöffnete Wurmloch-Portal. Sie alle wussten, dass sie weit entfernt von dem Sol-System wieder materialisieren würden.

Auf der Gegenseite war geschäftiges Treiben zu beobachten. Mobile Energiemeiler wurden in der unteren Höhle installiert, um die Steueranlagen des Brückenkopfes mit Strom zu versorgen. Die geheime Station war fast betriebsbereit. Die ausgebildeten Techniker wussten, was sie zu tun hatten. In drei

Arbeitsschichten wurde in den letzten Tagen die große Höhlen-Anlage ausgebaut.

General Poison hatte mehrere gute Teams von Handwerken und Technikern zusammengestellt. Unter den Anweisungen von Marin und Gareck wurden natradische Laser-Abwehranlagen errichtet und passende Löcher in den Felsen geschnitten, um den Abschuss-Rohren Platz zu geben. Neuste Raketenwerfer mit selbstsuchenden Zielerfassungssystemen, waren ebenfalls installiert worden.

Exakt 150 Marines eines ausgewählten EWK-Einsatz-Kommandos sicherten die Höhle ab.

»Sind die Abwehranlagen schon bereit?«, fragte Captain Hunter.

Der Wissenschaftler Marin nickte.
»Wir sind so weit«, antwortete er. »Die Abwehr-Anlagen sind einsatzbereit, ebenso die Raketen-Systeme. Ich weise ausdrücklich daraufhin, dass sie niemanden an das Schaltpult lassen sollten. Das Automatik-System ist selbstständig nachladend und verschießt 3.200 Raketen in der Minute. Sie können hiermit einen effektiven Raketenteppich vor mögliche anfliegende Angreifer legen.«

Captain Hunter pfiff durch seine Zähne.

»Wie lange kann unter Dauerfeuer auf die Munition zurückgegriffen werden?«, fragte er.

»Das Depot wurde bis an den Rand gefüllt«, antwortete Marin. »Der Vorrat reicht 30 Minuten. Danach muss nachgefüllt werden.«

Der Captain nickte.
»Hoffen wir einmal, dass wir auf den Einsatz von Raketen verzichten können«, erwiderte er. » Falls wir entdeckt werden und es zu einem Angriff kommt, dann werden wir die Höhle nicht ewig halten können. Wenn wir uns zurückziehen, bedeutet das auch, dass dieser Brückenkopf in feindliche Hände gefallen ist und wir ihn nicht mehr öffnen können. Vermutlich werden die geflüchteten Natrader den Durchgang zerstören.«

»Damit ist zurechnen«, antwortete Marin. »Auch die Feldstabilisatoren für unseren Super-Schutzschirm wurden aktiviert. Es ist möglich, bei Bedarf sofort hierauf zurückzugreifen.«

»Gute Arbeit«, antwortete der Captain. « Dann kann unsere Mission bald starten.«

Der Captain blickte sich um. Die Höhle war hell mit Lampen ausgeleuchtet. Es wurde langsam wohnlich. Das Team der Cuuda 001, dem Flaggschiff von Captain Hunter, ließ sich in alle technischen Anlagen einweisen. Der Kommandeur wusste, dass die EWK-Techniker die Anlage in Kürze übergeben würden, um sich dann auf den Rückweg zu machen. Am Ende der großen Höhle stand einer der experimentelle Tarin-Jets, die vor langer Zeit von Marin und Gareck entwickelt wurden. Er war einer von drei Jets, die mit einer Zeit-Manipulator-Technik ausgestattet waren.

Ursprünglich waren diese experimentellen Geräte in Garde-Gleitern verbaut worden. Major Travis hatte jedoch empfohlen, die hochsensiblen Anlagen besser in einen wehrhaften Tarin-Jet einzubauen. Er war waffentechnisch in der Lage, sich gegen angreifende Feinde zu wehren. Zusätzlich hatten die natradischen Genies alle drei Jets mit einem Dekristallisation-Feld ausgestattet. Diese speziellen Energie-Materie-Wandlungsfelder konnten eingesetzt werden, um mit dem Jet durch feste Materie zu fliegen. Wenn das Dekristallisation-Feld auf einen festen Gegenstand traf, wurde dieser in seinen Molekülen aufgelöst, weich und durchlässig.«

Captain Hunter blickte sich in der Höhle um und erkannte, dass alles nach Plan verlief. Sein Gesicht verdunkelte sich, als er eine Gestalt aus dem aktivierten Transmitter-Wurmloch-Generator treten sah.

»Hunter«, schrie General Poison. »Die Zeit läuft uns davon. Informieren sie mich über den Stand der Dinge.«

Der General schritt schnellen Schrittes auf den Captain zu. Er war in Begleitung von Commodore von Häussen, der pflichtbewusst hinter ihm herlief.

Der General war sich vermutlich nicht bewusst, dass er durch den Transmitter-Wurmloch-Generator eine Strecke von 12 Millionen Kilometern zurückgelegt hatte und 300.000 Jahre in die Vergangenheit gerutscht war. Captain Hunter salutierte vorschriftsmäßig
.
»Was machen sie hier, General?«, fragte er. »Ihren Besuch habe ich am wenigsten erwartet.«

»Ich möchte mich selbst davon überzeugen, wohin unsere Gelder verschwinden«, erwiderte der General. »Ihnen ist doch hoffentlich klar, dass wir hier eine Menge Terun investieren.«

»Die EWK wird sicherlich nicht am Hungertuch nagen«, lächelte der Captain. »Sie sollten sich nicht so sehr hierüber aufregen. «

Der General lachte.
»Ich habe ihnen noch einige Kampf-Roboter mitgebracht«, antwortete er. »Sie sind für den Außeneinsatz geschult und mit unseren neuesten Laser-Gewehren ausgestattet. «

Der Captain blickte ihn an.
»Wollen, dass ich den Planeten für sie erobere? «, fragte er. »Ich denke, wir sollten nur die geflüchtete Amazone einfangen? «

»Lassen sie ihre Sprüche«, knurrte der General den Captain an. »Wissen sie denn, was Lorin hier für einen Schaden anrichten kann. Wenn sie zu viele Informationen preisgibt, dann werden die ausgewanderten Natrader diesen Brückenkopf mit schwerem Gerät angreifen. Wenn das passiert, dann haben sie den Auftrag, alle technischen Anlagen und die Waffen vollständig zu zerstören. Bringen sie die Höhle zum Einsturz. Die Kampf-Roboter sind für den Fall gedacht, wenn gegnerische Boden-Truppen versuchen sollten in die Höhle einzudringen. «

»Ich verstehe«, antwortete der Captain. »Wir haben genug Tarngeräte dabei, dass wir uns unbehelligt bewegen können.«

»Machen sie weiter«, befahl der General. »Ich schaue mich etwas um.«

Er ging weiter durch die Höhle, in der überall moderne Hypertronic-Anlagen installiert wurden. Ein Stück weiter sah der General Arfan-Don vertieft an einem Display sitzen. Er schritt auf ihn zu.

»Haben sie schon irgendwelche Hinweise auf die Amazone gefunden?«, fragte er.

Der Sicherheits-Offizier der Atlantis-Basis hob kurz seinen Kopf.

»Sie sind es, Herr General«, antwortete er. »Ich habe gerade ihren ID-Code eingespeist. Die Sensoren sind jetzt online und versuchen das Signal zu finden. Das kann etwas dauern. Setzen sie sich, ich glaube........«

Arfan-Don lächelte den General an.
»Das ging schneller, als ich dachte«, bemerkte er. »Dort haben wir das Signal.«

Er zeigte mit einem Finger auf das Display, auf dem die natradische Stadt abgebildet war.

»Sie ist in einem tiefen Keller, oder einer unterirdischen Halle«, erklärte der Sicherheits-Experte der Atlantis-Basis. »Das Signal kommt nicht sauber an. Es scheint so, als ob sie von dicken Wänden umgeben ist. Ihr Versteck besitzt die Größe eines Fußballfeldes «

Der General klopfte Arfan-Don auf die Schulter.
»Gut gemacht, Junge«, antwortete er. »Das klappt besser, als ich dachte. »Beobachten sie das Signal weiter. Ich informiere Captain Hunter, dass er sich bereitmacht. «

Der General schritt zu Captain Hunter zurück.
»Wir haben das Signal von Lorin lokalisiert«, teilte er mit. »Sie können los. Ich erteile ihnen den Einsatzbefehl. Bringen sie die Amazone zurück. «

»Wollten wir nicht zuerst unseren Brückenkopf sichern? «, fragte der Captain.

»Darum kümmere ich mich«, erwiderte der General. »Fliegen sie los, bevor wir das Signal wieder verlieren. «

Der Captain salutierte und rief sein Team zusammen. Er schritt zu Arfan-Don und ließ sich ein mobiles Pad mitgeben, auf dem das Signal der Amazone angezeigt wurde.

»Landen sie getarnt auf dem kleinen Platz, seitlich der kaiserlichen Pyramide«, teilte der Sicherheits-Offizier der Atlantis-Basis mit. »Dort sehe ich keinen Gleiter oder andere Fluggeräte stehen. Er scheint nur für ausgesuchte Maschinen bestimmt zu sein.«

»Danke«, antwortete der Captain. »Wir werden Lorin wieder zurückbringen.«

Arfan-Don lachte kurz auf.
»Schade, dass ich nicht dabei bin«, bemerkte er. »Das wäre bestimmt lustig geworden.«

Captain Hunter blickte in kurz an, dann drehte er sich um und ging zu dem wartenden Tarin-Jet.

***

Zwei Stunden vor Mitternacht öffnete sich an der Rückseite der verfallen Produktions- und Montagehalle knarrend ein großes Tor. Zwei verwegene redartanische Gesichter blickten vorsichtig in das Dunkel der Nacht. Nichts war zu sehen, außer zwei schwarzen Transport-Gleitern, die unweit von dem Tor abgestellt waren. Ihre

Augen durchsuchten akribisch jeden Winkel, jede Türe und die Fenster der umliegenden Gebäude, um nicht überraschend entdeckt zu werden. Sie winkten in das Gebäude. Zwei Gruppen Schatten waren auszumachen, die schnellen Schrittes aus dem Gebäude auf die Gleiter zuliefen. Die Demonstranten verließen ihr geheimes Versteck. Sie hatten eine Aufgabe zu bewältigen. Admiral Rings-Stan, Lorin und Jahol-Sin führten eine Gruppe an. Lord Gyron-Zirn befehligte die zweite Gruppe der kampferprobten Kämpfern zu einem geplanten Ablenkungsmanöver.

Nach dem massiven Vorgehen der kaiserlichen Kaste, bei dem einige Demonstranten als Verlust zu beklagen waren, hatte der Widerstand beschlossen mit Waffengewalt zu antworten. Die Zeiten der friedlichen Demonstrationen waren vorbei. Bislang hatte man auf das Verständnis des Kaisers gehofft. Doch diese Hoffnung war nicht aufgegangen. Die aktuellen Befehle, die von dem kaiserlichen Sicherheitsdienst, ohne zu zögern umgesetzt wurden, ließen nur eine Erkenntnis zu. Dem Oberhaupt der redartanischen Kultur war das Leben seiner Untertanen gleichgültig geworden.

Die Führung des Widerstandes hatte beschlossen, ein militärisches Depot der kaiserlichen Flotte zu plündern.

Nur so konnte man Zugriff auf Waffen und Munition erlangen.

Lord Gyron-Zirn erklärte sich einverstanden, mit seinen Leuten einen Schein-Angriff auf ein außerhalb der Stadt liegendes Waffendepot durchzuführen. Der ausgelöste Alarm sollte alle sich in Bereitschaft befindlichen Soldaten des kaiserlichen Sicherheitsdienstes alarmieren und zu dem Depot ausrücken lassen. Lord Gyron-Zirn hatte den Auftrag, die Soldaten in ein Feuergefecht zu verwickeln. Gleichzeitig würde die andere Gruppe, unter dem Befehl von Admiral Rings-Stan, ein in der Stadt gelegenes Waffendepot überfallen.

»Unser Angriffes auf ein kaiserliches Außendepot moderner Waffen, wird Kräfte des Sicherheitsdienstes binden«, teilte der Admiral mit. »Ich rechne ich mit keiner größeren Bewachung des städtischen Depots mehr. Die Zeit der Ablenkung sollte ausreichen, um das Depot zu plündern.«

Jeweils 30 erfahren Kämpfer waren pro Gruppe eingeteilt worden.

»Alle Aufgaben sind verteilt«, wies der Admiral nochmals seine Leute an. »Denkt daran, es geht vorrangig um den Schutz unserer Leute. «

Die Demonstranten nickten ihm zu. Leise liefen sie auf die Transport-Gleiter zu.

Der Admiral blickte Lord Gyron-Zirn an.
»Gefährden sie auf keinen Fall unsere Leute«, befahl er. »Wenn die Gegenwehr zu intensiv wird, brechen sie den Angriff ab. Falls die Soldaten Verstärkung erhalten sollten, dann brechen sie den Angriff ebenfalls sofort ab. Informieren sie uns, sobald sie die kaiserlichen Sicherheitskräfte an ihrem Standort gebunden haben. Dann beginnen wir mit unserem Angriff. Versuchen sie die Soldaten möglichst 40 Minuten zu beschäftigen. Dann ist ihr Einsatz beendet. Ziehen sie sich mit ihren Leuten zurück, ohne Spuren zu hinterlassen.«

»Ich habe verstanden«, antwortete Lord Gyron-Zirn. »Meine Gruppe besteht ausschließlich aus erfahrenen Kämpfern der Flotte. Sie wissen, worauf es ankommt. Wir werden Opfer vermeiden. Unsere Strahler sind auf die stärkste Paralyse-Wirkung eingestellt.«

Der Lord salutierte und lief seinen Leuten hinterher. Gekonnt sprang er in den Gleiter und schloss den Schott.

Admiral Rings-Stan blickte seinen Stellvertreter kurz hinterher. Er drehte seinen Kopf seiner Gruppe zu wies sie an, den zweiten Transport-Gleiter zu besteigen. Er wartete ab, bis alle Kämpfer seines Kommandos eingestiegen waren. Dann kletterte er selbst in den Gleiter hinein und schloss den Schott.

»Wir starten«, befahl er dem Piloten. »Bringen sie uns zu unserem Ziel. «

Der Admiral sah sich um.
»Auf eure Plätze«, schrie er zwei Redartanern zu, die immer noch in dem Gleiter standen. Gleichzeitig ließ er sich in einen körpergerechten Sitz fallen.

Sein Blick fiel auf Lorin und Jahol-Sin. Die Amazone hielt seinem prüfenden Blick stand und lächelte Zurück.

Die Maschinen des Gleiters fauchten auf. Kaum merkbar steigerten sie Ihre Leistung. Der erfahrene Pilot hob die Maschine von dem Boden ab. Ohne Beleuchtung, ohne eingeschaltete Warn-Signale, flog er den Gleiter dem dunklen Himmel entgegen. Der Pilot wusste, was er tat. Er konnte sich durch die Instrumente orientieren.

Der Gleiter unter dem Kommando von Lord Gyron-Zirn, flog im Lautlosmodus mit schneller Geschwindigkeit dem Ziel des äußeren Depots entgegen. Alle Einsatzkräfte waren nur mit Handstrahlern ausgestattet. Mehr Waffen konnten in der kurzen Zeit nicht beschafft werden.

»Das ist das Depot«, sagte der Lord.
Er zeigte dem Piloten das weitläufige Gelände, auf dem das Waffenmagazin der Flotte lag.

»In diesem Gebiet sind nur wenige Passanten anzutreffen«, bemerkte er. »Schäden unter der Bevölkerung wird es nicht geben. «

Er blickte sich das Gelände an.
»Das Depot ist mit einem Zaun gesichert«, bemerkte er. »Wir werden ihn aufschneiden müssen. «

Der Pilot drückte den Gleiter zu Boden. Schwer setzte die Maschine auf dem Boden auf. Ein Widerständler öffnete den Schott, die Kämpfer sprangen ins Freie. Im Laufschritt eilten sie auf den Zaun zu.

»Aufschneiden«, befahl der Lord. »Wir dürfen nicht viel Zeit verlieren. «

Die Laserbrenner zischten auf und schnitten ein großes Loch in den Zaun. Ein kurzes Klappern, dann fiel das Gitter nach innen.

»Das Aufflammen unserer Laser und das Ausfallen der Signalfelder des Zaunes werden die Wachen informiert haben«, flüsterte Lord Gyron-Zirn. »Deckung suchen und bereitmachen, wir werden gleich Besuch erhalten. «

Der Lord sollte Recht behalten. Aus dem Depot kamen sieben Soldaten angelaufen. Ihre Waffen waren durchgeladen. Sie liefen auf die Stelle zu, an dem die Demonstranten ein Loch in den Zaun geschnitten hatten. Mit einer Lampe leuchteten sie den Bereich aus. Einer von ihnen entdeckte das große Loch im Zaun. Die Soldaten unterhielten sich untereinander. Einer von ihnen hob ein Funkgerät an den Mund. Scheinbar wollte er eine Meldung durchgeben.

Lord Gyron-Zirn gab das Zeichen zum Angriff. Die Demonstranten sprangen hinter ihren notdürftigen Deckungen hervor und feuerten auf die diensthabenden Soldaten. Sie waren gut trainiert. Obwohl bereits zwei von ihnen von den Paralyse-Strahlern der Demonstranten getroffen zu Boden sanken, hechteten die anderen Soldaten mit einem Sprung aus der Schusslinie. Die Soldaten wirkten überrascht. Scheinbar hatten sie mit keinem Anschlag der Demonstranten gerechnet. Die Paralysatoren von 30 Widerständlern fauchten auf.

Die Soldaten antworteten mit einem energischen Gegenfeuer. Ihre Waffen waren nicht auf Paralyse eingestellt. Ein Busch wurde getroffen, hinter denen sich ein Kämpfer des Wiederstandes versteckt hatte. Der dichte trockene Strauch fing Feuer und loderte hell auf. Der nach einer neuen Deckung suchende Demonstrant sprang hervor und wurde noch im Laufen von den Beinen gerissen. Der heiße Laserstrahl eines Soldaten traf ihn in den Rücken.

Lord Gyron-Zirn verzog schmerzhaft sein Gesicht. »Auf die Deckung achten«, schimpfte er.

Der Beschuss der Angreifer wurde noch energischer. Vier kaiserliche Soldaten lagen regungslos am Boden. Nur noch drei Verteidiger kämpften gegen die Horde der Widerständler. Das Feuer konzentrierte sich auf sie. Der Kampf dauerte nur noch wenige Sekunden. Dann wurden sie mehrfach getroffen und brachen zusammen. Sie lagen kampfunfähig und verkrümmt auf dem Boden. Obwohl der Lord die maximale Paralyse-Strahlung als Waffeneinstellung angeordnet hatte, mussten einige Kämpfer ihre Laserstrahler falsch eingestellt haben. Tiefe Brandwunden wurden auf den Körper der drei Soldaten erkannt.

Lord Gyron-Zirn lief auf sie zu und blickte auf die Einschusslöcher.

Ärgerlich blickte er die Personen seiner Gruppe an.
»Der Befehl lautete Paralyse-Strahlen zu verwenden«, sagte er. »Was ist hieran so schwer zu verstehen? Wir wollen keine Redartaner abschlachten. Dann wären wir nicht besser als die Vasallen des Kaisers. Wenn ihr euch nicht an die Befehle halten könnt, dann seid ihr für unsere Sache ungeeignet. Ist das jetzt allen klar?«

Die Demonstranten senkten ihren Kopf und bestätigten. Lord Gyron-Zirn befahl, die Soldaten aus dem offenen Gelände in den Schutz der Bäume zu legen. Hier waren sie vor neugierigen Blicken verborgen. Im Anschluss wurde der getötete Demonstrant in den Gleiter gebracht. Der Lord und einige Demonstranten eilten auf das Depot zu.

»Die Türe aufsprengen«, befahl er. Uns bleibt nicht viel Zeit. Vermutlich wird gleich die Verstärkung eintreffen. Sucht nach den großkalibrigen Laser-Gewehren mit den integrierten Granatwerfern und der passenden Munition. Damit werden wir die Elite-Soldaten im Zaum halten.

Zwei Kämpfer liefen auf die Türe zu und brachten an vier Ecken Sprengstoff an.

»Zurücktreten«, warnte einer der Aufständischen.

Zwei Sekunden später riss eine laute Explosion die Türe aus der Verankerung. Fünf Kämpfer liefen in das Munitions-Depot. Wieder vergingen nur Sekunden, dann kamen drei Demonstranten mit einer schweren Kiste Waffen heraus. Die zweite Gruppe trug eine kleine Kiste mit Granaten.

»Wir haben Laser-Gewehre der neusten Generation erbeutet«, sagte ein Demonstrant zu Lord Gyron-Zirn. »Ferner die passenden Energiemodule und ausreichend Granaten. «

»Zurück zum Gleiter, unser Zeitfenster läuft ab«, befahl der Lord. »Die Verstärkung wird gleich eintreffen. »Alle Waffen entsichern und laden. «

Die Demonstranten liefen auf das Loch in dem Zaun zu und schlüpften durch. Die Zeit reichte gerade noch aus, um sich eine geeignete Deckung zu suchen.

Der Lord zeigte in die Luft. Drei schwarze Gleiter der kaiserlichen Garde kamen angeflogen und landeten auf dem eingezäunten Innenhof des Depots. Schwerbewaffnete Soldaten sprangen heraus. Sie hatten Nachsichtgeräte angelegt. Noch während sie aus dem

Gleiter sprangen, eröffneten sie das Laserfeuer auf die Systemgegner. Ihre Individual-Schutzschirme flimmerten im Dunkel der Nacht.

»Sie haben ihre Schutzschirme eingeschaltet«, erkannte der Lord. »Mit Paralyse-Strahlen können wir nichts mehr ausrichten. Stellt eure Strahler auf die stärkste Energieleistung um. Nur so können wir sie eine Zeitlang aufhalten.«

Die Soldaten des Widerstandes änderten die Einstellung ihrer Strahler und erwiderten das Feuer. Zahlreiche Taja's redartanischen Soldaten flammten auf und zeigten hiermit einschlagende Treffer an. Die Soldaten wirkten irritiert und suchten Deckung. Zentimeter um Zentimeter versuchten sie vorzurücken

Lord Gyron-Zirn erkannte, dass der schnelle Vormarsch der Soldaten gestoppt war.

»Wie viel Zeit bleibt uns noch?«, fragte er seinen Nebenmann.

»Wir müssen sie noch 12 Minuten aufhalten«, antwortete Sarn-Dorun. »Das sollte dem Admiral die benötigte Zeit geben. Ich habe ihn informiert, dass die Verstärkung der kaiserlichen Kaste eingetroffen ist.«

Der Lord nickte hob seinen Kopf und feuerte drei Strahlen auf einen Soldaten, der von den Beinen gehoben und nach hinten geschleudert wurde.

Die Widerständler kämpften tapfer. Trotzdem gelang es den Soldaten, sich Stück für Stück weiter vorzuarbeiten. Mit Unbehagen erkannte der Lord, dass die Soldaten der kaiserlichen Kaste nur noch 100 Meter von ihnen entfernt waren.

»Granaten-Einsatz«, befahl der Lord.

Fünf Kämpfer des Widerstandes sprangen aus ihrer Deckung und feuerten die geladenen Granatwerfer auf die vorrückenden Soldaten.

Die Sprengkraft wirbelte die Soldaten durcheinander und pustete sie von ihren Beinen.

Hiermit hatten sie nicht gerechnet. Noch nie gelang es Regimegegnern schwere Laser-Granatwerfer gegen kaiserliche Soldaten einzusetzen. Entsprechend dieser Tatsache waren die Soldaten auch nur mit leichten Laser-Gewehren in den Einsatz entsandt worden. «

Die Soldaten rafften sich auf und sprangen aus ihrer Deckung. Trotz aller Gegenwehr seiner Demonstranten erkannte Lord Gyron-Zirn, die trainierte Professionalität der Soldaten der kaiserlichen Garde. Er wusste, dass seine Leute in einem längeren Kampf-Einsatz ohne Chancen waren. Wieder landeten zwei Gleiter der kaiserlichen Kaste. Weitere Elite-Soldaten sprangen heraus und nahmen den Kampf auf. Die Soldaten gewannen zusehends die Überzähl. Die Kämpfer des Widerstandes wurden zurückgetrieben.

Pausenlos feuerten die Kämpfer Granaten auf die kaiserlichen Soldaten ab. Des gelang ihnen nicht vorzurücken. Das wütende Gegenfeuer verstärkte sich.

»Mehr geht nicht«, bemerkte der Lord. »Vermutlich werden die Soldaten gleich Luftunterstützung erhalten. Deckt sie mit Granaten ein und legt Blendkörper aus. Dann alle Zurück in den Gleiter. Wir verschwinden von hier. «

Die Demonstranten sprangen hinter ihren Deckungen hervor und schossen zahlreiche Granaten auf die Stellungen der Soldaten ab. Diese hechteten wieder aus der Schusslinie und warteten die Explosionen der Geschosse ab. Helle Blitze zogen sich über den Platz des Depots. Rauch stieg auf und verhinderte eine klare Sicht.

Den Soldaten war das Schussfeld vernebelt. Die Kämpfer des Widerstandes hatten sich zwischenzeitlich zurückgezogen. Sie liefen auf ihren wartenden Gleiter zu und sprangen durch den geöffneten Schott. Der Pilot hatte bereits die Antriebe anlaufen lassen. Die Soldaten erkannten, dass die Demonstranten fluchten wollten. Sie versuchten ihnen zu folgen. Als Lord Gyron-Zirn in den Gleiter sprang, drehte er sich noch einmal kurz um.

»Die Blendkörper zünden«, befahl er.
Dann schloss er den Schott des Gleiters. Der Pilot hob vom Boden ab und beschleunigte. Über 40 Blendkörper explodierten in grellem Licht am Boden. Die Soldaten ließen ihre Laser-Gewehre fallen und rieben sich die Augen. Sekundenlang konnten sie nichts mehr sehen. Dieser Augenblick reichte dem Piloten aus, um den Gleiter aus dem Schussfeld der kaiserlichen Soldaten zu manövrieren.

Nur langsam konnten die Soldaten wieder sehen. Sie wendeten sich dem Depot zu. Die herausgesprengte Türe lag vier Meter vor dem Eingang. Sie sah mitgenommen, verbeult und verbogen aus. Schnellen Schrittes ging der Truppenführer in das Depot und begutachtete den Innenraum. Die Beleuchtung war defekt, gerissene Versorgungsleitungen waren an den Wänden zu sehen. Aus unterschiedlichen Rohren tropfte Öl und Wasser. Die

Explosion hatte einen erheblichen Schaden angerichtet. Erleichtert atmete der Anführer auf. Die Regale mit den unterschiedlichen Einsatz-Waffen der Flotte waren weitgehend unversehrt. Lediglich eine Kiste mit modernen Laser-Granatwaffen fehlt.

»Wir sind vermutlich noch rechtzeitig eingetroffen«, dachte er. »Den Demonstranten ist es nicht gelungen größerer Waffen-Systeme zu entwenden.«

Er griff nach seinem Communicator und informierte die Leitstelle seiner Abteilung.

Admiral Rings-Stan, Lorin und die Truppe der 30 Kämpfer des Widerstandes waren in Stellung gegangen. Vor dem großen Munitions-Depot der redartanischen Flotte standen nur noch zwei Soldaten als Wache. Die restlichen diensthabenden Kräfte schienen abberufen worden zu sein. Dieses Depot befand sich in einer Seitenstraße der belebten Hauptstadt und wurde nicht durch einen Sicherheitszaun geschützt.

Nur vereinzelt waren um diese Uhrzeit Passanten auf der gegenüberliegenden Straßenseite zu sehen. Der direkte Weg vor dem Depot, war aus Sicherheitsgründen gesperrt worden.

Der Admiral blickte auf die Waffendepot der redartanischen Raumflotte.

»Sind alle bereit?«, fragte er. » Die Türe wird besonders gesichert sein. Es ist nicht zu erkennen, ob sich im Innenraum weitere Soldaten aufhalten. «

»Wir haben den Truppen-Transporter abfliegen sehen«, antwortete Lorin. »Es ist sehr unwahrscheinlich, dass wir auf weitere Kräfte treffen. «

Der Communicator von Admiral Rings-Stan summte. Er öffnete ihn.

»Admiral Rings-Stan«, sprach er hinein.

»Hier ist Lord Gyron-Zirn«, tönte es aus dem Gerät. »Die Verstärkung ist bei uns eingetroffen. Beginnen sie mit ihrem Einsatz. Wir wissen nicht, wie lange wir die Soldaten aufhalten können. «

»Danke«, erwiderte der Admiral und beendete die Verbindung.

Er blickte Lorin an.
»Lassen sie uns beginnen«, flüsterte er. »Lord Gyron- Zirn hat die Ankunft der Verstärkung gemeldet. «

Er gab seinen Kommandeuren ein Zeichen, welches sie wiederum an andere Einsatzkräfte weitergaben. Geradeaus, in einer Gasse zwischen den Häuserwänden bewegte sich ein Schatten. Dort hatten sich einige der Kämpfer des Widerstandes verborgen. Auf der anderen Seite, zweihundert Meter entfernt, stand die nächste Gruppe der Widerständler. Alle waren bereit sofort in den Kampf einzugreifen. Hinter dem Admiral und Lorin standen weitere acht Kämpfer und warteten auf ihren Einsatz.

»Bleibt in Deckung«, befahl der Admiral. »Wir werden versuchen, die Wachen zu überwältigen. Wenn wir sie ausgeschaltet haben, rückt ihr sofort nach.«

Langsam schritten Admiral Rings-Stan und Lorin im Schatten der Häuser auf die Wachen zu. Noch hatten die Wachen sie nicht bemerkt. Der Admiral und die Amazone beschleunigten ihre Schritte. Das Flotten-Depot war ein großes Gebäude. Hier schienen wichtige militärische Ausrüstungsgegenstände aufbewahrt zu werden.

Lorin und der Admiral unterhielten sich. Lachend schlenderten sie auf den Eingang zu.

Endlich bemerkten die Soldaten die beiden Passanten. Skeptisch blickten sie in ihre Richtung. Ihre Hände legten sich auf den Griff ihrer Laserwaffen.

Lorin und Admiral Rings-Stan trugen bewusst lange Mäntel. Diese verbargen nicht nur ihre Kleidung, auch die Waffen konnten hierunter wurden perfekt versteckt. Langsam schritten sie auf das bewachte Tor des Depots zu.

Einer der Soldaten trat vor.
»Stopp«, rief er. »Das ist weit genug. Wechseln sie die Straßenseite. Sie befinden sich auf einem militärischen Sperr-Gebiet. Bürger haben hier keinen Zutritt. «

»Entschuldigen sie bitte«, antwortete der Admiral. »Wir sind nicht aus der Hauptstadt. Leider wussten wir nicht, dass es sich um ein Sperrgebiet handelt? «

»Haben sie die Hinweisschilder nicht gesehen? «, erkundigte sich der Soldat.

»Welche Schilder? «, fragte Lorin. » Wir haben keine Schilder ausmachen können. «

»Entschuldigen«, sagte der Admiral. »Wir wechseln sofort die Straßenseite. Das ist unsere Schuld. Wir wollen keinen Ärger mit der kaiserlichen Kaste. «

Die zwei Soldaten sahen sich an.
»Sie kennen sich aber gut mit unseren Abzeichen aus«, bemerkte er. »Dass wir Soldaten einer Sondereinheit der kaiserlichen Kaste sind, das fällt gewöhnlichen Bürgern nicht auf. Habt ihr etwas zu verbergen? «

»Nein«, antwortete Lorin. »Wir sind lediglich harmlose Besucher. «

Der Soldat grinste sie schäbig an. Er ließ sich nicht umstimmen.

»Die Hände hoch«, befahl er. »Habt ihr Waffen dabei? Wir werden euch abtasten müssen. «

Der zweite Soldat trat neben seinen Kollegen. Auch er blickte Lorin und Admiral Rings-Stan grimmig an.

»Durchsuche sie nach Waffen«, befahl der Anführer. »Die Beiden ähneln keinen Besuchern. «

Der zweite Soldat drehte sich Admiral Rings-Stan zu. Er ging selbstsicher an Lorin vorbei.

Aus seinen Augenwinkel sah er, wie die Amazone herumwirbelte und dem Anführer der Soldaten die Laserwaffe aus der Hand schlug. Mit ihrer zweiten Hand riss sie einen Dolch aus ihrem Kampfgürtel. Blitzschnell stach sie ihm ihren Dolch in den Hals. Der Soldat verdrehte die Augen, Blut spritzte aus der Wunde. Dann sank er in sich zusammen.

Der zweite Soldat bekam große Augen. Er fingerte aufgeregt nach seinem Laserstrahler. Admiral Rings- Stan hatte jedoch bereits seinen eigenen Strahler gezogen. Er schlug dem Soldaten mit seiner Faust die gezogene Laser-Waffe aus der Hand. Dann paralysierte er ihn. Schwer getroffen brach der Soldat zusammen. Der Admiral blickte die Amazone ärgerlich an.

»Ohne Blutvergießen scheint es bei ihnen nicht zu gehen?«, sagte er schroff. » Entweder sie halten sich an meine Anordnungen oder sie können sich selbst einen Weg zu ihrem Kaiser freikämpfen. Wir sind nicht hier, um Redartaner zu töten. «

»Entschulden sie meinen Reflex«, entgegnete die Amazone. »So wurden wir von der kaiserlichen Kaste auf Natrid geschult. Leider lässt sich meine Laser-Waffe nicht auf eine Paralyse-Strahlung einstellen. Ich benutze immer noch den alten, aber sehr effektiven natradischen Vernichtungs-Strahler. Nach meiner Ansicht besitzt er die bessere Durchschlagskraft. Die neuen Leichtstrahler neigen gerne zur Überhitzung. Gerade in brenzligen Situationen kann der Ausfall eines Strahlers sehr unangenehm werden.«

»Sie sind gemeingefährlich«, erwiderte Admiral Rings-Stan. »Wenn sie ihre Mission hier auf Redartan abgeschlossen haben, dann ziehen sie sich wieder dahin zurück, wo sie hergekommen sind. Vergessen sie auch ihren komischen Roboter nicht.«

Lorin grinste ihn an.
»Vielleicht gefällt es mir ja hier bei ihnen?«, antwortete sie. » Dann würde ich gerne etwas länger bleiben. Aber machen sie sich hierüber keine weiteren Gedanken. Ich habe eine Aufgabe auf der andern Seite angeboten bekommen. Dort ist man an kampfstarken Frauen sehr interessiert. Das ist für mich wesentlich angenehmer als unter den Feiglingen der geflüchteten natradischen Nachkommen leben zu müssen.

Der Admiral hat sie bereits abgedreht und den letzten Satz der Amazone nicht mehr mitbekommen. Er winkte seinen Leuten. Aus allen Winkeln eilten sie herbei.

»Die Türe aufsprengen«, befahl er. »Wir haben nicht viel Zeit. Räumt die Soldaten beiseite. Sie dürfen nicht gesehen werden.«

Sprengstoffexperten traten vor und brachten an vier Stellen des Tores einen hochsensiblen Sprengstoff an.

»Zurücktreten«, rief ein Kämpfer.
Die Männer des Einsatzteams begaben sich in Deckung. Sekunden später war eine laute Explosion zu hören. Die Türen flogen auf, ein Flügel riss aus den Angeln und wurde scheppernd über die Straße geschleudert.

»Wir haben ein Zeitfenster von 15 Minuten«, teilte der Admiral seinen Leuten mit. »Nehmt alles mit, was ihr tragen könnt und verstaut es im Gleiter. Beeilt euch.«

Die 30 Kämpfer des Widerstandes liefen in das Depot und rissen Kisten und Verpackungen auf. Laser-Strahler, Lasergewehre, Taja's, Tarnmodule, Kampfanzüge wurden entdeckt. Alles wurde mitgenommen und in den Gleiter gepackt.

»Denkt an die Tarnmodule«, wies der Admiral seine Leute hin. »Die brauchen wir unbedingt, um zu dem Kaiser zu gelangen.«

Die angesprochenen Männer nickten im Vorbeilaufen. Zahlreicher Sprengstoff, Granaten, Blendkörper und Munition, wurden in Kisten verpackt. Jegliche Art von Waffen, die hilfreich im Kampf gegen das Regime des Kaisers waren, wurden verstaut und herausgetragen.

Der Admiral blickte auf seinen Zeitmesser.
»Das Zeitfenster schließt sich gleich«, sagte er. »Kommt zu einem Ende.«

Lorin und Admiral Rings-Stan sahen, wie ihr Team die letzten Kisten aus dem Depot trugen und in Richtung des wartenden Gleiters verschwanden.

Die letzten fünf Minuten waren vergangen. Admiral brach die Mission ab. Er, Lorin und die letzten Kämpfer eilten auf den Gleiter zu. Der Pilot wartete bereits mit laufenden Antrieben. Schnell hob er von der breiten Straße ab verschwand in der dunklen Nacht.

Keine Sekunde zu früh. Fünf Militärgleiter der kaiserlichen Kaste kamen angeflogen und leuchteten den Platz vor dem Depot ab. Kraftvoll setzten sie auf dem Boden auf. Die Schotts öffneten sich und Elite-Soldaten sprangen heraus. Mit aktivierten Waffen liefen sie auf das geöffnete Depot zu.

***

Captain Hunter fluchte. Er und sein Team waren mit einem experimentellen Tarin-Jet gestartet, um nach Lorin zu suchen.

»Der Impuls bewegt sich«, sagte er. »Die Amazone ist nicht mehr in ihrem Schutzraum.«

Der 1. Offizier, Leutnant Graves, blickte auf das Pad und bestätigte die Aussage von Captain Hunter.

»Sie ist eindeutig in Bewegung«, bestätigte er. »Das kann ja heiter werden. Wir sollten möglichst keinen Kontakt mit den hier lebenden Natradern aufnehmen, laut dem Befehl von General Poison.«

»Wir folgen dem Signal«, erwiderte der Captain. »Sicherlich wird sich eine Gelegenheit ergeben, sie zu paralysieren. Wenn sie schläft, dann macht sie am wenigsten Ärger.«

Leutnant Seeger beschleunigte den Jet und flog auf die Koordinaten zu.

Der experimentelle Tarin-Jet wurde nicht geortet. Kein redartanische Kampf-Jet war auf den Monitoren zu sehen.

»Unsere Tarnung funktioniert«, bemerkte Leutnant Spader. »Die Redartaner haben keinen System-Alarm ausgerufen. Sie scheinen uns nicht ausmachen zu können. Marin und Gareck haben gut gearbeitet.«

Der Tarin-Jet näherte sich der Position. Der ID-Chip zeigte das Signal sauber auf dem Pad an.

»Wir haben die Position erreicht«, meldete Ortungsoffizier Groß. »Sie muss unter uns sein.«

»Haben wir Ortungszeichen?«, fragte Captain Hunter. »Stellen sie die Sensoren auf die maximale Auflösung ein.«

Der Ortungs-Offizier drückte einige Sensortasten.
»Ich registriere einen getarnten Gleiter«, stutzte er. »Zweiunddreißig Personen steigen aus. Der Protokoll-Roboter ist im Gleiter geblieben.«

Captain Hunter sah sich die Ortungsaufzeichnung an. »Wir landen in einem ausreichenden Abstand zu dem Gleiter«, entschied er. »Sie hat zu viele Personen in ihrer

Begleitung. Wir warten auf einen günstigen Moment, bevor wir zugreifen.«

Er blickte seinen Steuermann an.
»Leutnant Seeger, landen sie den Jet«, befahl er. »Wir nähern uns zu Fuß. Leutnant Graves und Leutnant Spader begleiten mich. Wir aktivieren unsere Taja's und die Tarnmodule. Sehen wir uns einmal an, was Lorin hier will.«

Der Jet setzte sanft auf einem Platz auf, der etwas seitlich der Straße lag, an dem das Signal von Lorin registriert wurde. Captain Hunter und seine Begleiter sprangen aus der Kampfmaschine. Der kleine Trupp beschleunigte seine Schritte. Sie liefen vorbei an Unrat, die in Säcken am Straßenrand abgestellt waren. Die heruntergekommenen Geschäfte und Läden der Straße waren bereits abgedunkelt. Während die Gruppe vorwärts auf das Ziel zulief, gab der Captain den Befehl, den körpereigenen Schutzschirm zu aktivieren.

Die Personen schlichen um eine Hausecke und erblickten eine Gruppe von Redartanern, die sich in einer dunklen Gasse versteckte. Lorin und ein unbekannter Redartaner schritten lachend auf ein Gebäude zu, das von zwei Wachen gesichert wurde. Beide trugen lange Mäntel, die bis zu ihren Stiefeln reichten.

Captain Hunter lehnte sich mit der Schulter an eine Hauswand, hob seinen Blaster und versuchte die Amazone anzuvisieren.

Dann senkte er seine Waffe wieder.
»Ich habe kein freies Schussfeld«, flüsterte er seinen Begleitern zu. »Wir werden abwarten müssen. «

Die Gruppe sah, wie sich Lorin und ihr Begleiter mit den Soldaten unterhielten. Diese schienen zusehends misstrauisch zu werden.

Plötzlich sahen sie, wie die Amazone herumwirbelte und dem ersten Soldaten die Laserwaffe aus der Hand schlug. Mit ihrer zweiten Hand riss sie einen Dolch aus ihrem Kampfgürtel. Blitzschnell stach die dem Anführer den Dolch in den Hals. Der Soldat verdrehte die Augen, Blut spritze aus der Wunde. Dann sank er in sich zusammen.

Der zweite Soldat bekam große Augen. Er versuchte nach seinem Strahler zu greifen. Der Begleiter von Lorin hatte jedoch bereits seinen eigenen Strahler gezogen. Er schlug dem Soldaten mit seiner Faust die Laser-Waffe aus der Hand. Dann paralysierte er ihn. Schwer getroffen brach der Soldat zusammen.

»Was passiert da?«, fragte Leutnant Graves. » Lorin und ihr Begleiter haben die Wachen ausgeschaltet.«

»Wir bleiben hier und beobachten weiter«, entschied Captain Hunter. »Mit der Amazone ist nicht zu spaßen. Sie beteiligt sich an einer Aktion gegen die redartanischen Sicherheits-Soldaten. Das wird Probleme geben.«

Er hatte die Worte kaum ausgesprochen, als aus allen Gassen Personen auf Lorin und ihren Begleiter zugelaufen kamen.

Zwei Personen machten sich an der Türe des Gebäudes zu schaffen. Nur Sekunden später explodierte ein Sprengsatz und riss eine Hälfte der Türe aus der Angel. Sie wurde mittig auf die Straße geschleudert und blieb dort verbogen liegen. Captain Hunter pfiff durch seine Zähne.

»Verdammt«, flüsterte Captain Hunter. »Sie brechen in ein gesichertes Lager der Redartaner ein. Was gibt es dort Interessantes zu finden?«

Die dreißig Redartaner schleppten Kisten, Pakete und Säcke heraus. Einem Träger fiel ein Paket auf den Boden. Laser-Gewehre wurden sichtbar.

»Sie erbeuten Waffen und Munition«, flüsterte Leutnant Morin. »Lorin und ihre Begleiter rüsten sich mit schweren Waffen aus. «

Schnell wurden alle erbeuteten Utensilien in den wartenden Gleiter verstaut. Immer mehr Kisten und Beutel wurden aus dem Gebäude gestohlen und in dem Gleiter verladen.

Der Begleiter von Lorin brach die Aktion ab. Schnell liefen die Redartaner zu ihrem Gleiter und hoben ab.

»Zurück zu unserem Jet«, befahl Captain Hunter. »Hier können wir nichts mehr ausrichten. Ich vermute, dass gleich die Sicherheitskräfte des Kaisers auftauchen werden. «

Schnell liefen die drei Offiziere des Neuen-Imperiums zu ihrem Tarin-Jet zurück. Sie sprangen durch den geöffneten Schott und schlossen ihn. Jeder Offizier nahm seinen Platz ein.

»Fünf Gleiter befinden sich im Anflug«, meldete Leutnant Groß.

»Abheben und der Amazone folgen«, befahl der Captain. »Wir beobachten ihre weiteren Ziele. «

Der Jet hob ab und verschwand leise in der Nacht.

Unerwartete Zusammenkunft

Der Transport-Gleiter mit den Offizieren des redartanischen Flotten-Oberkommandos landete auf dem Platz vor der Einsatzzentrale. Der Schott wurde aufgerissen, die Offiziere sprangen heraus. Zwei Soldaten des Geheimdienstes schritten ihnen gelassen entgegen. Vermutlich hatte sie noch keine Kenntnis von den Ereignissen im Anhörungssaal des Kaisers erhalten. Sie grinsten die Offiziere abwertend an.

»Laut Anweisung von Lord Grun-Baris, dem Kommandeur des redartanischen Geheimdienstes, wurden sie alle von ihren Ämtern enthoben«, sagte ein Soldat. »Bitte händigen sie mir ihre Waffen aus. Sie stehen unter Arrest. Soldaten des Geheimdienstes sind bereits hierher unterwegs, um sie zu übernehmen.«

»Das wissen wir«, antwortete Admiral Tarn-Lim. » »Leider war nicht anders zu erwarten. «

Mit einer langsamen Bewegung griff er nach seinem Strahler und hielt dem Soldaten den Griff seiner Waffe entgegen.

Der Soldat lächelte und griff hiernach. Bevor er sie ergreifen konnte, wirbelte Admiral Tarn-Lim die Waffe herum und paralysierte den Soldaten. Der zweite Soldat riss seine Augen auf und versuchte seinen Laser- Strahler zu ziehen. Doch der Admiral hatte ihn bereits anvisiert und abgedrückt. Der gezielte Schuss ließ den Soldaten auf der Stelle zusammenbrechen.

Der Admiral winkte seinen Offiziere zu.
»Sofort in die Leitstelle«, befahl er. »Bringt überall Sprengsätze an. Die zentralen Ortungsgeräte müssen zerstört werden. Ansonsten haben wir keine Chance.«

Zwölf Offiziere liefen in das Gebäude des Flotten-Oberkommandos.

Commodore Run-Lac hatte acht Offiziere ausgeschickt, um die bereitstehenden Nahkampf-Gleiter zu starten. Admiral Tarn-Lim zeigte zum Himmel. Ein Gleiter des Geheimdienstes war im Anflug.

»Da kommt ihr erstes Kommando«, teilte er seinem Stellvertreter mit. »Suchen wir Deckung im Eingangsbereich unseres Gebäudes. Unsere Leute brauchen hier noch einige Minuten.«

Commodore Run-Lac wies die Offiziere ein. Sie hatten sich gute Deckungen gesucht.

»Wir müssen diesen Gleiter-Trupp ausschalten«, sagte er. »Es darf ihnen nicht gelingen uns aufzuhalten.«

Der Gleiter des Geheimdienstes landete schwer auf dem Platz vor dem Flotten-Oberkommando. Der Schott öffnete sich und zwölf Elite-Soldaten von Lord Grun-Baris sprangen heraus. Auf ihrer Brust prangerte das runde Zeichen des redartanischen Geheimdienstes. Admiral Tarn-Lim aktivierte seinen körpereigenen Schutzschirm. Er riss seinen Strahler heraus. Die Soldaten des Geheimdienstes kamen feuernd näher. Commodore Run-Lac fluchte. Ein Laserstrahl hatte seinen Mantel durchschlagen.

Vorsichtig rutschte er weiter hinter seine Deckung. »Aufpassen«, lachte Admiral Tarn-Lim. »Wir sind jetzt Geachtete.«

Er erhob sich und jagte nacheinander drei gezielte Laser-Salven aus seiner Pistole. Er erkannte, wie ein Soldat des Geheimdienstes getroffen und von seinen Füßen geschleudert wurde. Die anderen Schüsse flogen an den Köpfen der Soldaten vorbei und schlugen in den Gleiter ein. Funken und weißglühende Splitter peitschten durch die Luft. Die Soldaten des Geheimdienstes schmissen sich zu Boden. Sie hatten nicht mit Widerstand gerechnet.

Auch die verschanzten Offiziere des Flotten-Oberkommandos feuerten auf die Soldaten. Wieder wurde ein Soldat des Geheimdienstes getroffen. Obwohl der Admiral von einem starken Hass auf den Kaiser erfasst wurde, versuchte er mit sachlicher Kühle die Situation zu analysieren. Die zahlreichen Laserstrahlen hatten Rauch entstehen lassen. Die Sicht wurde bedeutend schlechter. Er blickte sich um. Passanten auf der gegenüberliegenden Seite der Straße, brachten sich eiligst in Sicherheit. Einige von ihnen schrien um Hilfe.

Die Soldaten aus der Leitstelle des Flotten-Oberkommandos kamen zurück.

»Wir haben alle Gerätschaften mit Sprengstoff versehen«, teilte Admiral Garan-Sek. »Von unserer schönen Leitstelle wird nicht mehr viel übrigbleiben. «

»Wenn das hier vorüber ist, bekommen wir eine neue moderne Leitstelle«, beruhigte ihn Admiral Tarn-Lim. »Geben sie unserem lieben Kaiser die Schuld hierfür. Er spielt ein falsches Spiel. Sprengen sie die Anlage in die Luft. «

Admiral Garan-Sek nickte.
»In Deckung«, schrie er. »Die Fenster werden zersplittern und herunterfallen. «

Dann drückte er den Knopf der Fernbedienung.

Eine gewaltige Explosion entstand. Die vielen Fenster des Flotten-Oberkommandos wurden zersplittert und nach außen gedrückt. Eine gewaltige Feuerwand fraß sich aus den Öffnungen und riss große Teile des Mauerwerkes mit sich.

Admiral Tarn-Lim bemerkte, wie der Boden unter seinen Füßen vibrierte. Die Explosionen setzten sich über Stockwerk für Stockwerk fort und zerstörten alle wichtigen Anlagen des Gebäudes. Nichts hiervon war mehr zu verwenden.

Eine schwarze Qualm-Wolke verpuffte aus den Öffnungen des Gebäudes und nebelte den Platz ein. Die Offiziere des Geheimdienstes konnten nicht mehr ausgemacht werden. Admiral Tarn-Lim hatte gesehen, wie einige heruntergefallene Maurerbrocken auf die Soldaten gefallen waren.

»Rückzug zu den Gleitern«, befahl er. »Gleich wird Verstärkung des Geheimdienstes eintreffen.«

Die Offiziere sprangen aus ihren Deckungen und liefen an dem Gebäude entlang. Auf der Rückseite warteten acht Nahkampf-Gleiter. Die Piloten ließen die Motoren anspringen. Die Offiziere sprangen in die geöffneten Schotts.

»Abheben und in den Tarnmodus gehen«, befahl der General. »Geben sie den Befehl an alle Gleiter weiter. «

Commodore Run-Lac gab die Meldung durch. Die Gleiter beschleunigten und verschwanden von allen redartanischen Ortungsgeräten. Die Fluggeräte hatten ihre Tarnfelder eingeschaltet.

»Ortungszeichen? «, fragte er.
Lord Lirn-Ryon schüttelte seinen Kopf.
»Nichts«, antwortete er. »Noch hat der Geheimdienst mit sich selbst zu tun. «

»Lord Grun-Baris wird dem Kaiser wieder einige Fragen beantworten müssen«, lachte der Admiral.

»Hoffentlich sind wir ihn dann endgültig los«, erwiderte Commodore Run-Lac. »Der Kommandeur des Geheimdienstes wird langsam lästig. «

Der Admiral blickte aus dem Fenster. Vor den Gleitern tauchte der Bergrücken auf. Der größte Berg vor ihnen hieß Gonral. In ihm gab es einige Höhlen, die sich gut als Untergrund-Verstecke nutzen ließen. Noch wusste der Admiral nicht, wie es weitergehen sollte. Derzeit verfügte seine kleine Truppe nur über 50 Offiziere, alle Piloten bereits mitgerechnet. Er wusste, dass sie Kontakt zu allen Getreuen des Flotten-Oberkommandos aufnehmen mussten. Seine Gedanken gingen zu Commander Niras-Tok, dem letzten Überlebenden einer redartanischen Eingreif-Flotte, bevor sie von Schiffen der Adramelech vernichtet wurde. Er hatte dem Commander den Auftrag erteilt, den Gefangenen zu befreien und in die Höhle zu bringen.

»Adra'Metun war sein Name«, erinnerte sich der Admiral. »Vielleicht kann uns der Fremde behilflich sein. Ich werde nicht zulassen, dass er von Lord Grun-Baris und seinen Wissenschaftlern seziert wird. Sicherlich wird er uns noch nützliche Informationen zukommen lassen können.«

Commander Niras-Tok war zu Fuß unterwegs. Ein Gleiter wäre zu auffällig gewesen. Er trug seine Uniform und hatte sich einen Kampfgürtel der redartanischen Flotte umgeschnallt. Niras-Tok wusste zwar, dass es laut kaiserlichem Erlass verboten war, diesen speziellen Gürtel in der Hauptstadt zu tragen. Doch jetzt handelte es sich um eine neue Situation. Der Kaiser suchte nach einem Schuldigen.

»Seine Exzellenz hat hierfür die Offiziere des Flotten-Oberkommandos auserkoren«, dachte er. »Die Personen, die immer für Gerechtigkeit eingetreten und dem Kaiser treu zur Seite gestanden waren, sollten jetzt für die Machenschaften des Geheimdienstes zahlen.« Er spuckte voller Abscheu auf den Boden.

Niras-Tok hatte sein Tarnfeld aktiviert und lief schnellen Schrittes auf das Verwahrungs-Gebäude der kaiserlichen Kaste zu. In seinem Rucksack hatte er vorsichtshalber einen weiteren Gürtel eingepackt, falls der Gefangene ihm folgen wollte.

Sirenen wurden hörbar. Der peitschende schrille Ton wurde lauter. Vorsichtig drückte er sich tiefer in den Schatten der Häuser

Drei schwarze Gleiter des Sicherheitsdienstes rauschten mit eingeschalteter Sirene an seinem Standort vor. Der Commander hielt seinen Atem an. Dann waren die Gleiter vorbei.

Er atmete aus. Sicherlich wusste er, dass die Schergen des Kaisers ihn nicht orten konnten, sein Tarnfeld war aktiviert. Der drehte sich wieder in Richtung der Stadt um und lief weiter seinem Ziel entgegen.

Er bog um die Ecke eines Hochhauses und blieb stehen. Dort vor ihm, 250 Meter von seinem Standort entfernt, lag das kaiserliche Hochsicherheits-Gebäude. Er war sich sicher, dass dort alle unliebsamen Widersacher des Kaisers ein schnelles Ende fanden. Wachen standen an dem Eingang. Ihre Waffen waren entsichert und lagen in ihren Armbeugen.

»Sie sind bereits alarmiert worden«, dachte der Commander. » Ich werde sie überwältigen müssen. «

Instinktiv drehte sich der Commander um. Doch er konnte keine Verfolger ausmachen. Langsam und ohne Geräusche zu verursachen, näherte er sich dem redartanischen Wachdienst.

Er war nur noch drei Metern von den Wachen entfernt. Sie unterhielten sich gelassen miteinander.

Niras-Tok griff mit der rechten Hand nach seinem Strahler und entsicherte sie. Mit der linken Hand drückte er auf den Knopf des Tarngerätes an seinem Gürtel. Von einer Sekunde zur anderen war er wieder sichtbar.

Die Soldaten hatten das Flimmern aus ihren Augenwinkeln erkannt. Ihre Laser-Gewehre schnellten hoch in die Richtung des Commanders. Niras-Tok drückte ab und traf beide Soldaten mit einer vollständigen Salve. Ihre Bewegungen erstarrten. Langsam kippten sie der Länge nach auf die Straße. Niras-Tok lief zu ihnen und riss ihnen ihre ID-Cards ab. Diese steckte er in den Codegeber an der Türe. Die Türe öffnete sich und gab den Eingang frei. Der Commander zog die beiden Soldaten in das Innere des Gebäudes und verschloss den Eingang wieder. Dann aktivierte er erneut sein Tarnfeld.

Er blickte sich um. Niemand war zu sehen. Schnell eilte er die Treppen ins Untergeschoss herunter. Dort befand sich die Zelle des Gefangenen.

»Seltsam«, dachte er. »Diese Türe wird nicht bewacht? Lord Grun-Baris scheint alle mobilen Kräfte auf die Suche nach uns geschickt zu haben? «

Er lachte laut auf.
»Das Problem ist nur, dass keine redartanischen Ortungsgeräte aktivierte Tarnfelder erkennen können«, dachte er. »Admiral Tarn-Lim hat dieses Problem immer wieder vor dem Kaiser und der wissenschaftlichen Kaste vorgetragen. Er wurde belächelt und als übervorsichtig betitelt. Jetzt lernt der Kaiser einmal die Vorteile unserer Tarngeräte kennen. «

Niras-Tok schlich weiter den Gang entlang.
»Zelle 114«, las er. »Hier ist der Gefangene untergebracht. «

Vorsichtig kloppte er an der Türe. Er steckte die Codekarte des Soldaten in den Leseschlitz. Die schwere Metalltüre öffnete sich. Vorsichtig hob er seinen Laser-Strahler und ging in den Raum.

Adra'Metun stand an der Wand und blickte ihn an. »Keine Angst«, flüsterte ihm der Commander zu. »Ich bin hier, um sie zu schützen. Der Geheimdienst hat die Macht übernommen und möchte sie aufschneiden und sezieren.«

Er sah, wie sich bei dem blaupelzigen Adramelech kurz die Stacheln aufstellten.

»Kann ich ihnen vertrauen? «, fragte der Commander. » Sie wollten doch auch ihren Widerstand aktivieren. Wir helfen ihnen dabei. Vorher müssen wir aber von hier verschwinden und uns ein sicheres Versteck suchen. «

»Ich wusste von Anfang an, dass ich ihnen vertrauen konnte«, antwortete der Gefangene. »Meine Flucht müssen sie nicht fürchten. Allein werde ich auf diesem fremden Planeten nicht lange überleben. Durch meine Gefangennahme habe ich meine Auferstehung verspielt. Nach den Richtlinien unseres Regenten hätte ich der Gefangennahme durch einen Suizid entgehen müssen. «

Commander Niras-Tok winkte ab.
»Für Geschichten haben wir keine Zeit«, antwortete er. Er zog den Kampfgürtel der redartanischen Flotte aus seinem Rucksack.

»Legen sie diesen bitte um«, erklärte er. »Der Gürtel ist mit einem Tarnmodul versehen. «

Der Adramelech sah ihn fragend an.

»Wir sind dann für alle Ortungsgeräte nicht mehr erfassbar«, ergänzte der Commander. »Bereiten sie sich auf einen längeren Fußmarsch vor. Ich habe kein Fluggerät dabei. «

Adra'Metun legte den Gürtel umständlich um seine Hüfte und staunte. Der Kampfgürtel verschloss sich selbstständig.

Der Commander zog einen Helm aus dem Rucksack und setzte ihn dem Gefangenen auf. Er zog das Visier herunter.

»Auf dem Display des Visiers können sie mich erkennen«, erklärte der Commander. »Lassen sie es bitte unten, ansonsten verlieren sie mich aus ihren Augen. «

»Ich habe verstanden«, antwortete Adra'Metun.

Die Beiden schlichen vorsichtig aus dem Gebäude. Kein weiteres Sicherheits-Personal war in der Zwischenzeit eingetroffen.

Commander Niras-Tok zeigte auf den Bergrücken vor der Stadt.

»Dort müssen wir hin«, bemerkte er. »Admiral Tarn-Lim erwartet uns dort. Wir werden überlegen, wie wir wieder Ordnung in unser Regime bringen können.«

Sie schlichen an den Häuserfronten entlang. Die Beiden hatten noch keine 100 Meter zurückgelegt, als vier Gleiter des Sicherheitsdienstes an ihnen vorbeiflogen und vor dem Gebäude der kaiserlichen Sicherheits-Verwahrung anhielten. Zahlreiche Soldaten sprangen heraus und liefen in das Gebäude.

»Jetzt werden sie feststellen, dass ihr Gefangener nicht mehr das ist«, bemerkte Niras-Tok. »Das war äußerst knapp.«

»So wie es aussieht, habe ich ihnen mein Leben zu verdanken«, antwortete der Adramelech. »Ich entdecke erschreckende Ähnlichkeiten zu unserer Heimatwelt.

Auch dort wird alles durch unseren Regenten befohlen. Widerspruch ist nicht erlaubt. «

Admiral Tarn-Lim hatte sich die Karte des Bergs Gonral auf dem Display einspielen lassen. Er zeigte mit seinem Finger auf einen Punkt.

»Das ist eine ebene Fläche«, sagte er. »Diese reicht für unsere acht Nahkampf-Gleiter aus. Wir gehen dort runter und die letzten 500 Meter zu Fuß. «

Commodore Run-Lac nickte.
»Das ist auch die einzige Stelle, an der wir landen können«, bestätigte er. »An den Berghängen ist das Gefälle zu groß. «

»Geben sie den Befehl an alle Schiffe durch«, befahl der Admiral. »Wir sind am Ziel angekommen. «

Garadum - Zentral-Welt der Uylaner

In dem großen Felsen-Dom der Clans, hatten sich alle wichtigen Abgesandten der Uylaner-Clans eingefunden. Hier sollte das Zusammentreffen mit den drei Botschaftern der Adramelech stattfinden. Die laute Geräuschkulisse deutete auf mehrere einhundert Anwesende hin.

Urgun, der Vorsitzende des Ältestenrates leitete die Sitzung. Er schlug mit einem hammerähnlichen Stein mehrmals auf eine Metallscheibe. Dumpfe Tone hallten durch den Saal.

»Können wir anfangen?«, fragte er. » Ich bin Urgun, der Vorsitzende des Ältestenrates. Ihr habt mich beauftragt, diese Zusammenkunft zu leiten. Jetzt erbitte ich von euch den notwendigen Respekt vor diesem Gremium. «

Erneut schlug er mit dem Hammerstein auf die Metallscheibe. Wieder ertönte ein dumpfer Ton, der die Uylaner zur Ruhe zwang.

»Die Schiffe der Abgesandten Adramelech sind soeben gelandet«, teilte er mit. »Wir bereiten ihnen einen triumphalen Empfang. Ganze 5.000 Soldaten unserer Sturmtruppen stehen Spalier und verbeugen sich vor ihnen. Sie ehren die Botschafter der Adramelech mit der von ihnen geforderten Begrüßung, Allmächtigkeit und Erleuchtung den Mächtigen. So wurden sie auch in der Vergangenheit immer geehrt. Alle Vorkehrungen wurden getroffen, dass sie keine Abweichungen unseres Verhaltens erkennbar sind. «

Zustimmendes Geschrei wurde hörbar.

»Wie lange müssen wir dieses Spiel inszenieren?«, fragte ein Krieger. » Wir sollten sie zerreißen und sie auslöschen.«

Wieder grölte die Menge zustimmend auf.
Urgun sprang auf und schlug dreimal mit seinem Hammerstein kräftig auf die Metallscheibe. Lautere Töne fluteten den Saal.

»Ich sehe eine Horde von unzivilisierten Wilden vor mir«, schrie er. »Ist euch nicht klar, dass die Botschafter gleich hier eintreffen werden. Falls ihr eure Abscheu ihnen gegenüber nicht ablegen könnt, dann ist unser Plan bereits in den Anfängen gescheitert. «

Die Abgesandten der Clans erkannten, dass der Vorsitzende Recht hatte. Sie redeten auf ihre Mitglieder ein, sich entsprechend zu verhalten.

Urgun setzte sich wieder und blickte in die Menge.
»Ihr alle wisst, dass wir ihren Transmitter-Wurmloch-Generator benutzen müssen, um in ihr zeitversetztes Imperium zu gelangen«, fuhr er fort. »Erst dort kann unser Angriff beginnen. Bis zu diesem Zeitpunkt werden wir uns als genmanipulierte Sklaven verhalten. Jubelt ihnen zu und ehrt sie nach ihren Vorgaben. «

Einige der Uylaner schimpften, beruhigten sich aber dann. Sie spuckten angewidert auf den Boden. »Unsere Rache wird sie erreichen«, ergänzte der Vorsitzende. »Ich erwarte von euch, dass ihr alle den unterzeichneten Plan eurer Clan-Chefs umsetzt.«

Die Geräuschkulisse verstummte. Die muskulösen Wesen senkten ihren Kopf und nickten zustimmend.

»Ehre dem Vorsitzenden«, riefen sie laut.

Zwei Soldaten kamen angelaufen und verbeugten sich.
»Die Abgeordneten sind eingetroffen«, teilte einer von ihnen mit.

Der Vorsitzende nickte.
»Führt die Adramelech herein«, antwortete er. »Horen wir uns an, was sie zu sagen haben.«

Die große Pforte des Doms öffnete sich knarrend. Die Blicke der Uylaner drehten sich dem Eingang entgegen. Langsam wurden drei Adramelech sichtbar. Ihre hochwertigen Roben reichten bis zu ihren Füßen. Sie waren aufwendig verziert und mit dem Sonnensymbol der Mächtigen gekennzeichnet. Rechts und links wurden sie von zehn Kampf-Robotern eskortiert, die Laser-Gewehre in den Armbeugen trugen. Die Waffen waren aktiviert und für den Notfall einsatzbereit. Ihre Blicke schwenkten von links nach rechts und musterten die Uylaner. Diese hatten ihre Köpfe gesenkt. Nur langsam hoben sie diese wieder an.

»Allmächtigkeit und Erleuchtung den Mächtigen«, priesen sie die Gäste.

Die Gesichtszüge der Adramelech entspannten sich. Langsam schritten die drei Abgesandten auf den Vorsitzenden des Rates zu.

»Ich begrüße die Botschafter der Mächtigen«, begrüßte Urgun die Abordnung. »Alle Uylaner fühlen sich von ihrem Besuch ausgezeichnet. Was verschafft uns die Ehre ihrer Ankunft?«

»Wie ist dein Rang?«, fragte einer der Mächtigen. »Bist du autorisiert unsere Fragen zu beantworten?«

Urgun nickte beiläufig.
»Ich bin der gewählte Sprecher des Ältestenrates und befugt über ihre Wünsche zu entscheiden, oder diese an die Clanchefs unserer Rasse weiterzugeben«, erwiderte er. »Welches Anliegen tragen sie uns vor?«

Die drei Adramelech schauten sich an.

»Bei unserem letzten Besuch gab es diesen Rat noch nicht«, bemerkte einer der Botschafter. »Wir erkennen eine bemerkenswerte Weiterentwicklung eures Volkes.«

»Über 150.000 Jahre sind seitdem vergangen«, bestätigte der Vorsitzende. »Neue Generationen durften neue Ideen in unsere Lebensweise integrieren.«

»Trotzdem seid ihr immer noch unsere Geschöpfe«, antwortete der Botschafter. »Wir erwarten von euch uneingeschränkte Loyalität und Zuverlässigkeit.«

»War das nicht immer gegeben?«, fragte der Vorsitzende des Rates. »Alle vorgegebenen Aufgaben wurden von uns erfolgreich durchgeführt. Ich denke nicht, dass die Adramelech einen Grund zur Klage haben.«

Die Botschafter blickten sich wieder an.
»Ich bin Lord Quito'Weytun und gehöre zur Obersten Vollkommenheit unseres Volkes«, teilte er mit. »Meine Begleiter heißen Bodra'Artun und Ludro'Heytun. Sie sind Abgesandte unseres Regenten Zadra-Scharun, dem Herrscher des Wissens und der Erleuchtung.«

Er drehte sich um und blickte die Menge der Clan-Gesandten an.

»Es ist richtig, dass wir euch eine lange Zeit nicht mehr besucht haben«, teilte er mit. »Wir wollten euch Zeit geben, um eure Zivilisation weiterzuentwickeln. Ich erkenne freudig, dass dieser Plan gelungen ist. Die Ansprache eures Ratsvorsitzenden ist wesentlich gehobener als bei unserem letzten Besuch. Doch bedenkt, ihr seid nichts anderes als unsere kriegerischen Bestien. Nur uns könnt ihr es verdanken, dass es euch in dieser Sterneninsel gibt. Seid dankbar und nützlich.«

Abwertende Stimmen wurden hörbare. Die Anwesenden Uylaner schienen in ihrer Ehre gekränkt zu sein.

»Ruhe bitte«, rief der Vorsitzende.

Fast glaubte er, dass diese Zusammenkunft aus dem Ruder laufen würde, doch dann beruhigten sich die anwesenden Uylaner wieder.

Die Botschafter der Mächtigen drehten sich wieder dem Vorsitzenden zu.

»Ihre Rasse ist immer noch so ungestüm, wie wir sie von früher her kennen«, lächelte Quito'Weytun. »Deswegen sind wir hier. Wir verlangen von euch einen neuen Feldzug. Unser allmächtiger Regent verlangt nach eurer Kampfkraft. Die langen 150.000 Jahre unserer

Abwesenheit sollten ausgereicht haben, um die Verluste an eurem Volk auszugleichen. «

»Wir befinden uns derzeit nicht in einer Drangphase«, teilte der Vorsitzende mit. »Auf einen neuen Feldzug sind wir nicht vorbereitet. «

»Das sehen wir anders«, antwortete der Botschafter. »Es gibt keine Alternative zu eurer Bestimmung. Ihr ruft eure Krieger zusammen, rüstet eure Schiffe aus und kommt mit uns in unser Imperium. Dort übernehmt ihr eine leichte Aufgabe und vernichtet ein Volk von Humanoiden, das sich erdreistet hat, in unserem Hoheitsgebiet zu siedeln und ihre Zivilisation aufzubauen. «

Er griff unter seine Robe und zog eine Art Tastatur hervor. Lachend hielt er sie hoch.

»Das hier, wird eure kriegerischen Gene aktivieren«, teilte er mit. »Ihr seid Geschöpfe unserer Entwicklung. Niemand verwehrt den Mächtigen einen Wunsch. «

Wütendes Gebrüll breitete sich unter den Uylanern aus. Die Geräuschkulisse nahm zu.

Einige Krieger rückten näher an die Besucher heran. Ihre Waffen waren gezogen.

Botschafter Quito'Weytun lächelte.
»Da erwachen sie wieder, unsere erschaffenen Geschöpfe«, sagte er. »Mordlüstern rücken sie näher. Ich wusste doch, dass der euch angezüchtete Urdrang, immer noch in euch steckt. Mir macht ihr nichts vor, ihr minderwertigen Kreaturen.«

Er drückte einen großen roten Knopf auf der Tastatur, die er in seinen Händen hielt. Programmierte Wellen breiteten sich in Lichtgeschwindigkeit auf dem ganzen Planeten aus. In dem Dom der Clans und auf dem ganzen Planeten hielten sich die Uylaner ihren Kopf. Die Wellen schmerzten in ihrem Gehirn. Die Gesichter zu schmerzhaften Grimassen verzogen, Viele Uylanern schrien auf und scharrten mit ihren Füßen. Andere ließen sich auf die Erde fallen und schlugen wild um sich. Die ganze Zivilisation der Uylaner fiel für Sekunden in einen Schmerzzustand. Nach langen 10 Sekunden ebbte der stechende Schmerz ab.

Zahlreiche Uylanern sprangen vor. Sie stießen sich mit ihrem kräftigen Armen am Boden ab und sprangen auf die Besucher zu. Noch in der Luft schossen sie unzählige Laser-Strahlen auf die Schutz-Roboter der Adramelech ab. Diese reagierten mit einem Gegenfeuer. Einige Uylaner wurden getroffen und fielen zu Boden.

Kreischende laute Schreie halten durch den Dom. Die Masse stachelte sich auf. Immer mehr Laser-Salven hüllten die Kampf-Roboter der Mächtigen ein. Dem massiven Dauerfeuer hielten die 10 Schutz- Roboter nur wenige Sekunden stand. Dann kollabierten ihre Schutzfelder, die Laserstrahlen schlugen durch. Die Roboter knickten ein. Energetische Entladungen, und Feuer schlugen aus ihren Metallköpfen.

Botschafter Quito'Weytun lächelte immer noch, als sich acht Uylaner auf ihn stürzten. Sie schlugen ihre spitzen Krallen in seinen Körper, rissen Stücke heraus und bohrten ihre Dolche in seinen blauen Körper. Blut spritzte aus vielen Wunden. Der Körper des Adramelech sank leblos zu Boden.

»Aufhören«, tobte der Vorsitzende. »Aufhören, wir brauchen die Botschafter lebend und auch ihre Schiffe.«

Weitere Uylaner wollten sich auf die zwei restlichen Botschafter stürzen. Sie wurden von anderen, wieder klardenkenden Abgesandten der Clans, aufgehalten. Die Menge beruhigte sich nur schwer.

Mit aufgerissenen Augen standen die verbliebenen zwei Botschafter erstarrt vor dem Podest des Vorsitzenden. Ängstlich blickten sie auf eine Menge der aufgebrachten

Uylaner, die ihnen ihre Reißzähne entgegenstreckten und sie anfauchten. Erst jetzt erkannten sie, dass die Uylaner nicht mehr unter ihrem genmanipulierten Zwang standen.

»Den Begleitern darf nichts passieren«, befahl Vrgun, der zweite Vorsitzende des Ältestenrates. » Sie garantieren uns den Zugang zu ihrem Transmitter-Tor. Ohne diesen Zugang ist uns der Einflug in das Imperium der Mächtigen verschlossen.«

Quito'Weytun, der Botschafter der Adramelech lag zerfetzt, reglos und blutend auf dem Steinboden des heiligen Doms der Clans. Nichts erinnerte mehr an die stolze Gestalt eines Mächtigen.

»Seht, was ihr angerichtet habt«, ärgerte sich der Vorsitzende des Rates.

Urgun trat hinter seinem Podest hervor.
Die zwei Begleiter des Botschafters zitterten am ganzen Körper.

»Seid beruhigt«, sprach er sie an. »Wir brauchen euch noch. Heute wird euch nichts mehr passieren. «

Er winkte einigen Sicherheits-Soldaten.

»Nehmt sie in Arrest«, befahl er. »Ihnen darf kein Leid zugefügt werden. Wir brauchen sie noch.«

Die Soldaten führten die beiden Botschafter aus dem Dom.

Urgun blickte in die Runde der Abgesandten.
»Ich glaube, wir alle sind uns darüber im Klaren, warum wir heute hier sind«, betonte er seine Aussage.

Er hob drohend den Hammerstein über seinen Kopf, den er benutzt hatte, um Ruhe in der Menge der Abgesandten einzufordern.

»Ich verstehe nicht, wer euch kopflosen Abschaum als Vertretung unserer Clans gewählt hat«, rief er der Menge zu.

Drohend griff er nach seiner Laserpistole. Die vor ihm stehenden Uylaner fingen an zu kreischen und zu gurren.

»Ruhe«, tobte Urgun. »Verflucht seid ihr alle. Was ist so schwierig an unserem Plan. Warum versteht ihr ihn nicht?«

Wieder gurrte die Meute geifernd los.

»Seid endlich still«, sagte Urgun. »Ich werde die Hauptversammlung der Clans informieren, dass die Jüngeren von euch immer wieder den Ablauf unserer Sitzungen stören.«

Er blickte die kräftigen Uylaner kopfschüttelnd an.
»Ihr seid vom Clan der Marey-Uylaner«, erkannte er. »Eure Tätowierung verrät eure Herkunft. Dieser Rat ist darüber informiert, dass ihr in unseren Bergwerken die Energie-Kristalle für alle Schiffe unserer Clans abbaut. Dank diesen körperlich schweren Arbeiten, wurdet ihr mit kräftigen Körpern und vielen Muskeln gesegnet, leider aber nur mit wenig Verstand. Ihr seid völlig ungeeignet konsularische Aufgaben zu übernehmen. Es war ein großer Fehler, euch an diesem Empfang zu beteiligen.«

Die Gruppe der Marey-Uylaner beruhigte sich schlagartig. Mit fragenden Augen blickten sie den Rats- Vorsitzenden an.

»Ihr solltet von einem eurer Clan-Chefs bestraft werden«, forderte Urgun. »So sieht es unser Gesetz vor. Die Abgesandten der anderen Clans hatten sich im Griff. So wie es unser Plan forderte. Nur die Angehörigen der Marey-Sippen leider nicht.«

Ein weißhaariger Uylaner schob sich an den Kriegern vorbei und trat nach vorne.

»Ich heiße Doronger Furgun-Marey«, stellte er vor. »Mit Bedauern habe ich das übereilte Vorgehen unserer Krieger registriert. Ihr Gemüt ist mit ihnen durchgegangen. Sie wissen selbst, dass sich der hitzige Drang der Jüngeren erst mit fortgeschrittenem Alter reguliert. Wenn sie jemanden die Schuld geben möchten, dann in erster Linie den hochnäsigen und abscheulichen Mächtigen. Sie waren doch für die Genmanipulationen an unserer Rasse verantwortlich. Die Jüngeren trifft hieran keine Schuld.«

Doronger Marey blickte Urgun an.
»Bedenken sie bitte geschätzter Vorsitzender, dass es gerade diese wagemutigen und kräftigen Kämpfer sind, die alle Schlachten und den Erfolg für unsere Rasse sichern. Ohne sie, wären wir nichts.«

Urgun blickte den Doronger nachdenklich an. Er wusste, dass er als Vorsitzender im gewählten Ältestenrat der Uylaner, im Rang tief unter einem Doronger lag.

»Mit dem Führer eines mächtigen Uylaner-Clans sollte man es sich nicht verscherzen«, dachte er.

Urgun verbeugte sich.

»Es freut den Rat, dass sie dem Empfang der Adramelech-Botschafter beiwohnen«, erwiderte er. »Wir sehen nicht oft die Führer unserer Clans bei solchen Notwendigkeiten.«

»Uns alle interessiert der Besuch der Adramelech-Abgesandten«, antwortete der Doronger. »Leider wurde der Empfang von einigen unserer Krieger falsch interpretiert.«

Der Vorsitzende des Rates nickte.

»Es versteht sich von alleine, dass der Ältestenrat die Notwendigkeit der Schulung der jüngeren Krieger akzeptiert«, bemerkte Urgun. »Doch auch sie müssen sich dem gemeinschaftlichen Plan unterordnen. Geschieht das nicht, dann bricht schnell Chaos und Verderben zwischen allen Clans aus. Damit wäre das Ende unserer Rasse besiegelt.«

»Dem stimmen wir zu«, entgegnete der Doronger. »Wir bitten den weisen Rat von dem Plan einer Bestrafung der Jüngeren abzulassen. Ansonsten sehen wir als Führer der Clans erhebliche Meinungsverschiedenheiten entstehen. Sie als wichtigster Rats-Vorsitzender sollten gerade jetzt die Notwendigkeit eines Zusammenhalts erkennen. Der große Plan ist von allen Doronger genehmigt worden. Gefährden sie ihn jetzt nicht durch eine Lappalie.«

Doronger Furgun Marey zog den Vorsitzenden an seiner Kutte in eine stille Ecke des Felsendoms.

»Wir haben uns darauf geeinigt, den Adramelech eine Lektion zu erteilen«, erklärte er. »Die Krieger vieler Clans wurden bereits hierauf eingeschworen. Geben sie jetzt nicht den jüngeren Kämpfern die Schuld, dass sie übermotiviert sind. Unsere Kampftruppen sind die rechte Hand unserer Vergeltung. Ich spreche hier auch für die Sippe der Dorgill und der Borrey-Uylaner. Die wichtigsten Clans unserer Rasse würden ein mildes Urteil von ihnen begrüßen.«

»Ich werde mich mit meinen Kollegen besprechen«, antwortete Urgun. »Sie wissen, dass ihr Wunsch als eine Einflussnahme auf die freie Entscheidung des Ältestenrates verstanden werden kann?«

»Ich habe keine Wünsche«, erwiderte der Doronger. »Wir werden uns hüten, den Ältestenrat zu beeinflussen. Wie ich ihnen schon mitteilte, spreche ich lediglich für die Clans der Marey, Dorgill und Borrey-Uylaner unsere Empfehlung aus. Nicht mehr und nicht weniger. Alles Weitere liegt in ihrer Entscheidung.«

Urgun grinste den Doronger an und schritt zu seinen Kollegen zurück.

Viele der Abgesandten diskutierten aufgebracht. Die Mitglieder des Ältestenrates waren in ihre Stühle versunken und blickten ernst drein. Urgun legte ihnen den Wunsch des Doronger dar. Es war ihren Minen zu entnehmen, dass sie sich in ihrer Autorität beeinflusst fühlten.

Urgun schlug mit seiner kräftigen Tatze auf das Podest und zeigte mit seinen Krallen auf die Menge. Es war für alle ersichtlich, dass er aufgebracht war.

»Noch nie haben es die Doronger gewagt, die freie Entscheidung des Ältestenrates zu beeinflussen«, bemerkte er. »Falls dies im Kreis der Clan-Chefs bekannt würde, dann wären Zwietracht und Misstrauen wieder an der Tagesordnung. Unter der Bevölkerung der Clans werden unsere Ratsversammlungen genauestens beobachtet. Noch vertrauen alle Uylaner auf unsere ehrliche und unabhängige Entscheidungsfindung.«

»Hieran wird sich auch nichts ändern«, beruhigte ihn Vrgun, der zweite Vorsitzende. »Ich verstehe diesen besonderen Anlass. Seit 150.000 Jahren bestand kein

Kontakt mehr zu den Adramelech. Heute hat sich die ganze Wut unserer jungen Kämpfer entladen. Nur wer die Entwicklung unserer Rasse nachvollziehen kann, versteht die Ausuferung der heutigen Gewalt.«

»Du warst immer auf der Seite der Jüngeren«, beklagte sich Urgun. »Doch wenn wir einmal eine Ausnahme machen, dann wird das öfter ausgenutzt werden, als es uns lieb ist.«

»Ich stimme Vrgun zu«, ergriff Brgun das Wort.
Er war das 3. Mitglied des Ältestenrates.

»Besondere Ereignisse benötigen besondere Entscheidungen«, ergänzte er.

»Abgedroschene Sprüche«, entgegnete Urgun. »Wir werden abstimmen, um in dieser Angelegenheit zu entscheiden. Ich werde mich der Mehrheits-Entscheidung unterordnen.«

Der Rats-Vorsitzende blickte seine Kollegen an. »Trgun, Nrgun und Grgun, wie ist eure Meinung?«, fragte er die restlichen Mitglieder.

Diese drucksten herum.

»In diesem speziellen Fall empfehlen wir auf den Wunsch des Doronger einzugehen«, antworteten sie. »Wir sollten auch die Konsequenzen nicht unterschätzen. «

Urgun schüttelte seinen Kopf.
»Ihr geht den leichtesten Weg«, antwortete er empört. »Wo ist euer Gerechtigkeitssinn geblieben? «

»In diesem Fall geht es nicht um Gerechtigkeit, sondern lediglich um Vergeltung«, antwortete Vrgun. »Wir beratschlagen über eine Strafe für unseren Schmerz, den uns die Mächtigen zugefügt haben.«

Urgun wollte etwas hierauf erwidern, doch die restlichen Rats-Mitglieder strecken ihren Arm aus. Sie hielten ihn dem Vorsitzenden geradeaus entgegen. Das war ihr Zeichen, dass dem Beschluss einstimmig von ihnen zugestimmt wurde.

Der Ratsvorsitzende nickte.
»Ich verstehe«, antwortete er. »Ihr wollt in dieser Angelegenheit nicht weiter diskutieren. Euer Entschluss steht fest. «

»Dieses Gremium ist nicht befugt, über die Entscheidungen der Doronger zu urteilen«, erklärte Vrgun. »Wir sprechen lediglich Empfehlungen aus und sorgen für ein Gleichgewicht unter den Clans. Alle Weichen sind auf Vergeltung gestellt. Hieran werden wir nichts mehr ändern können. Aus diesem Grunde sprechen wir uns gegen voreilige Strafmaßnahmen gegen die Jüngeren des Marey-Clan aus. Jeder Krieger wird in der bevorstehenden Schlacht gebraucht.«

Der Ratsvorsitzende stöhnte.
»Diese Strohköpfe«, dachte er. »Sie erkennen nicht einmal, dass sie unsere bestehende Ordnung aufweichen. Möglicherweise wird dieser hohe Rat keine klaren Entscheidungen mehr treffen können, weil immer wieder Doronger ihre Sonderwünsche einfließen lassen werden.«

Er blickte seine Kollegen an.
»Kriege gegen andere Rassen sollten nicht das Mittel sein, um unsere eigenen Gesetze zu unterlaufen«, bemerkte Urgun. »Vielmehr dienen sie als Grundlage für ein erfolgreiches Zusammenleben aller Clans unserer Rasse.«

»Zweifelslos«, antwortete Brgun. »Doch diese einmalige Gelegenheit muss von uns genutzt werden. Erstmals nach 150.000 Jahren besteht wieder Kontakt zu den Adramelech. All die Jahre, in denen wir nichts von ihnen hörten, haben unseren Hass auf sie steigern lassen. Ist es jetzt nicht verständlich, dass wir ihnen unsere Meinung zu ihren Manipulationen an unserer Rasse vortragen möchten?«

»Dabei wird es nicht bleiben«, antwortete Urgun. »Die Mächtigen werden einen Angriff durch uns nicht hinnehmen. Was passiert, wenn sie uns überlegen sind und unsere Flotte vernichten können?«

»Hierzu wird es nicht kommen«, erwiderte Trgun, der 4. des Rates. »Die Adramelech haben sich immer schon ihrer gezüchteten Species bedient. Es ist sehr fraglich, ob sie als Rasse selbst noch in der Lage sind, auf Bedrohungen ihres Imperiums zu reagieren. Wir sind trainiert, verfügen über die nötige Aggressivität und den Jagdinstinkt. Das alles sind Eigenschaften, die uns zu Gewinnern werden lassen.«

»Viele Species haben sich überschätzt und dachten die Adramelech besiegen zu können«, bemerkte Urgun. »Niemand ist von ihnen übriggeblieben. Die Mächtigen haben ihr Hoheitsgebiet von ihnen sprichwörtlich gesäubert.«

»So wird es überliefert«, entgegnete Nrgun. Diese Geschichten müssen nicht der Wahrheit entsprechen. Wissen wir denn, ob es sich überhaupt um gleichwertige

Gegner gehandelt hat. Oder haben die Adramelech nur unterentwickelte Species angegriffen?«

»Es stehen viele Fragen im Raum, die hier und heute nicht beantwortet werden können«, erklärte Urgun. »Deswegen empfehle ich Kundschafter zu entsenden. Diese werden die Flotte der Adramelech ausspionieren. Erst nach dem Vorliegen der aktuellen Erkenntnisse, sollten wir weitere Planungen vornehmen.«

»Genug des Debattierens«, entschied Vrgun. »Unsere Entscheidung ist gefallen. Du wurdest klar überstimmt. Bitte akzeptiere die Abstimmung.«

Urgun erkannte, dass keine weiteren Worte mehr hilfreich waren.

»Der Vorsitzende dieses Rates steht nicht über den Gesetzen«, antwortete er. »Selbstverständlich werde ich mich der Abstimmung unterwerfen.«

»Die Entscheidung ist gefallen«, ergänzte Vrgun. »Dir gebührt die Ehre, den Doronger von unserer Entscheidung zu unterrichten. Lasse ihn nicht länger warten.«

Urgun verneigte sich vor dem Rat, drehte sich um und ging auf die wartende Meute der Krieger zu. Schnell hatte er den Doronger gefunden, der sich mit Kriegern seines Clans unterhielt.

»Doronger Furgun Marey«, sprach er dem Clan-Chef zu. »Der Ältestenrat hat einen Beschluss gefasst.

Der Doronger drehte sich um und blickte Urgun an. Spannung war in seinem Gesicht anzusehen.

»Ihr Einwand wurde berücksichtigt«, erklärte der Vorsitzende. » Im Hinblick auf die Mobilmachung unserer Flotte und deren bevorstehenden Kampfeinsatz, verzichtet der Rat der Ältesten auf Konsequenzen, bezüglich dem Verhaltens ihrer jüngeren Krieger. Wir wünschen keine Schwächung der Kampfkraft unserer Sturmtruppen. Ich hoffe, sie sind zufrieden? «

»Höre ich da etwas Missfallen in ihren Worten«, fragte der Doronger. »Unsere Truppen kämpfen für alle Clans unserer Rasse. «

»Das ist uns bewusst«, antwortete der Vorsitzende. »Doch eine Aufweichung unserer Vorsätze und Richtlinien, sollte auch ein bevorstehender Krieg nicht möglich machen. In diesem speziellen Fall stimmt der Rat zu. Doch nach ihrer hoffentlich erfolgreichen Rückkehr, wird dieses Thema noch einmal in unserem Rat verhandelt werden müssen.«

Der Doronger lächelte den Vorsitzenden an.
»Tun sie, was sie nicht lassen können«, erwiderte er abweisend. »Ich werde mich mit allen Kollegen gelegentlich über dieses Thema unterhalten. Ich denke, eine Änderung der Statuen wäre in solchen Sonderfällen wünschenswert.«

Doronger Furgun Marey drehte sich von dem Vorsitzenden ab.

»Ruhe bitte«, rief er seinen Kämpfern zu. »Ruhe bitte, ich habe etwas zu verkünden.«

Die Abgesandten blickten ihn an.
»Der Rat der Ältesten hat beschlossen, auf Strafmaßnahmen zu verzichten«, erklärte er. »Wir können uns jetzt ausschließlich auf den geplanten Angriff konzentrieren.«

»Freudiges Gejohle und Gekreische breitete sich aus. Die jüngeren Krieger ließen ihren Gefühlen freien Lauf. Der Doronger hob seine Arme.

»Geht jetzt alle zu euren Clans«, verkündete er. »Unsere Vorbereitungen stehen vor dem Abschluss. Die Zeit ist gekommen, den mächtigen Adramelech einen Denkzettel zu verpassen.«

Urgun hatte ein ungutes Gefühl. Er blickte der sich auflösenden Menge der Abgesandten hinterher.

»Wir müssen zusammenstehen«, dachte er. »Wenn wir den Dorongern zu viel Macht zugestehen, dann werden sie unsere Zivilisation in zahlreiche Schlachten verwickeln, aus denen wir langfristig nicht als Sieger hervorgehen können.«

***

General Poison war zufrieden. Der geheime Stützpunkt in dem Berg Gonral, auf der Fluchtwelt der Natrader, war betriebsbereit. Alle Anlagen und Geräte waren erfolgreich angeschlossen worden. Die zahlreichen Generatoren liefern auf Minimalleistung.

Der Wissenschaftler Marin trat auf den General zu.
»Wir sind so weit«, teilte er mit. »Der Stützpunkt ist einsatzbereit. Bei Bedarf kann der Außen-Schutzschirm und die inneren Absperrfelder aktiviert werden.«

»Sehr gut«, antwortete der General. »Sie sind schneller fertig geworden, als es geplant war. «

»Dank dem hervorragenden Fachpersonal, dass sie uns zugeteilt haben«, antwortete der Wissenschaftler. »Die Techniker wussten, was zu tun war. Folgen sie mir zu der Leitstelle. Ich weise sie in den Instrumentenbereich ein. «

»Eigentlich bin ich hier nur stiller Beobachter«, antwortete der General. »Für die technische Leitung dieses Stützpunktes ist Captain Hunter zuständig. «

»Der ist im Außeneinsatz«, bemerkte Marin. »So wie es aussieht, ändert Lorin kontinuierlich ihre Position. Es wird nicht leicht für ihn werden, sie wieder einzufangen. «

»Der Captain wird das schon schaffen«, erwiderte der General. Er ist einer unserer besten Kräfte. Ich halte große Stücke auf ihn. «

Marin führte den General durch die große Höhle, in der zahlreiche EWK-Wissenschaftler und militärische Sicherheitskräfte ihren Dienst verrichteten. Die Einheiten Kampf-Roboter standen formiert in Gruppen an der hinteren Wand. Die 150 Marines eines ausgewählten EWK-Einsatz-Kommandos, sicherten jetzt die untere Höhle.

Die technischen Anlagen, Kontrollgeräte und Monitore, waren in einem speziell errichteten Alu-Großraumbüro untergebracht. Die Fläche von 200 Quadratmetern reichte aus, um alle Steuergeräte problemlos zu installieren.

Der Wissenschaftler Marin schritt mit General Poison in die Leitstelle. Commodore von Häussen ließ sich bereits von den diensthabenden Offizieren einweisen.

»Hier sind wir in der Kontrollstelle der Basis«, erklärte Marin. »Sämtliche Aktivitäten auf dem Planeten können von hieraus überwacht werden.«

»Ein offener militärischer Angriff auf diese Basis, verbietet sich aufgrund unserer natradischen Sicherheits-Vorkehrungen«, bemerkte General Poison. »An unserem lantranischen Superschutz-Schirm werden sich auch die Truppen des Kaisers ihre Zähne ausbeißen.«

»Freuen sie sich nicht zu früh«, lächelte Marin. » Es gibt immer Möglichkeiten und Lösungen. Wir wissen nicht, über welche Waffentechnik die geflüchteten Natrader verfügen.«

»Die Entwicklung unserer beiden Rassen ist ähnlich verlaufen«, antwortete der General. »Sie wird sich nicht groß verändert haben.«

Das Licht schaltete sich plötzlich auf ein gedämpftes Rotlicht um.

»Annäherungs-Alarm«, meldete die Hypertronic-KI der Basis. »Acht Gleiter sind im Anflug auf unseren Standort. Sollen Gegenmaßnahmen eingeleitet werden?«

»Wir warten noch ab«, entschied der General. »Alle Monitore aktivieren. Echtzeitkontakt nach außen einschalten.«

»KI, nehme eine Analyse der Gleiter vor«, befahl Marin.

Er lief an das zentrale Display und drückte Commodore von Häussen mit seiner Schulter von dem Schaltfeld fort. Der Commodore wollte protestieren, doch General Poison winkte ab.

»Die Gleiter durchleuchten«, ergänzte der Wissenschaftler.

»Die Analyse wird erstellt«, bestätigte die KI.

Auf den Monitoren wurden die Umrisse der Gleiter ersichtlich. Immer mehr Details flammten auf dem Monitor auf.

»Es handelt sich um getarnte Nahkampf-Gleiter einer 25-Meter-Klasse«, teilte die KI mit. »Unsere fortschrittlichen Sensoren machen ihre Tarnung unwirksam. Die Bewaffnung ist der Größe des Gleiters angepasst. Laser-Geschütze befinden sich unter den Flügeln, ein zentrales Geschütz an der Frontseite des Gleiters. Ich registriere eine gute Ausstattung in dem Innenraum des Gleiters, ausgelegt für die kaiserlichen Sturmtruppen. Jeder Gleiter ist mit sieben Personen besetzt.«

»Das bedeutet, wir bekommen es mit 56 Personen zu tun«, flüsterte der General.

Er griff nach dem Communicator.
»Hier spricht General Poison«, sprach der in das Gerät. »Alarmbereitschaft für die Marines-Einheiten. Es befinden sich acht Gleiter im Anflug auf unseren Stützpunkt. Alle sind mit sieben unbekannten Personen besetzt. Dies bedeutet, dass sechsundfünfzig geflüchtete Natrader möglicherweise versuchen werden, in das Innere der Höhle zu gelangen. Alle Strahler sind auf Paralyse einzustellen. Wir brauchen die Personen lebend. Verhalten sie sich ruhig. Lassen sie alle Personen in die

Höhle eintreten. Wenn der letzte von ihnen eingetreten ist, aktivieren sie unsere Blendstrahler und das Eindämmungs-Feld. Dann paralysieren sie die Natrader und verschließen den Eingang im Berg.«

»Ich erhalte bereits Bestätigungen«, meldete der Commodore. »Unsere Marines sind bereit.«

Das Team in der Leitstelle beobachte, wie die Gleiter auf einer ebenen Fläche landeten. Die Schotts öffneten sich und zahlreiche Personen in Uniformen sprangen heraus. Ein Teil von ihnen schleppte schwere Ausrüstung mit sich.

»Sie kommen auf den Berg zu«, sagte Marin. »Vermutlich wissen sie von der Höhle in dem Berg.«

General Poison blickte Commodore von Häussen an. »Gehen sie in die untere Höhle und überwachen sie den Einsatz der Marines«, befahl er.« Nehmen sie zur Sicherheit zwölf Kampf-Roboter mit.«

Der Commodore salutierte und eilte davon.
Die Personen verschwammen auf dem Bildschirm. Nur noch ihre Konturen wurden angezeigt.

»Die fremden Personen haben Körper-Tarnfelder aktiviert«, meldete die Hypertronic-KI des Stützpunktes, Schutzschirme wurden nicht aktiviert. «

»Gut«, antwortete der General.
Er gab die Info an seinen Commodore weiter und befahl, dass die Soldaten entsprechende Sensorbrillen aufsetzen sollten, wodurch die Tarnfelder der fremden Personen unwirksam werden sollten.

»Sie bauen ein Laser-Schneidgerät auf«, meldete Marin. »Vermutlich wollen sie einen Eingang in den Berg schneiden. «

Die außerhalb des Berges stehenden Offiziere der redartanischen Raumaufklärung aktivierten den Laserbrenner. Der Strahl schnitt sich langsam durch den Felsen und brannte eine ovale Öffnung in den Felsen. Einer der Offiziere hob die Hand und sagte etwas zu den Personen. Er schien der kommandierende Offizier zu sein. Der Laserbrenner wurde abgestellt. Die Öffnung war groß genug, um den Personen Einlass zu gewähren. Nur Dunkelheit konnte im Inneren des Berges ausgemacht werden. Nach und nach schritten die Offiziere in die Höhle.

Admiral Tarn-Lim, der Befehlshaber des Flotten-Oberkommandos und Commodore Run-Lac, der Stellvertreter des Admirals, schritten als erste Personen in den Berg hinein. Innen angekommen aktivierte der Admiral eine kleine Lampe, die er aus seiner Innentasche gezogen hatte. Dicker Staub hing in der Luft. Die Höhle war zu groß, um ihr vollständiges Ausmaß zu erkennen. Immer mehr Personen des Flotten-Oberkommandos rückten nach. Die Lampe des Admirals leuchtete den Boden ab. Dieser war flach und wies einige Fußspuren auf. Sie wurden nicht weiter beachtet. Der Admiral leuchtete auf die Wände der Höhle. Nackter Fels war zu sehen. Dann traf der Schein auf einen natradischen Kampf-Roboter. Dessen Augen waren geschlossen.

»Hier scheint noch altes Material in der Höhle vergessen worden zu sein«, bemerkte der Admiral. » Ich habe einen Roboter an der rechten Wand entdeckt.

Commodore Run-Lac kam an seine Seite getreten und musterte den Roboter im Schein der kleinen Taschenlampe.

»Ist das der einzige, oder haben sie noch mehr entdeckt?«, fragte er.

»Es ist der Einzige«, antwortete der Admiral.

Der Schein seiner Taschenlampe leuchtete weiter die Wände aus.

»Stopp«, sagte er. »Dort stehen zwei Weitere von diesen großen Metall-Kolossen. Es scheinen alte Ausführungen zu sein, wie sie früher auf Natrid verwendet wurden.«

»Wie kommen die hierher?«, stutzte der Commodore.

»Das kann wieder nur unser geschätzter Kaiser beantworten«, erwiderte der Admiral. »Sind unsere Leute alle in der Höhle angekommen. Dann sollten wir uns um die Beleuchtung kümmern.«

»Tarnfelder ausschalten und die Hauptscheinwerfer einschalten«, befahl Commodore Run-Lac. »Richten wir uns die Höhle ein.«

Nach und nach wurden mächtige Strahler aktiviert. Felsenhalle wurde grell ausgeleuchtet.

Admiral Tarn-Lim klappte der Mundkiefer nach unten. Erst jetzt erkannte er das Ausmaß der Höhle. An den Wänden standen insgesamt 150 Kampf-Roboter natradischen Ursprungs. Die redartanischen Offiziere staunten ebenfalls.

Plötzlich entwich ein Schrei ihren Kehlen. Die für deaktiviert gehaltenen Roboter blickten sie von einer Sekunde zu anderen mit tiefroten Augen an. Die Kampf-Maschinen waren zum Leben erwacht. Zwanzig Blendgranaten flogen auf die Offiziere zu und explodierten am Boden. Vor den Augen der Redartaner wurde es grell. Sie sahen nichts mehr. Dann wurden sie von den Paralyse-Strahlern der heraneilenden Marines getroffen. Nur das dumpfe Zischen der schweren Strahler war zu hören. Schwer sanken die redartanischen Offiziere der Reihe nach zu Boden. Sie waren zu keiner Handlung mehr fähig. Auf diesen Angriff waren die Offiziere des Flotten-Oberkommandos nicht vorbereitet gewesen.

Commodore von Häussen kam herangeeilt.
»Den Eingang sofort verschließen«, befahl er. »Es darf keinen Hinweis auf einen Eingang in den Berg ersichtlich sein. Kristallisiert den Durchgang mit Felsgestein.«

General Poison kam aus dem oberen Höhlentrakt geeilt.

»Konnten wir alle Personen neutralisieren?«, fragte er.

Der Commodore nickte.
»Unsere Marines hatten sie im Visier«, erklärte er. »Es gab kein Entkommen. Damit hatten die redartanischen Offiziere nicht gerechnet.«

Er blickte den General an.
»Was haben sie jetzt mit diesen Offizieren vor?«, fragte er.» Freilassen können wir sie nicht mehr. Sie wissen von uns und dieser Basis. «

»Das ist mir bewusst«, entgegnete der General.»Wir betrachten sie als Gäste unseres Imperiums. Sie werden auf Atlantis befragt. Ich hoffe, sie verhalten sich kooperativ. «

Er winkte dem Anführer der Marines zu.
»Sergeant Redin«, sagte der Admiral.»Bringen sie die betäubten Redartaner nach Atlantis. Ich informiere die Kommandantin, dass sie sechs Einheiten Marines für die Bewachung abstellt. Die Redartaner werden von uns als Gäste eingestuft. Es ist nicht nötig, einen weiteren Krieg zu beginnen. Kommandantin Atlanta möchte ihnen gute Unterkünfte zur Verfügung stellen.

Der Sergeant der Marines salutierte.
»Wir kümmern uns sofort hierum«, antwortete er.»Ich werde entsprechende Anti-Gravitations-Bahren anfordern. Hiermit lässt sich die Überführung besser organisieren. «

»Einverstanden«, antwortete der General. »Wenn sie unsere Gäste übergeben haben, kommen sie mit ihren Truppen bitte wieder zurück. Ich möchte sicher sein, dass wir bei weiteren Überraschungen gut abgesichert sind.«

General Poison schritt zu Commodore von Häussen. »Ich muss zurück nach Atlantis«, teilte er mit. »Falls der befehlshabende Offizier unserer Gäste aufwacht, möchte ich ihm einige Fragen stellen. Sie haben das Kommando dieser Basis, bis Captain Hunter zurück ist. Unterstützen sie ihn bei seinen weiteren Aufgaben.«

»Das versteht sich von selbst«, erwiderte der Commodore. »Wie sie sehen, haben wir alles im Griff.«

***

Der Kopf von Admiral Tarn-Lim brannte. Schmerzen durchzogen seinen ganzen Körper. Innerlich bebend vor Aufregung, dachte er über die letzten Minuten nach.

»Die Flucht war gelungen«, erinnerte er sich. »Alle acht Nahkampf-Gleiter des Flotten-Oberkommandos konnten für unsere übereilte Flucht genutzt werden. Dank der aktivierten Tarnfelder dieser Gleiter, gelang es uns dem des redartanischen Geheimdienstes zu entgehen. Lord Grun-Baris sollte außer sich sein. Die Schuld für unsere

Flucht wird er seinen Offizieren zuschieben. Unser Plan war es, die vergessene Höhle im Berg Gonral, nordöstlich vor der Hauptstadt Saarron, zu einem Untergrundversteck auszubauen.«

An die Landung der Gleiter konnte sich der Admiral noch erinnern, ebenso an den mit Laserstrahlen aufgeschnittenen Eingang in den Felsen. Doch ab diesem Moment versagten seine Erinnerungen. Nur noch grelles Licht war in seinem Kopf zu finden. Langsam öffnete er seine Augen. Gedämpfte angenehme Beleuchtung strahlte in einem weißen Raum. Der Admiral lag auf einem Bett. Schmerzhaft drehte er sich zur Seite. Durch ein Fenster, dass außerhalb durch ein Energiefeld gesichert wurde, drangen gelbe Sonnenstrahlen in sein Zimmer. Vorsichtig richtete er sich auf. Er stand auf und ging auf das Fenster zu.

Erstaunt blickte er auf das blaue Meer.
»Wir sind umgeben von Wasser«, erkannte er.

Ein Schreck durchfuhr ihn.
»Diese Menge Wasser ist auf Redartan nicht vorhanden«, erkannte er. »Wo bin ich?«

»Ihr Gast ist wach geworden«, bemerkte Atlanta. »Ich sehe es«, antwortete General Poison.

Noel stand ebenfalls bei ihnen. Sie musterten den Offizier des redartanischen Militärs.

Der General blickte die leitenden Ärzte an.
Wie sehen die Biowerte aus?«, fragte er.

»Alle Werte sind im normalen Bereich«, antwortete der Arzt. »Der Paralyse-Strahl hat keine Schäden verursacht. Seine Biowerte sind mit natradischen Werten identisch.«

»Können wir ihn verhören?«, fragte Noel.

»Dagegen ist nichts einzuwenden«, antwortete der leitende Arzt.

Die große Etage der Atlantis-Basis war hermetisch von Marines und Kampf-Robotern der Basis gesichert worden. Dreißig Elite-Soldaten standen auf dem Flur. Sie wurden von ebenfalls 30 Shy-Ha-Narde unterstützt. Nichts wurde dem Zufall überlassen.

Nachdem General Poison, Noel und Atlanta aus der medizinischen Abteilung getreten kam, winkte die Kommandantin sechs Kampf-Roboter herbei.

Sie zeigte auf die Türen des Sicherheitsbereiches.

»Behaltet die Gefangenen im Auge«, befahl sie. Sorgt für unsere Sicherheit. Wir kennen die Gefangenen nicht, werden sie aber gerne befragen. «

»Befehl verstanden«, erwiderten die Roboter blechern. »Wir richten eine Schutzzone ein. «

»Gut«, nickte Atlanta. »Wir fangen mit diesem Offizier an. Bitte öffnet die Türe und beziehet eine Sicherheits-Position beziehen.«

Erneut wiederholten die Roboter den Befehl. Einer von ihnen schritt auf die Türe zu, gab einen Code ein und entriegelte sie. Langsam öffnete der Shy-Ha-Narde die Türe. Erhobenen Hauptes schritten die 2,20 Meter großen Kampf-Roboter mit aktivierten Waffenarmen in den Raum.

Admiral Tarn-Lim erschrak, als er die eintretenden Shy-Ha-Narde erkannte. Diese 2,20 Meter großen Kampf-Roboter kamen nur noch in den alten Geschichtsarchiven des redartanischen Imperiums vor.

In Aktion hatte er bisher keine von ihnen kennengelernt. »Sie sind noch wesentlich furchteinflößender, als das auf den Bildern unserer Archive zu erkennen ist«, dachte der Admiral. » Es sind alte Kampfmaschinen von unserer

Heimatwelt. Aber wie kommen sie auf diesen Wasser-Planeten?«

Die tiefroten Augen der Roboter musterten den Gefangenen. Ihre Waffenarme waren auf den Admiral gerichtet. Der Kommandeur des redartanischen Flotten-Oberkommandos wusste, dass jede falsche Bewegung seinen Tod bedeuten würde.

»Wo kommt ihr den her? «, fragte er bewusst entspannt. Die Roboter reagierten nicht auf die Frage.

Drei Personen traten in den Raum. Sie musterten den Admiral eindringlich. Die Frau in ihrer Mitte wies natradische Merkmale auf.

Die drei Personen lächelten den Admiral an.
»Ich hoffe, sie fühlen sich gut«, bemerkte die gedrungene Gestalt rechts von ihm.

»Mein Name ist General Poison«, erklärte er. »Ich bin der Oberbefehlshaber des Neuen-Imperiums von Natrid & Tarid.«

Admiral Tarn-Lim blickte ihn fragend an. Er wusste nichts über das Neue-Imperium.

»Darf ich ihnen meine Begleiter vorstellen«, ergänzte der gedrungene Mann in hochdekorierter Uniform.

Er zeigte auf die weibliche Person, die einen durchtrainierten Körper aufwies.
»Das ist Atlanta, Kommandantin der Atlantis-Basis von Tarid. Mein dritter Begleiter ist Noel, Kunstklon der großen Hypertronic-KI von Natrid. «

Admiral Tarn-Lim fiel es wie Schuppen von den Augen.
»Wollen sie hiermit andeuten, ich befinde mich auf Natrid? «, erkundigte er sich.

Der General schüttelte seinen Kopf.
»Maximal im Einflussgebiet ihres Ursprungs-Planeten«, antwortete er. »Im Moment befinden sie sich auf der großen Atlantis-Basis auf Tarid. «

»Das ist nicht möglich«, entgegnete der Admiral. »Das natradische Heimat-System wurde vernichtet und existiert nicht mehr. So steht es in unseren Geschichts-Archiven. «

Es klopfte an der Türe.
»Herein«, rief der General.

Zur offensichtlichen Verdrossenheit von Atlanta trat Barenseigs durch die Türe.

»Was will der den hier?«, fragte sie den General. »Ich bin froh, wenn er mir nicht über den Weg läuft.«

»Ich habe ihn rufen lassen«, erwiderte General Poison. »Letztendlich haben wir durch ihn den Weg zu der Fluchtwelt der Natrader gefunden.«

»Wir sind keine Natrader mehr«, antwortete der Admiral Tarn-Lim. »Seit dem Übergang auf unsere neue Welt nennen wir uns Redartaner.«

Er blickte den Gildor an.
»Sie scheinen aber ein echter Natrader zu sein«, bemerkte er.

»Leider nicht«, antwortete Barenseigs. »Ich gehöre einer Rasse von natradischen Nachkommen an, die sich Santaraner nennen. Ich entstamme dem Zweig unseres ersten Volkes, der von Admiral Tarin in eine neue Heimat evakuiert wurde.«

»Admiral Tarin konnte noch in den Kampf um die Heimatwelt der Natrader eingreifen?«, fragte Admiral Tarn-Lim.

»Er kam zu spät«, antwortete Atlanta. »Natrid und Tarid standen unter schwerem Feuer der Rigo-Flotten-Verbände. Als er endlich eintraf, brannten beide Welten lichterloh. Tarid gelang es sich im Laufe der 100.000 Jahre zu generieren. Leider hatte Natrid diese Möglichkeit nicht. Der Planet ist immer noch eine leblose Welt. Admiral Tarin gelang es mit den Resten seiner Flotte, die Angreifer aus den Tiefen des Weltalls zu vernichten. Als die Rigo's keinen Ausweg mehr sahen, nahmen sie einen gemeinschaftlichen Suizid vor. Sie sprengten sich mit ihren unterlegenden Schiffen in den sicheren Tod.«

Admiral Tarn-Lim blickte eindringlich Atlanta an. »Wurden sie nicht als die heimliche Liebhaberin von Kaiser Quoltrin-Saar-Arel betitelt?«, fragte er. »In unseren Geschichtsbüchern wird hiervon gesprochen.«

»Jeder will mir ein Verhältnis mit allen möglichen Leuten andichten«, monierte Atlanta. »Richtig ist, dass ich ein Kunstwesen bin. Wenn sie so wollen, bin ich ein weiblicher Klon der Tarid-M-KI. Ich wurde für ihre externen Belange ins Leben gerufen.«

Ihr Gesichtsausdruck verhärtete sich, als sie hierüber sprach.

»Ich bin eine Züchtung aus programmierbarer natradischer DNA und dem besten unverbrauchten DNA-Material, das der Planet Tarid je hervorgebracht hatte«, erklärte sie. » Wenn sie so wollen, ein gelungenes Experiment einer planetaren DNA-Verbindung zweier Welten. Der Vorteil ist, ich habe Zugriff auf ein modernes DNA-Klon-Bad, aus den geheimen wissenschaftlichen Abteilungen des Kaisers. Mein Wissen kann ich in jeden neuen Körper downloaden. Ich verstand mich gut mit Kaiser Quoltrin-Saar-Arel. Entsprechend dieser Tatsache durfte ich mir auch spezielle Eigenarten leisten. In Erzählungen wird behauptet, dass der Kaiser ein geheimer Spender für mein gemischtes und optimiertes DNA-Material war. Ich konnte leider nie einen Nachweis hierfür erbringen. «

»Interessant«, antwortete Admiral Tarn-Lim. »Aufgrund des Klon-Bads konnten sie die lange Zeit überdauern. « Atlanta lächelte ihn nur an.

»Dann wird sich der Kaiser freuen, sie wiederzusehen«, ergänzte der Admiral. »Wir dagegen sind vor ihm auf der Flucht. «

»Der Kaiser lebt noch? «, stutzte Noel. » Als der Angriff auf Natrid erfolgte und der kaiserliche Palast im

Bombenhagel der Rigo-Sauroiden unterging, dachten alle Natrader an einen Tod des Kaisers und seiner Familie.«

»Das war die Absicht von Kaiser Quoltrin-Saar-Arel«, antwortete Admiral Tarn-Lim. »Er war frühzeitig durch den Flucht-Transmitter auf die neue Welt gegangen. Sein Plan war es, ein besseres und stärkeres Natrid zu erbauen. Die Rahmenbedingungen hierfür hatte er schon lange festgelegt. Vermutlich vergeudete er ab diesem Zeitpunkt keine Gedanken mehr an unsere erste untergehende Heimat und deren Bewohner.

Nur ausgesuchte, ihm treu ergebene Natrader der wissenschaftlichen Kaste, der Krieger- und der Adelskaste durften ihm folgen. Die restlichen Natrader waren ihm egal. Dann verschloss er den Flucht-Transmitter. Ab diesem Tage wurde uns die Namensgebung Redartaner als Rasse aufgezwungen.«

»Ich verstehe«, bestätigte Noel. »Meine Mutter, die große Hypertronic-KI von Natrid, hat es bereits vermutet. Sie wird nicht die Einzige gewesen sein. Nach diesen Informationen gehe ich davon aus, dass auch Admiral Tarin einen Verdacht hatte. Er vermutete, dass der Kaiser niemals mehr zurückkehren würde. Aufgrund dieser Erkenntnisse wurde von ihm die Nachfolge-Regelung der Natrid-Hinterlassenschaften programmiert.

Der Admiral blickte ihn fragend an.
»Was bedeutet diese Hinterlassenschafts-Programmierung?«, erkundigte er sich.

Noel blickte ihn an.
»Sie können es nicht wissen«, erwiderte er. »Sie sind auf der Fluchtwelt Redartan geboren worden. Aber das alte kaiserliche Imperium besaß viele Geheimnisse und technische Errungenschaften. Zum Zeitpunkt des Krieges mit den Rigo-Sauroiden, befand sich das natradische Imperium auf der höchsten Stufe seiner technischen Entwicklung. Der Kaiser konnte unmöglich alle Entwicklungen mit zu seinem neuen Planeten nehmen. Viele militärischen Neuerungen befanden sich noch in den Labors, oder den Versuchsanstalten von Marin und Gareck. Diese konnten erst später von ihnen fertiggestellt und realisiert werden.«

»Sie sprechen von den beiden natradischen Genies, die bei dem Untergang des Mondes Nors ihr Leben verloren haben«, fragte Admiral Tarn-Lim. »So steht es in unseren Geschichtsbüchern verzeichnet.«

»Das ist die allgemeine Überlieferung«, erklärte Noel. »Doch die Realität sieht anders aus. Marin und Gareck konnten rechtzeitig von dem Mond fluchten. Sie begaben sich zu einem ihrer Außen-Labors, abgelegen von den Flugrouten der einfallenden Rigo-Sauroiden. Hier konnten sie in Ruhe weiter forschen. Irgendwann gingen ihnen die Hilfsmittel aus. Eine Versorgung war nicht mehr möglich. Sie entschlossen sich beide, sich in eine Stasis-Kammer zu legen und auf bessere Zeiten zu warten. Das war ein riskantes Unternehmen. Erst nach 100.000 Jahren fanden wir sie. Sie hatten Glück, dass ihre Kammern die lange Zeit überdauert hatten. Sie sind jetzt für das Neue-Imperium tätig. «

»Die Genies leben noch«, staunte der Admiral. »Das wird den Kaiser sicherlich freuen. «

»Ihr Kaiser wird das nicht erfahren«, bemerkte General Poison. »Marin und Gareck fühlen sich auf der Erde wohl und beabsichtigen nicht mehr, unter dem Regime des Kaisers zu arbeiten. «

»Was ist die Erde? «, fragte der Admiral nach.

»Entschuldigen sie bitte meine Ausschweifungen«, sagte Noel. »Ich wollte über die Hinterlassenschaft-Programmierung von Admiral Tarin sprechen. Natrid war unter dem Bombenhagel der Rigo-Sauroiden zu einer toten, verstrahlten Welt geworden. Ein Leben war hier nicht mehr möglich. Admiral Tarin versammelte alle überlebenden Natrader in der unterirdischen Stadt Tattarr. Hier beschloss er damals, die überlebenden Natrader in eine neue, bessere Welt zu evakuieren.

Niemals mehr sollte einer natradischen Welt ein solches Schicksal widerfahren. Er schickte Schiffe aus und akquirierte von zahlreichen überlebenden Außenkolonien flugfähige und hyperraumtaugliche Schlachtschiffe. Den Natradern in den Kolonien wurde angeboten, an der Evakuierung teilzunehmen. Doch die Kolonisten lehnten ab. Sie hatten sich ihre eigene Welt erschaffen und diese lieben gelernt. Admiral Tarin beschlagnahmte unter dem Protest der Kolonial-Regierungen alle flugtauglichen Schiffe. Diese zog er in der Umlaufbahn von Natrid zusammen. Alle Kolonien wurden sich selbst überlassen. Bevor er aufbrach, programmierte er ein Programm, die die Nutzung der natradischen Hinterlassenschaft regelte.«

Noel blickte den Admiral kurz an.
»Wie sie vielleicht wissen, experimentierten die Natrader gerne mit dem Genmaterial fremder Rassen«, erklärte er. »Auch auf der Erde, die von den Natrader Tarid genannt wurde, stieß man auf die DNA unverbrauchter starker Barbaren. Nachdem sie genmanipuliert wurden, entwickelten sie sich zu dem erfolgreichsten Projekt der natradischen Wissenschaft. Die genmanipulierten

Menschen wurden geistig aufgestockt, geschult und in allen technischen Errungenschaften geschult.

Sie entwickelten sich zu dem besten und treusten Hilfsvolk, das den Natrader je zur Seite stand. Auch sie wurden leider ihrem Schicksal überlassen. Admiral Tarin errechnete das Verfalldatum der nuklearen Strahlung auf Natrid und programmierte ein Programm, das 100.000 Jahre nach der Evakuierung der überlebenden Natrader anlaufen sollte. Er wusste nicht, welche Rasse, oder welche natradische Kolonie nach diesem Zeitpunkt noch lebte. Von daher sah die Programmierung viele Möglichkeiten vor. Doch den Barbaren von Natrid gelang es als erste Rasse, das Rätsel zu lösen.

Major Travis, er ist derzeit auf einer Außenmission, trägt das natradische Gen noch in sich. Es war eine der Voraussetzungen für die Übertragung der natradischen Hinterlassenschaften. Der Major löste das Rätsel von Admiral Tarin und wurde von der natradischen Groß-Hypertronic-KI als Erbfolgeberechtigter Oberbefehlshaber, Verwalter und Nutzer der Natrid-Hinterlassenschaften eingesetzt. Zwischenzeitlich ist er Erhobener im Gefüge der Kaiserkaste mit Rang 1. Bestätigt und eingesetzt von der Groß-Hypertronic-KI von Natrid, im Rahmen der Nachfolge-Programmierung.

Eine Umkehr der Programmierung ist nicht möglich, ebenfalls ein Zugriff von natradischen Nachkommen auf diese Technik. Admiral Tarin hat dafür gesorgt, dass seine Befehlsgebung unumkehrbar ist. Die Barbaren von Tarid sind erwachsen geworden. Sie haben die technischen Ressourcen und bauen das alte natradische Imperium in seinen ehemaligen Grenzen wieder auf.«

Der Admiral kam aus dem Staunen nicht mehr heraus. »Ich bin begeistert«, sagte er freudig.

Er blickte Barenseigs an.
»Wir alle entstammen vermutlich dem gleichen Ursprung«, ergänzte er. »Was wäre vernünftiger, als eine Allianz zu gründen. So wäre gegenseitige Hilfe jederzeit möglich.«

Noel und General Poison blickten sich an.
»Leider ist das nicht so einfach, wie sie es darstellen«, antwortete der General. »Die Santaraner, die Rasse der evakuierten Natrader denen Barenseigs entstammt, möchte nie mehr in Raumschlachten verwickelt werden. Zu tief sitzt vermutlich noch die Erinnerung an die Vernichtung ihrer Heimatwelt. Sie sind derzeit noch nicht bereit, politische Kontakte zu uns aufzunehmen.«

Der General blickte den Admiral eindringlich an.

Ihre Welt wird von dem ehemaligen Kaiser regiert, der bereits Natrid in den Untergang geführt hat«, erklärte er. » Bei uns gibt es ein Sprichwort. Der Captain geht bei einer Vernichtung, oder dem Untergang seines Schiffes, als letzte Person von Bord. Das kann man von ihrem Kaiser nicht sagen. Vielmehr hat er sein Volk sich selbst überlassen und ausgewählt, welche prädestinierten Natrader ihm in die Sicherheit folgen durften. «

»Ich verstehe«, antwortete Admiral Tarn-Lim. »Über wie viele kampffähige Schiffe verfügt ihr Imperium? «.

»Das ist geheim«, antwortete Noel. »General Poison entscheidet über die Bekanntgabe dieser Zahl. «

Der General lächelte den Admiral an.
»Sie machen auf mich einen ehrlichen Eindruck, entgegnete er. »Ihnen scheint das Wohl ihres Imperiums am Herzen zu liegen. Wir befinden uns derzeit noch im Aufbau. Ferner haben wir noch nicht alle externen Werften und Produktionsstätten des ehemaligen Imperiums wieder aktiviert. Dank unserer Duplikations-Technik verfügen wir derzeit über einen einsatzfähigen Schiffsbestand von knapp 360.000 Einheiten. Ich bitte sie, diese Informationen vertraulich zu behandeln. «

Admiral Tarn-Lim blickte ihn an, als ob er einen Geist gesehen hätte.

»Das alles haben sie in nur wenigen Jahren zustande gebracht«, staunte er. »Dann haben sie meinen Respekt. Noel scheint recht zu haben, sie sind eine sehr bemerkenswerte Rasse.«

Er hielt kurz inne und überlegte.
»Unser Schiffsbestand wird nicht dupliziert«, fuhr er fort. »Diese spezielle Technik scheint in der Galaxie unseres Hoheitsgebietes nicht bekannt zu sein. Wir fertigen unsere Schiffe konservativ an 20 Produktions-Werften. Vielleicht besteht später einmal die Möglichkeit, wenn sich unsere Rassen besser kennen, die Weitergabe dieser Duplikationstechnik an uns. Das würde uns die Produktion von Raumschiffe wesentlich erleichtern.«

»Das ist verständlich«, lächelte der General. »Doch bis dahin ist es noch ein weiter Weg. Über wie viele Schiffe verfügt ihr Imperium?«

Der Admiral blickte ihn an.
»Auch bei uns sind diese Angaben geheim«, antwortete er. »Unser Kaiser droht uns mit der Todesstrafe, falls jemand diese Information weitergibt. Aber im Hinblick auf eine zukünftige vertrauensvolle Zusammenarbeit,

möchte ich ihnen auch ehrliche Antworten geben. Vor dem kürzlichen Angriff einer fremden Rasse auf unser heimatliches Zentral-System, betrug die Anzahl unserer einsatzfähigen Schiffe exakt 450.000 Einheiten. Mit nur 3.000 Schiffen gelang es den Adramelech, so nennen sich die fremden Aggressoren, ganze 138.714 Einheiten unserer schweren Zerstörer zu vernichten. Entsprechend wird unser aktueller Bestand bei 311.000 Schiffen liegen. Vermutlich ist mit einem weiteren Verlust an Schiffen zu rechnen, weil der Kaiser einen Vergeltungsschlag gegen die Angreifer plant.«

Der Admiral dachte kurz nach.
»Der Kaiser gibt dem Flotten-Oberkommando die Schuld für diesen Verlust«, erklärte er. »Ich bin der Oberbefehlshaber dieser Behörde. Meine Begleiter sind alles Offiziere des redartanischen Flotten-Oberkommandos. Wir wollten in den Untergrund wechseln. Einige Offiziere meines Personals erinnerten sich an die Höhle im Berg Gonral, die nach unserer Meinung ein gutes Versteck war. Leider war die Höhle schon von ihnen besetzt. Wir stehen auf der schwarzen Liste des Kaisers. Derzeit sind wir nur Geächtete, die sich aber nichts zu Schulden haben kommen lassen. Leider sucht sich unser Kaiser immer einen Schuldigen, der von seinem eigenen Versagen ablenken soll.«

»Hier sind sie in Sicherheit«, erwiderte General Poison. »Ich möchte ihnen noch einige Fragen stellen. Mir ist nicht klar, wie 3.000 fremde Schiffe eine Anzahl von 138.714 schweren Kampf-Kreuzern ihrer Flotte vernichten konnten. Verfügen ihre Schiffe über keine Schutzschirme? «

»Jedes Schiff besitzt einen leistungsfähigen Schutzschirm«, antwortete der Admiral. »Sie verfügen doch über die natradischen Hinterlassenschaften. Die gleichen Schutzschirme verwenden wir ebenfalls. «

»Haben sie diese nicht weiterentwickelt? «, fragte Noel. » Die Schirmfeldtechnik ist über 100.000 Jahre alt? «

Admiral Tarn-Lim, der Befehlshaber des redartanischen Flotten-Oberkommandos blickte den Kunstklon der natradischen Groß-Hypertronic-KI fragend an.

»Nein«, erwiderte er schließlich. »Bisher hat diese Technik erfolgreich alle Angreifer abgewehrt. Keine Rasse, auf die wir bisher gestoßen sind, schaffte es unsere Schutzschirme zum Kollabieren zu bringen. Leider verfügen wir derzeit auch nicht mehr über solche wissenschaftliche Genies, wie Marin und Gareck es waren. Unsere Schutzschirme wurden zwischendurch immer wieder modifiziert, doch die Leistungsausbeute konnte nicht wesentlich gesteigert werden.«

»Das wird das Problem sein«, antwortete General Poison. »Auch nachwachsenden Rassen gelingt es irgendwann, leistungsstarke Technik zu entwickeln.«

»Sie mögen Recht haben«, erwiderte der Admiral. »Doch in diesem Fall liegt es anders. Die Adramelech besitzen eine überlegene Technik, die Energie aus dem Zwischenraum zieht. Unterhalb ihrer Raumschiffe befindet sich ein Energiefeld. Wir vermuten, es handelt sich um eine Energie-Dekomprimierungs-Blase. In dieser wird die kraftvolle Energie des Zwischenraumes aufbereitet. Wird sie dann freigelassen, breitet sich die fremde Energie über alle angreifenden Schiffe aus und hüllt sie ein. Nur Sekunden später versagen die Antriebe der Schiffe, Steuerungen und alle elektronische Anlagen.

Man wird förmlich von dieser blauen Energie eingefangen. Dann explodieren die Schiffe in einer grellen Explosion. Nichts bleibt von ihnen übrig. Die einzige Möglichkeit gegen diese Energie vorzugehen, besteht darin, die in der Komprimierungsphase das Eindämmungs-Feld unterhalb ihrer Schiffe anzugreifen. Hierfür verbleiben nur wenige Minuten. Falls das gelingt, sollte dieses Feld aufzureißen, die blaue Energie entfaltete sich unkontrollierbar und lässt die Schiffe der Adramelech kollabieren.«

»Diese Rasse ist uns noch nicht begegnet«, bemerkte General Poison. »Unterhalten sie sich mit Marin und Gareck. Vielleicht haben die beiden Genies eine Idee.«

Admiral Tarn-Lim sah General Poison an.
»Sind wir ihre Gefangenen?«, erkundigte er sich.

»Darüber unterhalten wir uns später«, antwortete der General. »Sie sind in eine Mission von uns hineingeplatzt. Wir wollten niemanden von ihnen verletzen, darum haben wir sie paralysiert. Ihren Offizieren ist nichts angetan worden. Sie erfreuen sich alle guter Gesundheit. Hier auf der großen Atlantis-Basis von Tarid, befinden sie sich in Sicherheit vor einer Verfolgung durch ihren Kaisers.«

»Das ist gut«, erwiderte der Admiral. »Ich bin für meine Leute verantwortlich.«

»Betrachten sie sich als unsere Gäste«, sagte Atlanta. »Die Basis von Tarid steht unter meinem Kommando. Wir bitten sie und ihre Offiziere aufrichtig, ihre Waffen abzugeben. Das ist eine reine Sicherheitsmaßnahme. Sie dürfen sich in einem eingegrenzten Bereich frei bewegen.

Unsere Kampf-Roboter und Soldaten werden sie bewachen. Servicekräfte werden ihre Wünsche erfüllen und sie und ihre Offiziere in der Benutzung der zugewiesenen Räume einweisen.«

Admiral Tarn-Lim wirkte erleichtert und beruhigt.

»Sie sind der Kommandeur des Flotten-Oberkommandos ihres Planeten?«, fragte General Poison.» Darf ich sie als Gegenleistung um ihre Unterstützung bitten?«

Der Admiral nickte.
»Selbstverständlich«, antwortete er. »Wie sollte ich ihnen das ablehnen können. Sie garantieren für mich und meine Offiziere die körperliche Unversehrtheit. Wenn ich ihnen helfen kann, mache ich das gerne.«

Der Admiral holte tief Luft.
»Ich möchte sie vorher noch von einem Sachverhalt unterrichten.«

General Poison nickte.
»Wir sind ganz Ohr«, antwortete er. »Haben sie noch einen Wunsch?«

Der Admiral schüttelte seinen Kopf.

»Unsere Flucht aus der Leitstelle des Flotten-Oberkommandos erfolgte unkontrolliert«, erklärte er. »Lord Grun-Baris, der korrupte Kommandeur des redartanischen Geheimdienstes, erhielt von dem Kaiser den Auftrag uns einzufangen und zu liquidieren. Deswegen konnten wir nur mit den acht Nahkampf-Gleitern fluchten. «

»Worauf wollen sie hinaus? «, fragte der General. » Ihre Gleiter stehen noch getarnt auf dem Plateau des Berges Gonral. Wir haben kein Interesse hieran. «

»Das ist es nicht«, erwiderte der Admiral. »Wir haben einen Gefangenen der Adramelech dabei. Er steckt in einem unserer Kampfanzüge. Der Lord des Geheimdienstes wollte ihn zum Reden bringen, gegebenenfalls töten und sezieren. Das ist nicht die Art und Weise des Flotten-Oberkommandos. Wir wollten ihn nicht seinem sicheren Tod überlassen. Auch er ist bei seinem Volk ein Widerstandskämpfer. Ich möchte, dass er von Commander Niras-Tok bewacht und betreut wird. «

»Wer ist der Commander? «, fragte Atlanta. » Ist er unter ihren Offizieren? «

»Ja«, entgegnete der Admiral. »Er ist bei uns gewesen, direkt hinter dem Gefangenen der Mächtigen. Er war der

Commander einer Eingreif-Flotte von 120 unserer Schiffe. Sie wurde von dreißig Einheiten der Mächtigen in nur wenigen Minuten vernichtet. Commander Niras-Tok geriet in die Gefangenschaft der Fremden. Sie manipulierten sein Gehirn und speicherten ihm neue Befehle ein.

Es wurde ihm befohlen, ein Selbstmord-Kommando durchzuführen und wichtige Anlagen des redartanischen Imperiums zu zerstören. Aus unbekanntem Grunde funktionierte die Gehirnmanipulation der Adramelech nicht. Seit der Beeinflussung kann der Commander ihre Präsenz schon lange vor ihrer Materialisierung in unserem System spüren.«

»Erstaunlich«, bemerkte Noel. »Geht von dem Fremden eine Gefahr aus?«

»Bisher hat er sich äußerst kooperativ verhalten«, antwortete der Admiral. »Doch wir kennen ihn auch zu wenig, um eine abschließende Beurteilung vornehmen zu können.«

»Danke für die Informationen«, antwortete Noel. »Ich habe den Namen Adramelech bei meiner Mutter abgefragt. Es liegen keine Einträge vor. Wir haben noch keinen Kontakt mit dieser fremden Rasse verzeichnet.«

»Das ist auch nicht verwunderlich«, antwortete der Admiral. »Wir hatten das vorher auch noch nicht. Nach Informationen des Gefangenen hat unser Kaiser sein Imperium in ihrem Hoheitsgebiet gegründet. Erst jetzt nach 100.000 Jahren sind sie auf uns aufmerksam geworden und wollen uns auslöschen. «

»Wir haben zwar bisher keinen direkten Kontakt zu dieser Rasse verzeichnet, doch besitzen wir Informationen von befreundeten Species, die uns gelegentlich unterstützen«, teilte General Poison mit. »Bei unseren Freunden handelt es sich um eine alte Rasse, die schon lange in unserer Sterneninsel beheimatet ist. «

Admiral Tarn-Lim blickte ihn fragend an.
»Ich gebe ihnen einige weitere Hintergrund-Informationen«, sagte General Poison. »Ihr Planet Redartan befindet sich in einer Entfernung von 12 Millionen Lichtjahren, von hier ausgerechnet. Laut den Informationen unserer Freunde liegt ihr Imperium im Hoheitsgebiet der Adramelech, das können wir heute bestätigen. Ihr System wurde von uns lokalisiert. Selbst für Raumschiffe mit einem schnellen Hyperraum-Antrieb, ist das eine sehr weite Entfernung. «

»Das ist verrückt«, bemerkte der Admiral. »Das hätte ich nicht gedacht. «

»Ihre Vorfahren wurden durch ein Artefakt von Quoltrin-Saar-Arel zu diesem Planeten geführt «, fuhr der General fort. »Es ist ihm von einer unbekannten Species übergeben worden. Wir haben keine Kenntnis, wer diese Rasse war und wo sie sich befindet. Ihr Kaiser dachte, es handelt sich um einen regulären Transmitter-Wurmloch-Generator. Nach der Inbetriebnahme fand er den Fluchtplaneten Redartan, ihre neue Heimat. Dort angekommen, entschloss er sich ein Neues-Imperium mit stärkeren Natradern zu gründen. Er wusste nicht, dass dieser Transmitter-Wurmloch-Generator auch die Zeitwellen manipuliert. Ihr System befindet sich von unserer Realzeit aus betrachtet, exakt 300.000 Jahre in der Vergangenheit. Theoretisch findet der Angriff auf Natrid erst noch statt. «

Der General sah, wie es in Admiral Tarn-Lim arbeitete. »Sagen sie es, wenn zu viele Informationen auf sie einströmen«, ergänzte der General. »Wir können ihnen auch nach und nach alles erläutern. «

»Es ist für mich alles so unglaublich«, antwortete der Admiral. »Ich verlasse mich aber darauf, dass sie fundierte Informationen verfügen, die belegt und geprüft wurden. «

»Davon können sie ausgehen«, erwiderte der General. »Ein Flug mit einem ihrer Raumschiffe nach Natrid würde den Angriff der Rigo-Sauroiden nicht mehr verhindern können. Wir wissen ebenfalls nicht, ob hierdurch möglicherweise ein Zeitparadoxon ausgelöst würde. Kommen wir wieder zum Wesentlichen. «

Der General ließ eine kurze Pause vergehen.
»Sie haben es noch nicht registriert, aber das redartanische Imperium wird in einen großen Krieg verwickelt werden«, teilte der General mit. »Ihr Kaiser sollte mehr Schiffe produzieren lassen. Die Adramelech haben ihre Species entdeckt und werden handeln. Vermutlich wird die Entdeckung ihres Imperiums der Anlass sein, dass sie wieder ihre großen Reinigungskriege im Universum durchführen. Seit dem Anbeginn der Zeit, wird es alle Jahrtausende von ihnen praktiziert.

Sie sehen es als einen Kampf um die militärischen Vorherrschaften im All an. Auswuchernde Species, nicht in ihr Bild passende Rassen und vor allem humanoide Stämme, werden gezielt angegriffen, vernichtet und ausgerottet. Im Anschluss werden die Planeten den Bedürfnissen der Adramelech angepasst. Durch unzählige

Schlachten mit Milliarden von Opfern, wurde auf vielen Welten der Boden rot mit dem Blut der getöteten Lebewesen getränkt. So gelang es den Adramelech in der Vergangenheit tatsächlich viele Sterneninseln durch ihre schrecklichen Hilfsvölker zu reinigen. «

Der Admiral hatte interessiert zugehört. Erst jetzt erfasste er die Tragweite des Erstkontaktes mit den Adramelech.

»Auch in die Milchstraße wollten sie eindringen und ihr schreckliches Werk fortführen«, erklärte General Poison. »Doch das Frühwarnsystem unserer Freunde funktionierte. Sie konnten die Flotten der Adramelech vernichtend schlagen und sie an einem Eindringen in die Milchstraße hindern. «

Das Gesicht des Admirals hellte sich auf.
»Also können die Mächtigen geschlagen werden«, bemerkte er. »Ein Kampf ist nicht hoffnungslos. Besteht die Möglichkeit Kontakt zu ihren Freunden aufzunehmen? «

General Poison und Noel sahen sich an.
»Das ist möglich, wenn wir einen Abgesandten ihrer Rasse das nächste Mal treffen. Wir werden fragen, ob sie ihre Fragen beantworten möchten. «

»Gehen wir zu ihren Offizieren«, sagte Atlanta. »Vermutlich möchten sie gerne über ihre Situation aufgeklärt werden.«

***

Die Flotte von Major Travis materialisierte aus dem Hyperraum.

»Bitte den Panorama-Bildschirm aktivieren«, befahl der Major.

Commander Brenzby bestätigte. Der große Bildschirm in der Zentrale der Termar 1 leuchtete auf und gab die Schönheit des Sol-Systems wieder.

»Auch in dieser Entfernung ist es das schönste System im Universum«, bemerkte Sirin.

Die natradische Prinzessin und Heinze standen ebenfalls auf der Brücke des Schiffes.«

»Es ist unsere Heimat«, antwortete der Major. »Der einzige Ort, an dem alle Wünsche wahr werden können.«

»Ich freue mich auf frische Möhren und Bananen«, bemerkte Heinze. »Es ist ein Unterschied, ob man sie frisch zubereitet bekommt, oder sie täglich als Auftaukost essen muss.«

Die Offiziere der Termar 1 lachten.
»Ich sehe, du hast das Wort Heimat für dich bereits von der Verköstigung abhängig gemacht«, lächelte Major Travis.

»Was ist falsch hieran?«, erkundigte sich der Ro.

»Nichts«, antwortete Major Travis. »Jedes Lebewesen interpretiert den Begriff Heimat anders.«

Der Major drehte seinen Kopf den Offizieren zu.
»Sergeant Farmer, stellen sie bitte eine Verbindung zu unserer Raumüberwachung her«, sagte er. »Wir werden unsere Rückkehr ordnungsgemäß anmelden. Heute werden wir ein Vorbild für Heran sein. Vielleicht lernt er es endlich hierdurch.«

»Die Verbindung steht«, meldete der Funk-Offizier. »Sie können sprechen, Herr Major.«

»Hier ist die Termar 1, unter dem Kommando von Major Travis«, sprach er in seinen Communicator. »Die imperiale Begleitflotte des Worgass-Verbandes ist zurückgekehrt. Wir bitten um eine Einflug-Genehmigung ins Sol-System.«

Nach einem kurzen Knistern meldete sich zum Erstaunen der Crew die übergeordnete imperiale Leitstelle auf Tattarr.

»Hier spricht die imperiale Leitstelle des Neuen-Imperiums«, meldete sich eine Person. »Mein Name ist Admiral Mackenzie. Ihr Funkspruch wurde über Außenstelle Eris umgeleitet. Wir freuen uns über ihre Rückkehr und begrüßen sie im Sol-System, Major Travis.«

»Danke«, antwortete der Major. »Warum erfolgt die Umleitung unseres Funkspruches?«

»Die imperiale Leitstelle der Hypertronic-KI von Natrid hat zeitweise die Koordination aller Schiffsbewegungen übernommen«, antwortete der Admiral. »Wir mussten zur Sicherheit einen vollständigen System-Alarm auslösen. Es gab eine massive Verletzung unserer Sicherheitsbestimmungen.«

Major Travis blickte die Offiziere seiner Crew an.
Was für eine Sicherheits-Verletzung?«, fragte er.

»Hierüber darf ich per Hyperkomm-Funknachricht keine Meldung machen«, entschuldigte sich der Admiral. »Das ist ein ausdrücklicher Befehl von General Poison. Fliegen sie bitte über den Korridor 50 Grad 52.1 Titan 007 Grad 08.2. G357 ein. Landen sie auf einem Raumhafen des Distributions- Zentrums von Titan. Sie werden dort über die zentrale Transmitter-Leitstelle weitergeleitet.«

»Verstanden«, antwortete der Major. »Wir programmieren die entsprechenden Einflugdaten.«

»Noch etwas«, meldete der Admiral. »Ihre Begleit-Flotte bleibt bitte weiter in Alarmbereitschaft. Sie soll sich bei der Heimat-Verteidigung von Commander Ciacombo melden. Er wird ihrer Flotte neue Befehle erteilen.«

»Wir haben verstanden«, antwortete der Major und beendete die Verbindung.

»Commander Brenzby, informieren sie bitte unsere Schiffe«, entschied er. »Teilen sie Heran ebenfalls die Koordinaten mit. Er wird sich zwar wundern, aber sicherlich keine eigene Route wählen.«

»Ich erledige das«, antwortete der Commander. »Sergeant Hausmann, programmieren sie die Route«, befahl Major Travis. »Sobald alle Schiffe bestätigt haben, beschleunigen sie. Es geht nach Hause.«

Der Steuermann nickte und bestätigte den Kurs. Die Flotte beschleunigte und flog auf das heimatliche Sternen-System zu.

»Ich möchte gerne wissen, was da wieder passiert ist?«, fragte der Major seine Begleiter.

Sirin blickte ihn an.
»Du solltest dir langsam darüber klar werden, dass sich unser Neues-Imperium zu einer starken Macht entwickelt«, lächelte sie. » Ich hätte es nicht für möglich gehalten, doch ich bin eines Besseren belehrt worden. Es wird immer wieder Rassen geben, denen dies nicht gefällt. Ich denke hier auch an die Najekesio. Ihnen ist die Übernahme der natradischen Hinterlassenschaften durch die Menschen immer noch ein Dorn im Auge. So wie ich sie kenne, werden sie weiter Intrigen gegen uns schmieden.«

»Die Najekesio haben mit sich selbst zu tun«, erwiderte der Major. »Sie strukturieren ihre ganze Ordnung um. Sie dürften erkannt haben, dass mit uns nicht zu spaßen ist.«

»Da wäre ich mir nicht so sicher«, lächelte Sirin. »Sie sind hinterhältig und unbelehrbar.«

»Warten wir es ab«, entgegnete der Major

Er blickte Heinze an.
»Kannst du irgendwelche Gedanken empfangen?«, fragte er den Ro.

Heinze legte seinen Kopf zu Seite und esperte nach Gedankenströmen. Falten entstanden in der Haut auf seiner Stirn.

Plötzlich lächelte er.
»Noel und General Poison haben unsere Elite-Soldaten hervorragend geschult«, antwortete er. »Sie versuchen nicht, über den angeblichen Vorfall nachzudenken. Trotzdem habe ich einige Informationen aus ihren Gedanken herausfiltern können.«

»Spanne uns nicht so lange auf die Folter«, murrte Major Travis. »Was hast du entdeckt?«

»Die Sicherheits-Verletzung ist in der wissenschaftlichen Halle von Marin und Gareck passiert«, antwortete Heinze. »Trotz starker Sicherheits-Vorkehrungen konnten die Amazone und ihr Protokoll-Roboter bei einer Testöffnung des Transmitter-Wurmloch-Generators flüchten. Sie befinden sie auf der anderen Seite. In einem nicht beachteten Augenblick sind sie in den künstlichen Durchgang gesprungen.«

»Daher weht der Wind«, schmunzelte der Major. »Scheinbar sind unsere Elite-Soldaten nicht in der Lage eine einzelne Person zu bewachen.«

Er blickte Sirin an.
»Ich habe euch gewarnt«, erwiderte sie. »Habe ich nicht ausdrücklich darauf hingewiesen, dass sie gefährlich ist? Warum behalte ich immer Recht?«

»Das werden wir den General fragen«, schmunzelte Major Travis.

»Das ist noch nicht alles«, ergänzte Heinze. »In der Zwischenzeit hat General Poison die Höhle auf der Fluchtwelt als Stützpunkt ausbauen lassen. Captain Hunter wurde von ihm beauftragt, die Amazone wieder einzufangen. Er hat eine Mission Brückenkopf-Redartan gestartet.«

Das Lächeln fror auf dem Gesicht des Majors ein.

»Will er jetzt einen Konflikt mit den ausgewanderten Natradern lostreten?«, fragte er. » Man kann ihn wirklich nicht längere Tage alleine lassen. «

»Funkspruch von Heran«, meldete Leutnant Farmer.

Major Travis blickte ihn ernst an.
»Legen sie bitte auf meine Leitung«, antwortete er. Der Major nahm sein Empfangsgerät und steckte es sich einen Hörer in sein rechtes Ohr.

»Die Leitung steht«, meldete der Funk-Offizier.

»Was gibt es Heran? «, meldete sich der Major.

»Gibt es wieder Probleme? «, fragte Heran. » Warum fliegen wir durch diesen speziellen Flug-Korridor?«

»General Poison hat System-Alarm ausgerufen«, erklärte der Major. »Es gab eine massive Sicherheits- Verletzung.«

»Kannst du nicht deutlich sagen, wo die Probleme liegen?«, antwortete Heran unwirsch. » Ich bin sicherlich keiner, der geheime Informationen weitergibt. «

Der Major lachte kurz.

»Ich bin etwas verärgert«, antwortete er. »Anscheinend war niemand in der Lage unsere Amazone sicher zu bewachen. Sie ist mit ihrem Protokoll-Roboter auf die Fluchtwelt der Natrader geflüchtet.«

Jetzt lachte auch Heran.
»Diese Amazone ist bemerkenswert«, erwiderte er. »Sie besitzt einen starken Willen. Falls ihr sie für das Neue-Imperium begeistern könnt, dann wird sie euch eine hilfreiche Unterstützung sein.«

»Die Betonung liegt auf falls«, hielt der Major dagegen. »General Poison möchte sie wieder einfangen. Vermutlich hat er Angst, dass zu viele Informationen des Neuen-Imperiums den geflüchteten Natradern bekannt werden. Er hat kurzentschlossen die Höhle auf der Gegenseite zu einem Brückenkopf ausbauen lassen und Captain Hunter beauftragt, die Amazone wieder einzufangen.«

Heran lachte laut auf.
»Das ist gut«, antwortete er. »Bei euch wird es niemals langweilig. Du kannst dir vermutlich vorstellen, dass diese Mission erhebliche Schwierigkeiten auslösen könnte.«

»Danke für deinen Hinweis«, erwiderte der Major. » Das habe ich bereits selbst erkannt. Wir werden schnell landen und versuchen die Angelegenheit zu bereinigen. Ich hoffe, du begleitetest mich. Das Bier muss leider warten.«

»Ich habe es vermutet«, schmollte Heran. »Das ist der Dank für meine Unterstützung. Eigentlich möchte ich mich gar nicht mit der Fluchtwelt der Redartaner beschäftigen. Die hohe Kaste hat es vorgezogen ihr Heimat-System zu verlassen und alle Zivilisten dem sicheren Untergang zu überlassen. Warum sollte man so einem Regime noch helfen.«

»Du kommst noch zu deinem Bier«, antwortete der Major. »Ich bezahle auch die Rechnung, wenn du mitkommst. Die Analyse der Situation und deine Meinung ist für uns wichtig.«

»Überredet«, lächelte Heran. »Schauen wir uns an, was passiert ist. Ich folge deinem Schiff.«

»Abgemacht«, freute sich Major Travis. »Wir treffen uns in der Halle des großen Raumflughafens auf Titan.«

»Bis nachher«, beendete Heran das Gespräch.

Die zwölf Schiffe der Patrouillen-Flotte von Captain Jefferson trennten sich von der Haupt-Flotte und kehrten in ihre Basis zurück. Die Termar 1 und das lantranische Evolutions-Schiff flogen den Raumhafen von Titan an. Alle restlichen Schiffe nahmen Kontakt zu der imperialen Heimat-Flotte auf, die das Sol-System absicherten. General Poison erwartete die Crew der Termar 1 bereits, als sie aus dem Raum-Dock in die große Halle des Raumhafens trat.

»Ich freue mich, sie alle gesund wiederzusehen«, begrüßte der General die Crew. »So wie es scheint, kommen die Worgass jetzt alleine zurecht? «

»Es gab kleine Anlaufschwierigkeiten«, lächelte der Major. »Diese konnten wir aber schnell beseitigen. «

»Ich erwarte zu diesem Flug ihren ausführlichen Bericht«, bat der General.

Er blickte die Crew an.
»Sie alle haben sich einen Sonderurlaub von zwei Wochen verdient«, sagte der General. »Die Kosten hierfür übernimmt komplett die EWK. Ich danke ihnen für ihren Einsatz. «

Die Crew der Termar 1 jubelte.

»Ihr Urlaub beginnt ab sofort«, ergänzte der General. »Leider betrifft das nicht Major Travis, Sirin, Commander Brenzby und Heinze. Sie werden ihren Urlaub nachholen müssen. «

»Ich wusste doch sofort, dass da wieder ein Haken dabei ist«, antwortete Commander Brenzby.

»Führungsoffiziere brauchen weniger Urlaub«, entgegnete der General. »Zumindest teilen uns das unsere Psychologen mit. «

»Diese Psychologen möchte ich gerne kennenlernen«, entgegnete der Commander. »Sie können sie gerne einmal mit auf eine unserer Missionen senden. Vielleicht brauchen sie ein wenig Praxisanschauung. «

Heran kam in die große Halle geschritten.
»Was für Psychologen? «, fragte er schon von weitem. » Wir haben einen harten Job erledigt. Hierfür sollten sie uns danken. «

»Sie sind auch noch da? «, schmunzelte der General.

Er hatte sich zwischenzeitig an das grobe gespielte Verhalten von Heran gewöhnt.

»Schön, dass sie zurück sind«, sagte er. »Wir danken ihnen aufrichtig für ihre Unterstützung.

»Mit dem Dank alleine kommen sie diesmal nicht davon«, lächelten Heran. »Das kostet sie zumindest ein Fass Bier.«

General Poison winkte ab. »Daran soll es wirklich nicht scheitern«, antwortete er. »Wie sie bereits erfahren haben, haben wir ein ernstes Problem. «

»Ihre Amazone ist ihnen durchgeschlüpft«, bemerkte Heran. »Bei unserem Sicherheits-Dienst wäre das nicht passiert. «

General Poison blickte ihn mit einem giftigen Blick an.

»Wir werden uns hierum kümmern«, entspannte Major Travis die Situation.

Er lächelte Heran an.
»Leider standen uns lantranische Elite-Soldaten nicht zur Verfügung«, konterte er. »Ihr habt ja die komplette Flotte wieder abgezogen.«

»Das war ein Befehl unserer hohen Empore«, antwortete der Lantraner. »Hätten wir gewusst, dass andauernd neue

Probleme auftreten würden, dann wären sie sicherlich noch etwas geblieben. «

»Genug der Diskussionen«, bemerkte General Poison genervt. »Wir müssten zur Atlantis-Basis. Dort warten Gäste auf uns. «

»Was für Gäste? «, fragte Major Travis. » Haben wir Besucher von befreundeten Systemen erhalten? «

»Dazu später mehr«, antwortete der General. »Sehen wir zu, dass wir nach Atlantis kommen. «

Major Travis blickte auf Heinze.

Dieser lächelte kurz.
» Der General hat 56 gefangene Redartaner auf Atlantis in Arrest-Unterkünften «, teilte er mit. »Es sind Nachkommen der geflüchteten Natrader und werden von Kaiser Quoltrin- Saar-Arel gesucht. «

Major Travis blieb stehen und blickte den General an. »Sind sie verrückt geworden? «, fragte er. » Warum mischen sie sich in die inneren Angelegenheiten einer fremden Rasse ein? «

Der General war kurz vor dem Explodieren. Sein Gesicht war rot angelaufen.

»Kleiner widerwärtiger, pelziger Ro«, fluchte er. »Warum musst du alles herausposaunen. Ich wollte Major Travis alles im Beisein von Noel erklären.«

»Was gibt es da zu erklären?«, fragte der Major. »Im besten Fall stehen wir jetzt auf der Fahndungsliste des ehemaligen Kaisers.«

»Beruhigen sie sich«, erwiderte der General. »Alles ist aus einem triftigen Grund passiert. Wir waren von dem ersten Kontakt genauso überrascht, wie sie es jetzt sind.«

Der General blickte alle Zuhörer ernst an.
»Letztendlich haben wir diese Misere nur Lorin zu verdanken«, sagte er. »Wäre sie nicht geflüchtet, dann gäbe es dieses Problem nicht.«

»Geben sie nicht der Amazone die Schuld«, bemerkte Sirin. »Ich habe sie vor ihr gewarnt. Sie ist eine ausgezeichnete Kämpferin und Analystin. Ich halte sie zwar für gefährlich, doch die Schuld trägt sie nicht. Lorin wird den ehemaligen Kaiser zur Rechenschaft ziehen, oder zumindest ihm einige Fragen stellen wollen.«

Sie blickte dem General frech ins Gesicht.
»Wenn sie mich fragen, dann war mit einer solchen Aktion von ihr zu rechnen«, sagte Sirin. »Sie hat alle Schulungen von Atlanta geduldig über sich ergehen lassen. So wie ich informiert bin, hat sie die übergebenen Aufgaben mit Bravour erledigt. Das alleine zeigt mir, dass sie nicht dumm ist. Doch in ihrem Hinterkopf gab es nur einen Gedanken, warum hat der ehemalige Kaiser sie und ihr Team in eine nicht lösbare Mission geschickt. Sie will Antworten von ihm. Falls der Kaiser ihr diese nicht geben kann, dann hat mein Onkel sein Leben für immer verspielt. «

Sie lachte schelmisch auf.
»Ich könnte nicht gerade sagen, dass mir das leid tut «, ergänzte sie. »Auch ich wurde von ihm mit Aufgaben betraut, die fast unlösbar waren. Wie sie wissen, habe ich hierbei große Teile meiner mir unterstellten Flotte verloren. Je intensiver ich darüber nachdenke, desto öfter kommt mir in den Sinn, dass mein lieber Onkel Quoltrin-Saar-Arel mich ebenfalls kaltstellen, beziehungsweise aus dem Weg räumen wollte.«

»Auch diese Tatsache ist nicht bewiesen«, bemerkte Major Travis. »Es waren harte Kriegszeiten. Der ehemalige Kaiser wird unliebsame Entscheidungen getroffen haben. «

»Ich kenne meinen Onkel lange genug«, antwortete die Prinzessin. »Er hat sich in den letzten Kriegsjahren stark verändert. Als ob eine fremde Macht von ihm Besitz ergriffen hätte.«

»Was willst du uns hiermit sagen?«, fragte der Major nach.

»Ganz einfach«, erwiderte Sirin. »Lorin hat Recht. Kaiser Quoltrin-Saar-Arel kann man nicht mehr trauen. Als ich ihn das letzte Mal gesprochen habe, waren ihm meine Missionen gleichgültig. Er nahm keinen Rat mehr an und versuchte seine eigenen Befehle durchzudrücken. Da ich mit meinen Schiffen im All unterwegs war, konnte er nicht kontrollieren, ob ich befehlskonform gearbeitet hatte. Doch ich erkannte in den Gesprächen mit ihm, dass er sich sehr verändert hatte. Das Überleben von natradischen Kolonisten war ihm gleichgültig geworden.«

Major Travis blickte Heran an.
»Habt ihr hiervon etwas mitbekommen?«, fragte er.

Heran dachte nach. Es schien so, als ob er in sich gegangen wäre. Die Frage seines Freundes beendete sein Grübeln

Freundlich blickte er den Major an.

»Leider fallen diese Geschehnisse in die Zeit, in der wir uns aktiv aus der Milchstraße zurückgezogen hatten«, erklärte er. »Vermutlich tragen wir eine Mitschuld an dem großen Krieg. Unsere Hohe-Empore spricht es zwar nicht aus, doch ihre Anordnungen mussten wir Folge leisten. Brontan, der allwissende Überwacher unseres Volkes musste im Rahmen dieser Anordnung die Beobachtungen mit seinem allwissenden Energie-Rad aufgeben. Nur mit diesen, von dem Rad ausgesandten Wellen ist eine Verbindung zu unserem Akteur-System möglich. Es krümmt das Universum und zieht bildlich alle Geschehnisse an sich. Da es nicht benutzt werden durfte, konnten wir auf diese schrecklichen Ereignisse nicht reagieren, oder die natradische Heimatwelt warnen.«

»Euch trifft keine Schuld«, antwortete der Major. » Jede Rasse ist für sich selbst verantwortlich. Niemand kann von den Lantranern verlangen, dass sie die ganze Milchstraße zu kontrollieren. «

»Du sagst das so gelassen«, antwortete Heran. »Doch für uns Unsterbliche sind die Erinnerungen an diese Zeit noch sehr frisch. Unser Ziel war es, vielen jungen Rassen zu helfen und sie vor äußeren Bedrohungen schützen. Leider haben wir durch die Anordnungen unserer hohen Empore auf der ganzen Linie versagt. «

»Genug in den Erinnerungen geschwelgt«, beendete Major Travis das Gespräch. »General Poison bringen sie uns zu ihren Gästen. «

Dieser nickte, drehte sich um und schritt auf die zentralen Lifts zu, der die Personen in das Transmitter- Zentrum der Titan-Station befördern sollten.

Konfrontation

Admiral Rings-Stan, der Anführer der Demonstranten war sichtlich zufrieden mit der Aktion seiner Untergrund-Organisation. Die Plünderung des wichtigen Militär-Depots war ohne große Verluste durchgeführt worden. Die Untergrund-Bewegung konnte jetzt mit modernsten redartanischen Waffen ausgestattet werden. Zwei Demonstranten waren durch Laser-Schüsse verletzt worden. Doch sie hatten Glück gehabt und trugen nur Fleischwunden davon. Ein Medi-Team hatte sich den beiden Verletzten angenommen.

»Beeilt euch«, forderte der Admiral seine Leuten auf. »Entladet den Transport-Gleiter. Die Kisten müssen alle in unser Versteck gebracht werden.«

Er blickte Lorin an.
»Der Zeitpunkt unseres Aufstandes rückt näher«, lächelte er. »Sie werden bald Gelegenheit haben, dem Kaiser ihre Fragen zu stellen.«

»Haben sie bereits einen Plan?«, erkundigte sich die Amazone. »Der Kaiser wird ohne seine Leibgarde nicht in der Öffentlichkeit auftreten?«

»Der Kaiser ist wie ein Kind«, erwiderte der Admiral. »Bekommt er nicht seinen Willen, wird er unausstehlich und beachtet keine Anordnungen der kaiserlichen Kaste mehr. Das ist unsere Chance.«

Lorin blickte ihn fragend an.
»Es braut sich bereits etwas zusammen«, erklärte der Admiral. »Lord Gyron-Zirn hat Informationen von einigen unserer Spionen erhalten, die in der Verwaltung des Kaisers tätig sind, dass der Regent außer sich ist. Er sucht einen Schuldigen für die Vernichtung der Hälfte seiner Heimat-Flotte. Der Angriff der fremden Rasse konnte zwar aufgehalten werden, jedoch musste die kaiserliche Flotte schwere Verluste einstecken. Er gibt dem redartanischen Flotten-Oberkommando die Schuld. Der kommandierende Admiral Tarn-Lim wurde mit all seinen Offizieren seines Amtes enthoben. Sie sollen öffentlich hingerichtet werden.«

Er lachte kurz auf.
»Doch der Admiral des Flotten-Oberkommandos ist ein weitsichtiger und erfahrener Offizier«, ergänzte er. »Er sah die Entscheidung des Kaisers kommen. Als Lord Grun-Baris, der Kommandeur des redartanischen Geheimdienstes die Offiziere festnehmen wollten, waren sie bereits geflüchtet. Sicherlich beabsichtigt der Admiral Beweise für seine Unschuld zu finden. Hiermit wird er den Kaiser öffentlich kompromittieren, dass er keine andere

Wahl mehr hat, als die Offiziere des Flotten-Oberkommandos wieder in ihr Amt einzusetzen.«

Lorin verstand.
»Sollten wir nicht Kontakt zu dem Admiral aufnehmen?«, fragte sie. » Er wird sicherlich auch daran interessiert sein, den Kaiser abzusetzen? «

»Das vermute ich ebenfalls«, erwiderte der Kommandeur des Untergrundes. »Ich dachte, der Admiral würde uns kontaktieren. Leider ist das bisher nicht erfolgt.«

»Admiral Tarn-Lim wird sicherlich über die neuesten Informationen verfügen, bezüglich des Sicherheits-Protokolls in der kaiserlichen Pyramide«, bemerkte Lorin.

»Wir wissen nicht, wo er sich versteckt«, antwortete Admiral Rings-Stan. »Wir haben mündliche Hinweise verstreut, dass wir gerne mit ihm sprechen würden. Viele Gruppen von uns verteilen heimlich diese Meldungen in Bars, oder in dunklen Wohngebieten, in denen wir vermuten, dass sich dort Offiziere des Flotten-Oberkommandos aufhalten könnten. Wir müssen vorsichtig sein. Auch der redartanische Geheimdienst hat seine Fühler ausgestreckt und sucht nach dem Admiral und seinen Leuten. Die Maschinerie der kaiserlichen Administrator ist angelaufen. Mit ihr ist nicht zu spaßen.

Sie verfügt über viele Informationsquellen. Nicht alle sind uns bekannt. Lord Grun-Baris, der sadistische Kommandeur des Geheimdienstes, steht täglich stärker unter Druck. Der Kaiser erwartet Resultate von ihm. Falls unsere Leute ihm in die Fänge gehen, werden sie bis zu ihrem Tode gefoltert. So lange, bis der Lord Antworten auf seine Fragen bekommen hat. Ihm ist das Leben eines Redartaner nichts wert.«

»Dann muss auch er beseitigt werden«, flüsterte die Amazone. »Die Lords werden von der kaiserlichen Kaste bestimmt. Von ihr erhalten sie ihre Befehle. Es darf nicht angehen, dass die Hochgeborenen ihr eigenes Volk nicht mehr zu schätzen wissen.«

Admiral Rings-Stan blickte sie irritiert an.
»Sie kommen von weit her«, erwiderte er. »Ich kann mich nicht daran erinnern, dass es jemals anders gewesen ist. Redartan ist ein totalitaristischer Planet. Unsere kaiserliche Führung ist bestrebt, ihre diktatorische Form von Herrschaft in alle sozialen Verhältnisse hinein wirken zu lassen, verbunden mit dem Anspruch, effiziente Redartaner gemäß ihrer Ideologie zu formen. Die kaiserliche Kaste und ihre Vasallen fordern absoluten Gehorsam von den Beherrschten, eine aktive Beteiligung am Staatsleben sowie dessen Weiterentwicklung in eine Richtung, die durch die Ideologie des Kaisers angewiesen

wird. Beispiele hierfür sind die dauerhafte Mobilisierung der militärischen Kräfte, Schulungen der Einheiten durch entsprechende Organisationen und die Ausgrenzung nicht geeigneter und schwacher Personen des redartanischen Volkes. Sie passen nicht in das bildliche Konzept des Kaisers eines starken Systems. Sie verschwinden förmlich von der Bildfläche. Wir haben keine Informationen hierüber, was mit ihnen passiert. Doch wir vermuten stark, dass der Kaiser diese Personen von dem Geheimdienst eliminieren lässt.«

»Das ist eine ungeheure Anschuldigung«, antwortete Lorin. »Der Kaiser hat geschworen, sich für das Wohl seines Volkes einzusetzen. Mit solchen Befehlen ist er nicht mehr für die Führung eines Planeten prädestiniert.«

»Wem sagen sie das«, lachte der Admiral. » Unsere Widerstandsgruppe gibt es seit zwanzig Jahren. Viele unserer Mitglieder waren früher in den kaiserlichen Behörden tätig, bevor sie bemerkten, welche abscheulichen Taten der Kaiser ihnen befahl. Sie zogen es vor, sich unserer Vereinigung anzuschließen. In der Vergangenheit versuchten wir immer, in friedlichen Demonstrationen ein Umdenken des Regimes zu ermöglichen. Wie sich leider zeigt, ohne großen Erfolg. Seit kurzem lässt der Kaiser seine Sicherheits-Garde gnadenlos gegen uns vorgehen. Vermutlich will er uns endgültig aus dem Weg räumen.«

Er blickte die Amazone an.
»War das auf Natrid nicht der Fall?«, fragte er. »Sie sind hier und möchten dem Kaiser einige Fragen stellen. Deshalb vermute ich das gleiche Verhalten von ihm Kaisers in der alten Welt.«

Die Amazone dachte nach.
»Ich habe nie so richtig hierüber nachgedacht«, antwortete Lorin. »Der Kaiser hat mir und meiner Truppe Befehle erteilt, die von hoheitlichem Interesse für das natradische Imperium waren. Wir haben funktioniert und die Regimegegner beseitigt. Leider muss ich heute sagen, haben wir nie die Gegenseite hören können. Ich kann nicht ausschließen, dass Kaiser Quoltrin-Saar-Arel uns für seine Zwecke missbraucht hat.«

»Erst als ihr letzter Auftrag nicht umsetzbar war, fingen sie an weitere Fragen zu stellen?«, erkundigte sich der Admiral.

Lorin nickte.
»Das ist meine Schuld«, antwortete sie. »Der Kaiser war für mich und meine Getreuen eine Gestalt, die als unantastbar galt. Er war schon immer da und leitete unser

Imperium. Fragen bezüglich seiner Befehle stellten wir nicht. Wir nahmen seine Aufträge als wichtige Missionen für das gemeinschaftliche Imperium hin.«

Der Admiral schüttelte seinen Kopf.
»Vermutlich bemerkte der Kaiser bereits, dass sie anfingen seine Befehle zu hinterfragen?«, entgegnete Admiral Rings-Stan.» Ihm wurde klar, dass er sich nicht mehr auf sie verlassen konnte. Er entschied sich dafür, sich seiner Amazonen zu entledigen.«

»Das glaube ich nicht«, bemerkte die Amazone. »Wir hatten ihm bis zu diesem Zeitpunkt immer treu gedient.«

»Legen sie endlich ihre Naivität ab«, antwortete der Admiral ernst. »Der Kaiser geht über Leichen. Warum sollte er seine Einstellung mit dem Übergang in die Fluchtwelt Redartan geändert haben. Er hat sein altes Imperium bereits als besiegt angesehen, als er rechtzeitig mit seinem kaiserlichen Gesindel ihr System verlassen hat. Ist das nicht Grund genug, ihn zu verdammen?«

»Das werde ich ihn selbst fragen«, erwiderte Lorin. »Nur deswegen habe ich überlebt, um ihn zur Rechenschaft zu ziehen. Betrachten sie es als Vorsehung.«

»Sie werden den Kaiser ebenso wenig aus dem Weg räumen können, wie wir es auch jahrelang nicht geschafft haben«, antwortete der Admiral. »Seine Sicherheits-Garden sind zu mächtig. Jeder Putschversuch wird bei dem ersten Aufbäumen niedergekämpft. «

»Warten wir es ab«, lächelte die Amazone. »Sie werden sterben und bedeutungslos werden«, entgegnete der Admiral. »Wie so viele Redartaner vor ihnen. Glauben sie mir, auch wir wollten das kaiserliche Regime abzuschaffen. Falls es uns irgendwann gelingen sollte, dann werden wir eine Republik ausrufen. Erst dann können alle Redartaner frei aufatmen. «

Jahol-Sin erwachte aus seiner Starre.
»Ich messe geringe Spuren von Ortungsstrahlen«, teilte er mit. »Jemand ist auf der Suche nach uns? «

Der Admiral wurde hektisch.
»Die Gleiter tarnen«, befahl er seinen Leuten. »Man ist auf der Suche nach uns. Alle Personen gehen sofort in die unteren, abgesicherten Bereiche unseres Versteckes. Es kann sein, dass wir Besuch bekommen. «

Die Widerständler liefen mit den letzten Kisten und Sacken in das Gebäude. Die Tarnung des Gleiters wurde aktiviert. Er war nicht mehr zu erkennen. Die Pforte der

Halle wurde geschlossen. Nichts deutete mehr auf das Versteck des Widerstandes hin.

»Da unten sind sie«, flüsterte Ortungsoffizier Leutnant Groß. »Sie schleppen die erbeuteten Kisten und Säcke in die heruntergekommene Halle.

Captain Hunter nickte.
»Wir haben ihr Versteck gefunden«, lächelte er. »Lorin und ihr Roboter stehen auch dabei. «

»Die Abtaststrahlen auf ein Minimum reduzieren«, befahl der Captain. »Sie sollen uns nicht entdecken.

»Ihre Technik hängt hinter unserer zurück«, lächelte der 1. Offizier. »Unsere Tarnung ist auf ihren Instrumenten nicht messbar. «

»Trotzdem sollten wir nichts dem Zufall überlassen«, antwortete John Hunter.

Er blickte zu seinem Steuermann.
»Leutnant Seeger, landen sie den Jet auf dem freien Platz seitlich des Gebäudes«, befahl der Captain. »Wir versuchen zu Fuß an Lorin heranzukommen. «

»Ich gehe in die Landung über«, bestätigte der Steuermann.

»Gegebenenfalls vernichten wir den Protokoll-Roboter, falls er nicht auf unsere Befehle reagiert«, ergänzte der Captain.

Vorsichtig setzte der Jet auf. Captain Hunter, Leutnant Graves und Leutnant Spader sprangen heraus und schlichen auf die Pforte der Halle zu. Dort standen Lorin, ein Redartaner und der Protokoll- Roboter. Die Individual-Schirme und die Tarnfelder der Taja's waren aktiviert. Vorsichtig schlichen die Schatten des Neuen-Imperiums auf ihr Ziel zu.

»Stopp«, flüsterte John. »Hören wir erst einmal zu, was sie reden. «

Die drei Personen drehten ihren Geräuschabtaster auf die größte Stufe.

»Legen sie ihre Naivität endlich ab«, hörten sie den Redartaner sprechen. »Der Kaiser geht über Leichen. Warum sollte er seine Einstellung mit dem Übergang in die Fluchtwelt Redartan geändert haben. Er hat sein altes Imperium bereits als vernichtet angesehen, als er rechtzeitig mit seinem kaiserlichen Gesindel ihr System verlassen hat. Ist das nicht Grund genug, ihn zu verdammen?«

»Das werde ich ihn selbst fragen«, sagte Lorin. »Nur deswegen habe ich überlebt, um ihn zur Rechenschaft zu ziehen. Betrachten sie es als Vorsehung. «

»Sie werden den Kaiser ebenso wenig aus dem Weg räumen können, wie wir es auch jahrelang nicht geschafft haben«, antwortete der Redartaner. »Seine Sicherheits-Garden sind zu mächtig. Jeder Putschversuch wird noch in den Anfängen niedergekämpft. «

»Warten wir es ab«, lächelte die Amazone.

»Sie werden sterben und bedeutungslos werden«, entgegnete der Gesprächspartner. »Wie so viele Redartaner vor ihnen auch. Sie können mir glauben, auch wir wollten das kaiserliche Regime abzuschaffen. Falls es irgendwann gelingen sollte, werden wir eine Republik ausrufen. Erst dann können alle Redartaner frei aufatmen. «

Jahol-Sin erwachte aus seiner Starre.
»Ich messe geringe Spuren von Ortungsstrahlen an«, teilte er mit. »Jemand ist auf der Suche nach uns? «
Der Admiral wurde hektisch.

»Die Gleiter tarnen«, rief er seinen Leuten zu. »Man ist auf der Suche nach uns. Sofort alle in den unteren, abgesicherten Bereich unseres Versteckes. Es kann sein, dass wir Besuch bekommen. «

»Sie haben irgendetwas bemerkt«, flüsterte Captain Hunter. »Wir müssen geräuschlos durch die Pforte, bevor sie geschlossen wird. «

»Halten sie das für gut? «, fragte der 1. Offizier. » Wir sitzen dann förmlich in der Falle. «

»Es sind nur wenige Personen hier«, erwiderte der Captain. »Was sollen sie uns anhaben können. Folgt mir bitte in einem kurzen Abstand. «

Ohne ein Geräusch abzugeben, tastete sich das Team von Captain Hunter vor. Niemand bemerkte ihr Eindringen. Innerhalb der Halle warteten die drei Personen in einer dunklen Ecke.

»Das Tor wird geschlossen«, flüsterte der Captain.
Sie sahen, wie Lorin, ihr Begleiter und Jahol-Sin schnell in den hinteren Bereich der Halle verschwanden.

»Wir folgen ihnen«, entschied der Captain. »Jetzt wo wir einmal hier sind, können wir auch inspizieren, was es mit dieser Halle auf sich hat.«

Vorsichtig folgten die drei Offiziere den Beobachteten. Im hinteren Bereich der Halle wurde eine große Treppe sichtbar. Diese schritten Lorin und ihre Begleiter hinunter. Captain Hunter sah sich um.

»Extrem dicke Häuserwände«, sagte er. »Sie sind mit Abschirmungs-Platten ausgestattet. Hier dringt kein Ortungsstrahl durch.«

Die Gruppe des Neuen-Imperiums tastete sich die Stufen der langen Treppe nach unten. Auch hier wurde wieder ein Labyrinth von Gängen erkennbar.

»Wo sind sie hin?«, fragte Leutnant Graves. » Welchen Weg haben sie genommen?«

Captain Hunter schüttelte seinen Kopf.
»Keine Ahnung«, antwortete er. »Wir werden uns auftcilen.«

»Ruhe«, flüsterte Leutnant Spader. »Da ist etwas. Ich höre Stimmen.«

Jetzt konnte es auch Captain Hunter und Leutnant Graves hören.

»Es sind Jubel-, oder Beifallrufe«, antwortete der Captain. »Dort scheinen mehrere Personen zu sein. «

»Es kommt aus dem rechten Gang«, teilte Leutnant Spader mit.

»Wir schauen uns das an«, entschied Captain Hunter. »Vielleicht gibt es eine Möglichkeit die Amazone zu ergreifen. «

Langsam schlichen sie vor. Nach einigen Schritten kamen sie zu einer weiteren geschlossenen Türe. Aus ihrem Inneren drangen die Stimmen.

»Wenn ich die Türe aufstoße, schlüpfen wir sofort durch und positionieren uns an der linken Wand«, befahl der Captain. »Alle bereit?«

Seine Begleiter nickten kurz.

Der Captain griff nach dem Riegel und riss die Türe auf. Für Außenstehende schien es so, als ein Windzug den Flügel der Türe aufgeweht hätte.

Die Männer huschten geräuschlos durch und blieben an der linken Wand stehen. Grelles Licht blendete sie. Sie hielten den Atem an. Der Raum entpuppte sich als eine weitere unüberschaubare Halle. Breite Stufen liefen abwärts. Die Halle schien früher als Montagehalle für Raumschiffe genutzt worden zu sein. Ihre Ausmaße waren immens. Sie war in ihrer Ausdehnung fast vergleichbar mit einem kleinen Fußballstation.

Kein Ton kam über die Lippen der getarnten Offiziere. Ihre Augen formten sich zu schmalen Schlitzen. Unter ihnen befanden sich mindestens 3.000 jubelnde Redartaner. Lorin und ihre Begleiter standen in der Mitte dieser Gruppe. Für die drei Offiziere des Neuen-Imperiums zu weit entfernt, um sie ergreifen zu können.

»Ich bin Admiral Rings-Stan«, sagte der Redartaner. »Ihr alle kennt mich. Dank der Hilfe unseres Gastes, der Amazone Lorin, gelang es unserem heutigen Einsatz-Team ein Waffendepot der redartanischen Flotte zu plündern. Wir können ab sofort alle Widerstandskämpfer mit modernen Waffen ausrüsten.«

Beifall wurde laut. Jubelnde Schreie und Rufe hallten durch den Saal.

Der Admiral hob seine Hände.

»Ab sofort beginnt eine neue Phase unseres Widerstandes«, verkündete er. »Viel zu lange wurden unsere gewaltlosen Demonstrationen mit den Füßen getreten. Die kaiserliche Kaste, an deren Spitze unserer geliebter Monarch Quoltrin-Saar-Arel sein Unwesen treibt, hat uns den Krieg erklärt. Viele von euch waren bei unserer letzten Veranstaltung zugegen. Ihr alle habt erkannt, dass die kaiserlichen Sicherheits-Garden keine Gnade mehr zeigten und mit scharfen Waffen nach unserem Leben trachteten. Auch wir sind Redartaner, die auf diesem Planeten geboren sind. Er will uns das Recht absprechen Veränderungen durchzuführen.«

Schreie wurden laut. Wüstende Stiefeltritte ertönten im Saal. Die Personen ließen ihren Unmut hiermit heraus. Wieder hob der Admiral seine Hände in die Luft.

»Ihr habt Recht«, antwortete er. »So geht es nicht mehr weiter. Mit Hilfe der Amazone werden die Kaiser Quoltrin-Saar-Arel stürzen und eine Republik ausrufen lassen. Nur so ist die Freiheit und Selbstbestimmung für alle Redartaner gewährleistet.«

Lauter Jubel quoll an. Die Geräuschkulisse wurde immer hitziger.

»Hört meinen Stellvertreter Lord Gyron-Zirn an«, sagte der Admiral. »Er ist mit den neuesten Informationen unserer Agenten zurückgekommen. Hört ihm bitte zu.«

Alle Zwischenrufe verstummten, die Geräuschkulisse ebbte ab.

»Es gibt neue Informationen«, teilte der Lord mit. »Es braut sich bereits etwas zusammen. Einige dieser Informationen stammen von unseren Spionen, die in der Verwaltung des Kaisers tätig sind. Sie teilen uns mit, dass der Regent außer sich ist. Er sucht nach einem Schuldigen für die Vernichtung der Hälfte seiner Heimat-Flotte. Der Angriff der fremden Rasse konnte zwar aufgehalten werden, jedoch musste die kaiserliche Flotte schwere Verluste einstecken. Er gibt dem redartanischen Flotten-Oberkommando die Schuld. Der kommandierende Admiral Tarn-Lim wurde mit all seinen Offizieren des Amtes enthoben. Sie sollen öffentlich hingerichtet werden.«

Der Lord blickte die Widerstandskämpfer an.
»Doch der Admiral des Flotten-Oberkommandos ist ein weitsichtiger und erfahrener Offizier«, ergänzte er. »Er sah die Entscheidung des Kaisers bereits kommen. Als Lord Grun-Baris, der Kommandeur des redartanischen Geheimdienstes die Offiziere festnehmen wollte, waren

sie bereits geflüchtet. Der Admiral und seine Offiziere werden Beweise für ihre Unschuld suchen. Vermutlich wollen sie den Kaiser öffentlich kompromittieren, dass er keine andere Wahl hat, als sie wieder in ihr Amt.«

Wieder ließ Lord Gyron-Zirn eine kurze Pause vergehen. »Wir haben versucht Funk-Kontakt mit dem Admiral herzustellen«, fuhr er fort. »Leider ohne Erfolg. Wir konnten seine Spur nicht finden. Auch er wird sicherlich daran interessiert sein den Kaiser abzusetzen. Die Offiziere des Flotten-Oberkommandos könnten eine wichtige Unterstützung für uns sein. Auch was die geheime Planung der kaiserlichen Kaste anbelangt. Doch wir konnten sein Versteck nicht ermitteln. Sie sind, wie vom Erdboden verschwunden.«

»Admiral Tarn-Lim wird sicherlich über die neuesten Informationen verfügen, bezüglich des Sicherheits-Protokolls in der kaiserlichen Pyramide«, bemerkte Lorin. »Auch aus diesem Grunde wäre es hilfreich, Kontakt zu ihm aufzunehmen.«

»Wir wissen nicht, wo er sich versteckt«, antwortete Admiral Rings-Stan. »Wir haben mündliche Hinweise verstreut, dass wir gerne mit ihm sprechen würden. Viele Hilfs-Gruppen, die uns Widerstandskämpfer unterstützen, streuten diese Meldung in Bars,

Freizeiteinrichtungen, Sportanlagen, oder in dunklen Wohngebieten aus. In allen Etablissements, in denen vermutet wurde, dass sich dort Offiziere des Flotten-Oberkommandos aufhalten könnten. Aber wir müssen auch vorsichtig sein. Der redartanische Geheimdienst hat seine Fühler ausgestreckt und sucht nach dem Admiral und seinen Leuten.

Die Maschinerie der kaiserlichen Administratur ist angelaufen. Mit ihr ist nicht zu spaßen. Sie verfügt über viele Informationsquellen. Nicht alle sind uns bekannt. Lord Grun-Baris, der sadistische Kommandeur des Geheimdienstes steht täglich stärker unter Druck. Der Kaiser erwartet Resultate von ihm. Falls unsere Leute ihm in die Fänge gehen, werden sie bis zu ihrem Tode gefoltert. So lange, bis der Lord Antworten auf seine Fragen bekommen hat. Ihm ist das Leben eines Redartaner nichts wert.«

»Nieder mit dem Regime«, riefen einige der Widerstandskämpfer. »Wir mussten lange genug die Feindseligkeiten der Kaste ertragen.«

»Sprecht ihr für alle Redartaner?«, fragte Lord Gyron-Zirn laut. » Wisst ihr, ob andere Redartaner unser Vorgehen befürworten?«

»Nein«, schrien wieder andere. »Doch viele redartanische Familien haben ihre Söhne und viele Angehörige verloren. Sie alle dienten treu und ergeben unserem Kaiser. Für seine Feldzüge haben sie sich aufgeopfert. Die Angehörigen wurden von ihm niemals entschädigt. «

»Das meine ich«, sagte der Lord. »Den Kaiser interessiert nur sein eigener Erfolg. Wir sind nichts anderes als seine Sklaven. «

Wieder jubelte die Menge und ereiferte sich.
»Der Kaiser muss abdanken«, forderten sie. »Wir sind seiner Macht überdrüssig. «

Lord Gyron-Zirn hob seine Hände.
»Hört zu, was ich euch anbiete«, sagte er. »In zwei Tagen wird sich der Kaiser auf der Plattform seiner Pyramide zeigen und zu einer ausgesuchten Gruppe von Redartanern sprechen. Wie unsere Informanten berichten, wird er die Offiziere des Flotten-Oberkommandos offiziell eines imperialen Verrates bezichtigen und ihre Exekution fordern. Es kommt ihm nicht in den Sinn, dass unser Flotten- Oberkommando die Welt vor Schlimmerem bewahrt hat. Die fremden Aggressionen besitzen eine Technik, mit der sie ganze Flotten von Verteidigungs-Schiffen sprengen können. Wir haben es hier erstmals mit einem gleichwertigen Gegner,

wenn nicht noch mit einem uns überlegenen Gegner zu tun.

Uns fehlen die exakten Daten, um mehr von dem Angriff berichten zu können. Das ist der Zeitpunkt, an dem wir zuschlagen werden. Noch nie ist eine Ansprache des Kaisers zu dem redartanischen Volk gestört worden. Die kaiserliche Kaste rechnet nicht hiermit.«

»In unserem Besitz befinden sich fünf Kampf-Gleiter des Sicherheits-Dienstes«, lächelte der Lord. »Mit ihnen werden wir, während der Ansprache des Kaisers, einen Angriff auf seine kaiserliche Pyramide fliegen. Dieser Angriff wird eine Ablenkung sein. Die kaiserliche Kaste wird irritiert sein. Sie wird ihrem Sicherheits-Personal befehlen, umfassende Abwehrmaßnahmen einzuleiten. Nach unserer Einschätzung werden die vor der Pyramide stationierten Kampfgleiter mit ihrem diensthabenden Personal bemannt werden, um uns aus dem Luftraum zu verjagen. Wenn sie Gleiter aufgestiegen sind, verfügt der Sicherheits-Dienst am Boden nur noch über die Hälfte ihres Personals. Das ist der Zeitpunkt unseres Angriffes.«

Lord Gyron-Zirn wartete einen Augenblick und schaute in die irritierten Gesichter.

»Macht euch keine Sorgen«, erklärte er. »Wir haben aus dem großen Depot der redartanischen Flotte exakt 10.000 neue Schutzanzüge erbeutet. Diese sind alle mit einem Individual-Schirm und einem Tarnfeld ausgestattet. So modern ausgerüstet nähert ihr euch getarnt einer vorgegebenen Position. Ihr könnt von den Sicherheitskräften nicht ausgemacht werden. Ihre Ortungs-Sensoren registrierten kein aktiviertes Tarnfeld.«

Jubel brach aus. Immer lauter werdende Schreie hallten durch den Raum.

»Beruhigt euch«, bemerkte der Lord. »Alle Einsatzkräfte bekommen ein Laser-Gewehr und eine moderne Pistole der Flotte. Hiermit sollte es euch gelingen, den Sicherheits-Dienst der Pyramide zu überwältigen. Es werden lediglich Paralyse-Strahlen eingesetzt. Wir begeben uns nicht auf die gleiche Stufe, wie die Soldaten des Kaisers.«

Lauter Jubel brach aus. Viele Redartaner klatschten Beifall.

»Was machen wir mit dem Kaiser, falls er uns die die Fänge gerät?«, fragte einer der Widerstandskämpfer. »Er hat den Tod verdient.«

»Haltet euch an die Befehle«, befahl Admiral Rings-Stan. »Der Kaiser wird die restliche Zeit seines Lebens in einer redartanischen Zelle verbringen. Vorher soll die Amazone ihn noch befragen. Sie wird von ihm Antworten erwarten, warum er vor 100.000 Jahren ihre 500 Kämpferinnen in den Tod befohlen hat. «

Eisige Stille breitete sich aus. Lorin trat vor.
»Ich verspreche euch eines«, sagte sie. »Falls er Kaiser keine logischen Antworten parat hat, wird sein Leben in diesem Moment durch meine Klinge enden. Das bin ich meinen Getreuen schuldig. «

Zustimmendes Rufe hallten durch die Halle.

»Meine Befehle gelten auch für die Amazone«, bemerkte der Admiral aufgebracht. »Falls sich der Kaiser durch den Einsatz von Waffengewalt einer Gefangennahme entziehen möchte, ist ein Gegenfeuer auf ihn gestattet. Falls er in diesem Gefecht sein Leben verliert, dann können wir es nicht verhindern. Doch der Widerstand wird nicht als erste Gruppe zur Waffe greifen. «

Tosender Beifall hallte durch den Saal.
Lord Gyron-Zirn hob seine Hände.

»Informiert unsere Leute«, sagte er. »Der Zeitpunkt ist gekommen. Wir werden unsere ganze Stärke demonstrieren. Dieser Einsatz darf nicht umsonst sein. Zu viel steht für uns auf dem Spiel. Das meine Freunde, wird hoffentlich unsere finale Schlacht werden.«

Erneut schrien die Widerstandskämpfer ihre Freude heraus. Lange genug hatten sie diesen Zeitpunkt herbeigesehnt.

Captain Hunter und seine Begleiter hatten genug gehört. Vorsichtig schritten sie zur Türe zurück und stießen sie auf. Schnell schlüpften sie hindurch. Ein Redartaner bemerkte das Aufschlagen der Türe und schritt auf sie zu. Er wollte sie schnell schließen. Niemand hatte den Besuch der drei Offiziere des Neuen-Imperiums bemerkt. Mit eiligen Schritten eilten die Offiziere zu dem Ausgang der Halle zurück. Captain Hunter öffnete vorsichtig die Pforte und blickte hinaus. Nichts war zu sehen. Die Offiziere liefen ins Freie. Leutnant Graves schloss sie hinter dem Team wieder. In dem Tarin-Jet warteten bereits die restlichen Personen der Cuuda 001. Das Team sprang durch den geöffneten Schott. Erwartungsvoll blickten die wartenden Offiziere ihre Freunde an.

»Hier ist nichts zu machen«, teilte der Captain mit. »Die Amazone hat bereits 3.000 Widerstandskämpfer um sich geschart. Sie konnte von uns nicht gefasst werden. Wir werden uns eine andere Vorgehensweise ausdenken müssen. Zurück zum Stützpunkt, wir werden dem General den Sachverhalt berichten. Ein geplanter Angriff auf den Kaiser erfolgt in zwei Tagen. Unsere Amazone hat sich mit dem Widerstand verbündet.«

Leutnant Seeger aktivierte die Triebwerke und hob den Gleiter von dem Boden ab. Sanft beschleunigte er auf den Bergrücken, vor der Stadt zu.

***

Major Travis, Heran, Commander Brenzby, Sirin und Heinze staunten nicht schlecht, als ihnen General Poison den Brückenkopf auf Redartan zeigte. Er informierte das Team der Termar 1, über den geheimen Fluchtweg von Kaiser Quoltrin-Saar-Arel. Über die installierten Monitore konnte Major Travis die große Stadt, unterhalb des Berges erkennen. Zahlreiche Großraumschiffe starteten.

»Das sind Schiffe einer 5.000 Meter-Klasse«, bemerkte der Major. »Die geflüchteten Natrader haben sich technisch weiterentwickelt.«

»Das mag so aussehen«, antwortete der General. »Doch von unseren Gästen haben wir erfahren, dass die

Redartaner, so nennen sie sich seit ihrem Umzug auf die Fluchtwelt, keine großen technischen Entwicklungen mehr gemacht haben.«

Heran blickte den General irritiert an.
»Ihnen fehlten einfach die geistigen Genies, wie Marin und Gareck es sind«, ergänzte der Oberbefehlshaber der EWK. »Selbst ihre Schutzschirme sind unseren unterlegen. So viel wissen wir schon. Sie wurden zwar modifiziert, konnten aber keine Leistungssteigerung zulegen.«

»Mit diesen Aussagen wäre ich vorsichtig«, entgegnete Sirin. »Das kaiserliche Imperium ist immer für Überraschungen gut.«

Major Travis und Heran blickten auf den Monitor. Er zeigte die Außenbilder an.

Sie blickten in ein grünes Tal hinab, in der die große Stadt lag. Sie lag eingebettet in einer Parklandschaft. Hügel mit grünen Wiesen waren zu sehen. Diese wurden von Wäldern unterbrochen, die an hohe Nadelbäume erinnerten. Ein Stück weiter schienen Birken und Kastanien zu blühen. Dann wurden Felder sichtbar, auf denen Blumen und andere Gewächse wuchsen. Flüsse und Seen rundeten das Bild ab. Vorderseitig der Stadt war eine Hafenanlage zu sehen. Der Fluss mundete weit am Horizont in ein Meer. Die zahlreichen Hochhäuser wiesen überwiegend runde Dächer auf. Die Offiziere der Termar 1 konnten auch einige Türme erkennen, die an ihrer Oberseite mit einem Flachdach abschlossen.

Die Staunenden konnten die Vielzahl der Hochbauten nicht ermessen. Sie alle waren um ein pyramidenförmiges Gebilde gebaut, auf dem die Fahnen von Kaiser Quoltrin-Saar-Arel wehten. Unzählige Raumschiffs-Verbände befanden sich in der Luft, weitere Staffeln von Kampf-Jets starteten, hoben von den Landezonen ab und donnerten dem Himmel entgegen.

»Das sind eindeutig die kaiserlichen Fahnen meines Onkels Quoltrin-Saar-Arel«, bestätigte Sirin. »Der Sarchek hat sich tatsächlich über die Zeit gerettet. Ich möchte ihm eigentlich nicht begegnen. Es kann sein, dass ich ihn auch zur Verantwortung ziehen möchte?«

»Was ist ein Sarchek?«, fragte der General.

Sirin lächelte Ihn an.
»Entschuldigen sie bitte«, antwortete sie. »Das ist ein alter natradischer Ausdruck. Ich habe ihn lange nicht mehr benutzt. Hiermit wird ein widerwertiger und hinterhältiger Natrader bezeichnet.«

»Ich verstehe«, antwortete der General. »Ihr Kaiser scheint sich im Laufe der Jahre viele Feinde gemacht zu haben.«

Major Travis sah sich in der Höhle um. Sie schien unendliche Ausmaße zu haben. Es wimmelte von jeder Menge EWK-Technikern. Sie wussten scheinbar, dass die Zeit drängte. Zahlreiche Marines unterstützten die anwesenden Kampf-Roboter und entluden neue Gerätschaften.

General Poison bemerkte den Blick des Majors.
»Die Station ist betriebsbereit«, bemerkte er. »Wir sind für alle Eventualitäten gewappnet. Alle Abwehr-Anlagen sind einsatzbereit, ebenso unsere Raketen-Systeme.«

»Gute Arbeit«, lächelte Heran. »Wir hätten es nicht besser machen können.«

»Der ganze Aufwand für eine Amazone?«, fragte Commander Brenzby. »Hätte nicht ein spezielles Greif-Kommando ausgereicht.«

Der General schien kurz vor dem Explodieren.
»Sie sind gar nicht in der Position, sich hierüber Gedanken machen zu müssen«, schrie er den Commander an. »Ihre

Aufgabe ist es, ein Raumschiff zu führen. Wir sind hier auf einer neuen Welt. Sie wurde von geflüchteten Natrader besiedelt. Wissen sie denn, was uns bei einem Erstkontakt mit ihnen passieren kann. Wir werden nicht so einfach in eine Falle tappen und unsere Leute zurücklassen. «

»Ist ja gut«, erwiderte der Commander. « Ich wolle ihnen nicht auf den Schlips treten. «

»Das können sie gar nicht«, beruhigte sich der General.

»Wie geht es jetzt weiter? «, unterbrach Major Travis die hitzige Diskussion.

Bevor der General jedoch antworten konnte, kam der Funk-Offizier des Stützpunktes auf ihn zugelaufen.

»General Poison«, sagte er. »Wir haben eine Meldung von Captain Hunter erhalten. «

»Welche Info gibt er durch? «, fragte General Poison. »Hat er die Amazone eingefangen? «

Der Funk-Offizier schüttelte seinen Kopf.

»Er kommt zurück zum Stützpunkt und erwartet neue Anweisungen«, antwortete der Offizier. »Leider hat er keine Gelegenheit gefunden, die Amazone allein anzutreffen. Er hat wichtige Neuheiten.«

»Verdammt«, fluchte der General. »Das wird schwieriger als erwartet.«

Er blickte die Gäste der Termar 1 und Heran an. »Folgen sie mir in den unteren Bereich der Höhle«, befahl er. »Dort werden wir den Captain empfangen.«

Ohne weitere Antworten abzuwarten, drehte er sich um und lief voraus. Die Gäste folgten ihm schweigend. Eine lange, breite Treppe führte in den unteren Bereich der Felsenbasis. Auch hier waren zahlreiche Gerätschaften aufgebaut.

»Hier befindet sich der Gleiter-Einflugbereich«, erklärte der General.

Rotes Licht schaltete sich an. Ein durchdringender Signalton hallte durch die Höhle.

»Achtung, einfliegender Jet«, meldete der Ortungs-Offizier. »Alle Techniker verlassen den markierten Landebereich. »Achtung, einfliegender Jet. Alle Techniker verlassen den markierten Landebereich.«

Sekunden später schälte sich der experimentelle Tarin-Jet durch den Felsen und setzte punktgenau auf der Lande-Markierung auf. Der Schott öffnete sich und das Team der Cuuda-001 sprang heraus.

Schnellen Schrittes kam Captain Hunter auf den General zugeschritten.

Er salutierte vorschriftsmäßig und nickte Major Travis und seinem Team zu.

Die etwas zu lässige Art des Captains war bereits hinreichend in der Flotte bekannt.

»Fehlanzeige«, sprach er General Poison an. »Wir konnten die Amazone nicht ergreifen, ohne einen Bürgerkrieg anzuzetteln.«

»Werden sie deutlich?«, schellte ihn der General. »So schwierig kann es nicht gewesen sein?«

»Leider doch«, erwiderte der Captain. »Die Amazone hat bereits über 3.000 Widerstandskämpfer um sich versammelt. Sie planen ein Attentat auf den redartanischen Kaiser. Bei dieser Gelegenheit wird Lorin ihn befragen. Falls er falsche Antworten geben sollte, wird die Amazone sein Leben beenden.«

»Mir scheint, dass die Situation kurz vor dem Eskalieren steht«, beteiligte sich Major Travis an dem Gespräch. »Was wir auf keinen Fall brauchen, ist ein Krieg mit irgendwelchen geflüchteten Natradern.«

Er blickte sein Team an.
»Ich möchte mit unseren Gästen reden«, sagte er schließlich. »Sie sollen mir ein exaktes Bild vermitteln, wie der Kaiser sein System führt. Bringen sie uns bitte zu ihnen.«

Sein Blick schweifte zu Captain Hunter.
»Sie begleiten uns Captain«, befahl er. »Erst nach weiteren Erkenntnissen planen wir einen erneuten Zugriff.«

»Zu Befehl, Herr Major«, antwortete John Hunter trocken.

Er wusste, dass er bei Major Travis besser keine Widerworte geben sollte.

Der General nickte.
»Folgen sie mir bitte«, entgegnete er. »Wir müssten zur Atlantis-Basis. »Dort haben wir unsere Gäste untergebracht.«

Major Travis drehte sich Commander Brenzby und Heran zu.

»Darf ich euch um einen Gefallen bitten?«, fragte er.

Heran lächelte ihn an.
»Ich kann mir schon denken, was jetzt kommt«, antwortete er. »Wir sollen Unterstützung holen.«

»Ganz genau«, schmunzelte der Major. »Startet mit deinem Evolutions-Schiff und initiiert einen Wurmloch-Tunnel nach Sira. Bittet Admiral Dragphan mit einem engen Vertrauten euch zu begleiten. Sagt ihm, ihr kommt auf den ausdrücklichen Wunsch von mir. Das Neue-Imperium braucht erstmalig seine Hilfe.«

»Ich habe verstanden«, antwortete Heran. »Wir machen uns sofort auf den Weg.«

»Commander Brenzby begleitet dich«, ergänzte der Major. »Admiral Dragphan kennt ihn als meinen Vertrauten. Er wird deine Angaben bestätigen. Beeilt euch bitte, die Zeit drängt.«

Unter der Führung von General Poison schritt die Gruppe in die obere Höhle. Der General gab ein Zeichen den

Transmitter-Wurmloch-Generator zu öffnen. Nach einer kurzen Abstimmung, dass von der Gegenseite kein Transport erfolgte, trat die Gruppe in den künstlichen Horizont.

Atlanta staunte über den unerwarteten Besuch auf ihrer Basis. Als Major Travis sie informierte, dass weitere Fragen an ihre Gäste zu richten wären, begleitete sie die Personen in den gesperrten Bereich ihrer Basis.

»Wir haben den Flüchtlingen großzügige Quartiere zugeteilt«, sagte sie. » Sie sind dankbar und halten sich an unsere Anordnungen. Die Redartaner sind einfach nur froh, der Verfolgung durch ihren Geheimdienst entkommen zu sein. «

»Wie heißt ihr kommandierender Offizier? «, erkundigte sich der Major.

»Das ist Admiral Tarn-Lim«, antwortete Atlanta. »Er war der Kommandeur des redartanischen Flotten-Oberkommandos ihres Sternen-Systems. «

»Warum mussten sie flüchten? «, fragte Major Travis. »Wir sind gerade erst von einer Mission zurückgekommen. Uns fehlen eigentlich noch alle Hintergrund-Informationen. «

»Das kann ihnen der Admiral gleich selbst erklären«, erwiderte Atlanta. »Durch einen Angriff einer fremden Species auf ihr System, wurde die Hälfte der redartanischen Raumflotte vernichtet. Der Kaiser gibt dem Admiral die Schuld. Doch ohne seinen vehementen Einsatz wäre es noch weit schlimmerer gekommen. Er hat einen Gefangenen dieser fremden Rasse dabei. Anscheinend handelt es sich ebenfalls um einen Überläufer. Jedenfalls versorgt dieser Fremde den Admiral mit Informationen. Sie haben ihn mitgebracht, weil der redartanische Geheimdienst ihn foltern, ermorden und dann sezieren wollte.«

Major Travis schaute Atlanta an.
»Das sind ja Methoden aus dem Mittelalter«, entgegnete er. »Die Redartaner sollten doch eigentlich moderne Mittel haben, um Gefangene zum Reden zu bringen.«

»Wir sind angekommen«, sagte Atlanta.

Vier Elite-Soldaten bewachten den Eingang zu dieser separaten Sicherheits-Etage der natradischen Groß-Basis.

Die diensthabenden Soldaten salutierten, als sie Atlanta mit ihren Gästen eintreffen sahen.

Die Kommandeurin der Basis gab den Gruß zurück.
»Status? «, fragte sie.

»Alles ruhig«, antwortete ein Soldat. »Unsere Kollegen in dem inneren Sicherheitsbereich informieren uns jede halbe Stunde. Es gibt keine besonderen Vorkommnisse. «

»Danke«, antwortete Atlanta. »Ihr leistet eine gute Arbeit. Bitte öffnen sie uns den Schott«.

Der Offizier nickte trat zur Seite und gab seinen Code in die Tastatur an der Wand ein. Zischend sprang der Schott auf und gab den Blick in die innere Etage frei.

Jede fünf Schritte stand ein Marine und ein Kampf-Roboter und hielten Wache. Ihre Waffen lagen entsichert ihn ihren Armbeugen. Atlanta hatte die Etage der redartanischen Gäste nach den höchsten Sicherheitsbestimmungen ausgerichtet.

»Wir möchten zu Admiral Tarn-Lim«, sprach sie den kommandierenden Sergeant der Marines an.

Der nickte mit einem grimmigem Gesicht.
»Folgen sie mir«, erwiderte er. »Der Admiral und sein Stellvertreter befinden sich bei dem blauen Gefangenen.«

Er drehte sich um und schritt in die Mitte des Flurs. Hier blieb er stehen und drehte sich zackig nach links. Der Sergeant klopfte an der Türe. Dann gab er seinen Code in das Türschloss ein. Er öffnete sie und schickte zuerst zwei Kampf-Roboter hinein, welche die Situation klären sollten. Einer der Roboter nickte ihm zu.

»Der Raum ist gesichert«, meldete der blechern. »Sie können eintreten. «

Fünfzehn Minuten vorher

Admiral Tarn-Lim, der Befehlshaber des redartanischen Flotten-Oberkommandos, Commodore Run-Lac, sein Stellvertreter und Commander Niras-Tok betraten die separate Unterkunft des Adramelech.

Dieser saß an einem Tisch und sah sich das Fernsehprogramm der Atlantis-Basis an.

Erleichtert blickte er auf.
»Schön, dass sie mich besuchen«, freute er sich. »Langsam wird es hier langweilig. «

»Sind sie nicht froh in Sicherheit zu sein? «, erkundigte sich der Admiral. » Auf ihrer Welt und auf Redartan würden sie vermutlich nicht mehr leben. «

»Das weiß ich«, entgegnete der Gefangene. »Ich bin zwar hier in Sicherheit, doch auch von ihren Offizieren bin ich getrennt. Haben sie noch Angst vor mir?«

»Ist ihnen das zu verdenken?«, fragte Commodore Run-Lac. »Ihre Flotte hat viele unserer Schiffe zerstört. Einige unserer Offiziere hatten Angehörige auf diesen Schiffen. Sie haben beobachtet, mit welcher Leichtigkeit die Adramelech unsere Verteidigungslinien durchbrechen konnten.«

»Ihre Leute müssen verstehen, dass ich es nicht war«, hielt Adra'Metun dagegen. »Auch ich bin des Tötens überdrüssig. Unser Regent muss aufgehalten werden.«

»Wir suchen nach einem Weg«, antwortete der Admiral. »Alles hängt jetzt von dem Neuen-Imperium ab. Es ist noch nicht klar, ob sie uns überhaupt wieder auf unsere Welt zurücklassen werden.«

»Ich verstehe«, erwiderte der junge Adramelech. »Trotzdem sollten sie ihren Planeten auf den Angriff der Flotte meines Regenten vorbereiten. Er wird nicht mehr lange auf sich warten lassen.«

Commodore Run-Lac blickte Commander Niras-Tok an.
»Spüren sie schon die Anwesenheit der Fremden?«, erkundigte er sich.

Dieser schüttelte seinen Knopf.
»Wie sollte ich das«, antwortete er. »Wir sind hier nach Aussagen der Offiziere des Neuen-Imperiums, ganze 12 Millionen Lichtjahre von der East-Side des Adramelech-Systems entfernt und 300.000 Jahre in einer für uns fiktiven Zukunft.«

»Wir wissen es«, antwortete Admiral Tarn-Lim. »Das alles haben wir unserem Kaiser zu verdanken. Durch sein vergessenes, aber immer noch intaktes Artefakt, sind wir hier gestrandet.«

Niras-Tok legte seinen Kopf schräg.
»Wir bekommen Besuch«, bemerkte er. »Der General des Neuen-Imperiums führt einige Gäste zu uns. Ich kann nur seine Gedanken empfangen. Alle anderen Personen scheinen ihre Gedanken blockiert zu haben.«

»Das konnten wir Natrader nicht«, fluchte Commodore Run-Lac. »Sollten sich die Abkömmlinge von Tarid auch mental weiterentwickelt haben?«

»Sie sind da«, sagte Niras-Tok.

Es klopfte an der Türe.

Zwei schwere Shy-Ha-Narde öffneten sie und traten ein. Ihre Augen leuchteten tiefrot. Die 2.20 Meter großen Boliden musterten die Insassen.

Die Redartaner fühlten sich in ihrer Umgebung nicht wohl. Sie wussten, dass eine falsche Bewegung die Roboter zu tödlichen Kampfmaschinen machen würden.

»Ruhig verhalten«, flüsterte der Admiral. »Es sind Elite-Roboter natradischen Ursprungs. «

Einer von ihnen rief den Wartenden etwas zu.
»Der Raum ist gesichert«, meldete der blechern. »Sie können eintreten. «

General Poison trat in Begleitung von Atlanta als erste Personen ein.

»Wie geht es ihnen? «, fragte er. » Werden alle ihre Wünsche erfüllt? «

»Wir können uns nicht beklagen«, erwiderte Admiral Tarn-Lim. »Sie geben uns hier Schutz und Sicherheit. «

»Ich möchte ihnen gerne weitere Offiziere vorstellen?«, sagte der General.

Major Travis wurde von Tart 1 und Tart 2 in den Raum eskortiert. Ihnen folgten Sirin und Heinze.

Die Offiziere von Redartan blickten erstaunt auf und musterten die neuen Gäste. Insbesondere der Ro, der wie ein braunes pelziges Tier wirkte, erregte ihr Interesse. Heinze war nur 1,30 Meter groß und stolperte ungeschickt in den Raum. Seine zwei tiefschwarzen Augen musterten die Personen von Redartan.

»Darf ich ihnen Major Travis vorstellen«, sagte General Poison. »Wir haben uns bereits über ihn unterhalten. Er ist der erbfolgeberechtigte Oberbefehlshaber der vereinigten Natrid & Tarid Streitkräfte und Erhobener im Gefüge der Kaiserkaste mit Rang 1. Bestätigt und eingesetzt von Noel von Natrid im Rahmen der Nachfolgeprogrammierung von Admiral Tarin.«

Der Major salutierte auf alte natradische Art. Die redartanischen Offiziere erwiderten den Gruß. Der General zeigte auf Sirin.

»Er wird begleitet von Prinzessin Sirin, eine Überlebende des Kaisergeschlechts von Natrid«, erklärte der General. »Kaiser Quoltrin-Saar-Arel ist ihr Onkel.«

Die Gesichter der redartanischen Offiziere entgleisten. Sie verbeugten sich vor der Prinzessin.

Tart 1 und Tart 2 rückten näher. Erschreckt wichen die redartanischen Offiziere einen Schritt zurück.

»Keine Angst«, sagte Major Travis. »Das sind lediglich meine Leibwächter. Wenn sie nicht vorhaben, ihnen etwas anzutun, dann verhalten sie sich sehr ruhig.«

Admiral Tarn-Lim nickte.
»Ganz bestimmt nicht«, erwiderte er. »Tart-Roboter als Leibwächter einzusetzen, das ist ein Luxus, den sich heute nicht mal mehr unser Kaiser leisten kann. Die Konstruktions-Unterlagen sind in dem großen Krieg verloren gegangen. Auf Redartan gibt es keine Tarts mehr. Wir wissen aus unseren Archiven von ihrer Kampfkraft und von ihren besonderen Fähigkeiten.«

»Unser pelziger Freund nennt sich Heinze«, teilte General Poison mit. »Er ist ein Verbündeter einer befreundeten Rasse.« »Bezeichnen sie ihn bitte nicht als ein Tier, das mag er überhaupt nicht.«

Die Redartaner wirkten jetzt noch mehr irritiert. Sie hatten in dem Ro eine Art Haustier, oder ein Maskottchen erkannt.

Heinze hatte die Gedanken der Redartaner gelesen. Sie lagen offen vor ihm, wie ein Buch.

»Ich bin kein Haustier und kein Maskottchen«, sagte er ernst.

Die Redartaner wurden bleich.
»Er kann reden und unsere Gedanken lesen«, fluchte Niras-Tok. »Wie sollen wir uns vor ihm schützen? «

»Sie brauchen sich nicht zu schützen«, antwortete Major Travis. »Bleiben sie ehrlich zu uns und vermeiden sie es uns zu hintergehen. Wir würden es herausbekommen. «

Major Travis blickte den blauen Gefangenen an. Dieser schien belustigt zu sein, dass so viele neue Gäste in sein Quartier getreten waren.

»Das ist ein Angehöriger der Adramelech«, flüsterte Heinze Major Travis zu. »Er ist erleichtert bei uns sein zu dürfen und meint es ehrlich. Er möchte den Regenten seines Imperiums stürzen. «

Die Belustigung von Adra'Metun verschwand. Er hatte mitbekommen, dass Heinze auch seine Gedanken lesen konnte.

»Du kannst meine Gedanken lesen?«, fragte er. »Das ist bisher noch keinem Wesen gelungen. Commander Niras-Tok ist hier die Ausnahme.«

»Ich erkenne, dass du ehrliche Absichten hast und dass du uns keinen Schaden zufügen möchtest«, teilte Heinze mit. »Bleibe bei dieser Einstellung, dann hast du auch von uns nichts zu befürchten.«

»Das gilt für alle Gäste von Redartan«, sagte Major Travis. »Wir stehen zu unserem Wort.«

Die Offiziere des Flotten-Oberkommandos wirkten erleichtert.

»Ich bin hier, um ihnen Neuigkeiten zu überbringen und sie gegebenenfalls um ihre Hilfe zu bitten«, sagte der Major.

Admiral Tarn-Lim, Commodore Run-Lac, Commander Niras-Tok und der Adramelech blickten ihn an.

»Das Aufeinandertreffen unserer Rassen hat nur einen Grund«, fuhr Major Travis fort. » Dieser nennt sich Kaiser Quoltrin-Saar-Arel. Seine geheimen Machenschaften haben uns diesen Transmitter- Wurmloch-Generator entdecken lassen, welcher noch funktionsbereit war und uns zu ihrer Welt führte. In der Höhle im Berg Gonral, wo seine Gegenstelle steht, haben wir eine Amazone in einer Stasis-Kammer gefunden. Das Gerät war kurz vor dem Versagen. Wir konnten die Amazone medizinisch versorgen und sie wieder aufpäppeln. Sie erzählte uns, dass sie die letzte Überlebende einer Amazonen-Truppe war, die ihr Kaiser in eine tödliche Mission schickte. Nach ihrer Aussage wollte sich Quoltrin-Saar-Arel der Amazonen entledigen. Niemand von Lorin's treuen Kämpferinnen sollte lebend nach Redartan übersiedeln. Sie waren zu mächtig geworden. «

»Das kommt uns bekannt vor«, unterbrach Admiral Tarn-Lim die Erklärungen des Majors. »Noch heute ist es so, dass er zu mächtige Offiziere der Verwaltung, die ihm möglicherweise gefährlich werden könnten, ihres Amtes enthebt. Sie verschwinden spurlos und werden nicht mehr gesehen. Wir vermuten, er lässt sie an einem geheimen Ort exekutieren. «

»Sein wahres Gesicht zeigte er uns, als der Angriff auf Natrid seinen Höhepunkt erreicht hatte«, erklärte Major Travis. »Er flüchtete mit ausgewählten Personen der kaiserlichen Kaste frühzeitig nach Redartan. Er überließ alle restlichen Untertanen dem sicheren Tod.«

Er blickte den Admiral durchdringend an.
»Sie sind ein Redartaner seiner neuen Welt«, fuhr Major Travis fort. »Wir hofften sehr, dass ihr Kaiser aus seinen Fehlern gelernt hat. Doch ihre Flucht sagt uns, dass das nicht der Fall ist.«

»Wie können wir ihnen helfen?«, fragte Admiral Tarn-Lim. » Auch für uns ist ein Abdanken des Kaisers die einzige Option.«

Major Travis zeigte auf Captain Hunter.
»Diese Person habe ich ihnen noch nicht vorgestellt«, teilte er mit. »Captain Hunter kommt gerade von einer Mission von Redartan zurück. Die Amazone ist geflüchtet und will ihren Kaiser zur Rechenschaft ziehen. Der Captain bekam den Auftrag, sie wieder einzufangen. Hören sie bitte zu, was er zu berichten hat.«

Der Captain trat vor.
»Wie der Major ihnen schon mitteilte, brachen wir mit acht Personen und einem getarnten Tarin-Jet auf, um die

geflohene Amazone wieder einzufangen«, erklärte er. »Unsere Tarnung wurde von der redartanischen Luftüberwachung nicht entdeckt. Wir lokalisierten die Amazone mehrmals, konnten aber nicht zugreifen, weil sie sich ich in einer großen Menge von Redartanern aufhielt. Wir erkannten, dass sie Kontakt zu dem redartanischen Widerstand aufgenommen hatte, der von einem Admiral Rings-Stan, er scheint der Anführer der Demonstranten zu sein, kommandiert wurde. An seiner Seite befand sich noch ein Lord mit dem Namen Gyron-Zirn. Sagen ihnen die Personen etwas?«

Das Gesicht des Admirals hellte sich auf.
»Natürlich«, antwortete er. »Das waren alles ehrenwerte Offiziere des redartanischen Flotten-Oberkommandos, bis unser Kaiser sie eliminieren wollte. Beide hatten sich den Respekt unseres Volkes verdient. Wir haben ihnen bei der Flucht geholfen und sie vor den Schergen des Kaisers versteckt. Sie befinden sich jetzt in dem Untergrund und organisieren unseren Widerstand.«

Captain Hunter nickte.
»Das bestätige ich gerne«, antwortete er. »Ich war dabei, als diese Gruppe ein Depot der redartanischen Flotte angriff und plünderte. Jetzt verfügen die Widerständler auf Redartan über genügend Waffen, um ihre Pläne umzusetzen.«

»Welche Pläne?«, fragte Admiral Tarn-Lim. »Wir sind nicht auf dem Laufenden, weil das Gebäude des Flotten-Oberkommandos von kaiserlichen Spionen abgehört wurde.«

»Ich war mit einem kleinen Team dabei, als Admiral Rings-Stan seine Pläne verkündete«, teilte der Captain mit. »Lord Gyron-Zirn informierte die Widerständler über den Erfolg des Angriffes auf das Depot. Er teilte ihnen mit, dass sie sich keine Sorgen machen müssen. Sie haben aus dem großen Depot der redartanischen Flotte exakt 10.000 neue Schutzanzüge erbeutet. Diese sind alle mit einem Individual-Schirm und einem Tarnfeld ausgestattet. So modern ausgerüstet können sie sich den redartanischen Soldaten nähern. Scheinbar werden sie von den Sicherheitskräften nicht ausgemacht. Ihre Ortungs-Sensoren registrierten kein aktiviertes Tarnfeld. Alle Einsatzkräfte werden ein Laser-Gewehr und eine moderne Pistole der Flotte erhalten. Hiermit sollte es ihnen gelingen, den Sicherheits-Dienst der Pyramide zu überwältigen. Zunächst wollen sie lediglich Paralyse-Strahlen einsetzen.«

Die Offiziere des Flotten-Oberkommandos hörten gespannt zu.

»Die Menge peitschte sich auf«, berichtete der Captain.

»Was machen wir mit dem Kaiser, falls er uns die die Fänge gerät? «, fragte ein Widerstandskämpfer. »Er hat den Tod verdient. «

»Haltet euch an die Befehle», antwortete Admiral Rings-Stan. »Der Kaiser wird die restliche Zeit seines Lebens in einer redartanischen Zelle verbringen. Vorher soll die Amazone ihn noch befragen. Sie wird von ihm Antworten erwarten, warum er vor 100.000 Jahren alle 500 Kämpferinnen ihres Amazonen-Heers in den sicheren Tod befohlen hat. «

Captain Hunter blickte seine Zuhörer an.
»Eine eisige Stille breitete sich aus«, ergänzte er. »Lorin, unsere geflüchtete Amazone, trat vor. Ich verspreche euch folgendes, sagte sie. Falls der Kaiser keine logischen Antworten parat hat, dann wird sein Leben in diesem Moment durch meine Klinge enden. Das bin ich meinen Getreuen schuldig. Zustimmende Rufe hallten durch die Halle. Meine Befehle gelten auch für die Amazone, sagte der Admiral aufgebracht. Falls sich der Kaiser durch den Einsatz von Waffengewalt einer Gefangennahme entziehen möchte, dann ist Gegenfeuer auf ihn gestattet. Falls er in diesem Gefecht sein Leben verliert, dann können wir es nicht verhindern. Doch dieser Widerstand

wird nicht als Erster zur Waffe greifen. Erneut hatte er die Menge auf seiner Seite.«

Captain Hunter ließ eine Pause vergehen und wartete auf Zwischenfragen. Als diese nicht gestellt wurden, fuhr er fort.

»Lord Gyron-Zirn, vermutlich der Stellvertreter des Admirals, hob seine Hände, teilte er mit. Informiert alle unsere Kämpfer. Ein günstiger Zeitpunkt ist gekommen. Wir werden unsere ganze Stärke demonstrieren. Dieser Einsatz darf nicht umsonst sein. Zu viel steht für uns auf dem Spiel. Das wird hoffentlich unsere finale Schlacht werden. Nach dieser Aussage machten wir kehrt und flogen zu unserer Basis zurück.«

Minutenlang sagte niemand ein Wort.
»Wir müssen zurück nach Redartan«, bemerkte Admiral Tarn-Lim. »Vielleicht können wir den Untergrund unterstützen?«

Major Travis überlegte eine Weile.
»So einfach ist die Geschichte nicht«, bemerkte er. »Ich weise nochmals daraufhin, dass sich Redartan von Natrid aus betrachtet mehr als 300.000 Jahre in der Vergangenheit befindet.«

Er blickte Admiral Tarn-Lim ernst an.

»Falls ihr Kaiser getötet wird, wie verhält sich das Zeitfeld?«, fragte er. » Er war es, der von Tarid den Transmitter-Wurmloch-Generator öffnete und ausgesuchte Natrader auf die neue Fluchtwelt wechseln ließ. Falls er jetzt 300.000 Jahr vor diesem Zeitrahmen getötet wird, kann er das nicht mehr machen. Ihre Welt würde nach logischen Aspekten aufhören zu existieren. «

»Wir verstehen«, antwortete der Admiral. »Es gäbe keinen Kaiser Quoltrin-Saar-Arel mehr. «

»So wäre es zu verstehen«, antwortete Major Travis. »Marin und Gareck bezweifeln zwar diese These an, doch überprüft werden konnte sie von ihnen noch nicht. Es bestehen also immense Zweifel«.

»Welche Möglichkeiten gibt es dann noch für uns, den Kaiser von seinem Thron zu stoßen?«, erkundigte sich Commander Niras-Tok.

»Ich habe einen Plan, doch ich bin mir nicht sicher, ob er ihnen gefällt«, teilte Major Travis mit.

»Lassen sie hören«, antwortete Commodore Run-Lac.

Major blickte in die Runde der Zuhörer.

»Wir sorgen dafür, dass die Amazone ihn nicht tötet«, erklärte er. »Er wird nach Natrid überführt und hier in Gefangenschaft bleiben, bis er uns alle Informationen gegeben hat. Was dann weiter mit ihm passiert, das überlasse ich seiner Cousine. Ich habe ein Schiff zu einer befreundeten Rasse fliegen lassen. Sie werden uns Abgesandte schicken und uns unterstützen. Diese Species nennt sich Worgass. «

Bei dem Ausspruch dieses Namens zuckte der Adramelech zusammen und fing an zu zittern.

Major Travis und Niras-Tok blickten ihn an. Plötzlich waren an dem Kopf des Mächtigen viele Stacheln aufgerichtet, die eindeutig eine Abwehrstellung einnahmen.

»Was passiert mit ihnen? «, fragte Admiral Tam-Lim.

Es vergingen einige Sekunden, bis Adra'Metun antworten konnte.

»Entschuldigen sie bitte meine Reaktion«, sagte er. »Der Name Worgass erzeugt in mir Angst und Furcht. «

»Kennen sie diese Rasse? «, erkundigte sich Major Travis.

Der Gefangene nickte eifrig mit seinem Kopf.

»Auch diese Rasse geht auf eine Züchtung unseres Volkes zurück«, antwortete er. »Es gibt viele Hilfsvölker unserer Rasse, die über verschiedene Galaxien verstreut agieren. Einige von ihnen warten mordlüstern auf einen neuen Auftrag. Die bekanntesten von ihnen besitzen die größten Populationen im Universum und konnten sich über Jahrtausende über viele Sterneninseln ausdehnen. An erster Stelle sind die Treutranten zu nennen. Sie sind die Herren vieler entfernter Galaxien und unterhalten ein Geflecht von Netzwerk-Denkern, denen wiederum die Befehlsgewalt und die genmanipulierte Züchtung der Worgass-Stämme zugeteilt wurden.

Diese ursprünglich nur auf Wasserwelten gezüchteten Nesseltiere besitzen kein Knochen-Skelett. Ihre Körper bauen sich aus reinen Gewebeschichten auf. Das Gehirn dieser Rasse ist im frühen Stadium schnell und einfach zu manipulieren. Die Evolution hat ihnen eine besondere Fähigkeit verliehen. Sie sind Wechselformer. Sobald sie einmal Kontakt zu einer fremden Lebensform hatten, oder mit einer fremden Rasse in Berührung gekommen sind, können sie innerhalb weniger Sekunden diese neue Körper- Form annehmen. «

»Ich sehe, sie sind informiert«, lächelte Major Travis. »Diese besondere Fähigkeit machen wir uns zu Eigen. «

Admiral Tarn-Lim, Commodore Run-Lac, Niras-Tok und Adra'Metun blickten ihn fragend an.

»Einer der mit uns befreundeten Wechselformer wird die Gestalt ihres Kaisers Quoltrin-Saar-Arel annehmen«, erklärte der Major. »Während der Worgass für die Redartaner vorübergehend ihr Kaiser ist, wird der richtige Quoltrin-Saar-Arel von uns nach Natrid überführt. Die Kopie des Kaisers, wird die geplante Ansprache zum Anlass nehmen und sich für seine Verfehlungen an dem redartanischen Volk entschuldigen. Anschließend dankt er zur Überraschung seiner Berater, der kaiserlichen Kaste und dem redartanischen Volk als Kaiser ab.

Ich empfehle, dass unsere Worgass-Kopie direkt die Demokratie ausrufen sollte. Er wird Admiral Tarn-Lim als Übergangs-Kanzler vorstellen, ihn bitten korrekte Wahlen zu organisieren und das Volk der Redartaner über diese neue Regierungsform abstimmen zu lassen. Wenn dieser Schritt erfolgt ist, können wir uns über das nächste Problem ihres Imperiums unterhalten. Der Angriff der Mächtigen steht irgendwann bevor. «

»Wenn wir das gemeinschaftlich hinbekommen, dann werden wir ewig in ihrer Schuld stehen«, antwortete der Admiral. »Bei aller Kreativität unseres Volkes, auf diese Möglichkeit wären wir alleine nicht gekommen.«

»Danken sie uns nicht zu früh«, lächelte Major Travis. »Der Plan funktioniert nur, wenn alle Teile unserer gemischten Einheiten perfekt zusammenarbeiten, rechtzeitig positioniert werden und wir den Kaiser noch vor seiner Ansprache vor dem redartanischen Volk aus dem Verkehr ziehen können.«

»Sie beabsichtigen uns an dem Einsatz zu beteiligen?«, fragte Commodore Run-Lac.

Major Travis nickte.
»Sie besitzen die besseren Kenntnisse von ihrem Planeten«, antwortete er. »Wir werden gemeinsam gegen den Kaiser vorgehen.«

»Die kaiserliche Pyramide wird gut abgesichert«, bemerkte Admiral Tarn-Lim. »Ein offener militärischer Angriff verbietet sich aufgrund der Sicherheits-Vorkehrungen. Eine Ablenkung wäre sicherlich ideal. Die Pyramide verfügt über viele geheime Einbauten und Fluchtgänge. Der Kaiser hat nicht alle offengelegt.«

»Das kennen wir«, bemerkte der General. »Auch bei uns im Sol-System hat er das gleiche Schema angewandt. Wir stoßen heute immer noch auf versteckte Dinge, die nur dem Kaiser bekannt waren.«

Der Admiral nickte.
»Wir sollten den Kaiser möglichst in seinen eigenen Räumen zu fassen bekommen«, schlug er vor. » In der Regel wird er durch seine Leibgardisten beschützt, lediglich in seinen Privatgemächern werden wir keine Wachen antreffen.«

»Sehen sie«, erwiderte Major Travis. »Das ist wieder eine Information, die für uns nützlich sein wird. Aus diesem Grunde möchte ich sie und ihre Offiziere an dem Angriff beteiligen.«

Der Admiral dachte nach.
»Ich schlage vor, dass wir vorher Kontakt zu dem Widerstand aufnehmen«, erklärte er. »Falls wir die 10.000 Widerstandskämpfer von unseren Plänen begeistern mobilisieren können, dann ist das bereits der halbe Sieg. Mit einem so massiven Angriff werden die Sicherheitskräfte des Kaisers nicht rechnen.«

General Poison hatte interessiert zugehört. Auch er war ein gewiefter Stratege.

»Ich schlage folgendes Vorgehen vor«, griff er in das Gespräch ein. »Die Widerständler wissen vermutlich exakt, wann die Ansprache des Kaisers erfolgen wird. Vor der Verwaltungs-Pyramide werden sich ausgesuchte geladene Redartaner versammelt haben. Große Teile des Widerstandes werden zu gegebener Zeit einen Ablenkungs-Angriff starten. Die Verwirrung wird groß sein. Von der Anzahl der Widerständler überrascht, werden sicherlich alle verfügbaren Soldaten aus der kaiserlichen Pyramide strömen, um den kaiserlichen Sicherheitsdienst zu unterstützen. Ihre und unsere Truppen werden den Moment nutzen und getarnt in die Pyramide eindringen. Sie weisen uns den Weg zu den privaten Gemächern des Kaisers. «

»Wir verfügen nicht über entsprechende Ausrüstungen«, bemerkte Commodore Run-Lac. »Unsere Flucht aus der Verwaltung des Flotten-Oberkommandos war übereilt. «

»Das ist mir bewusst«, antwortet der General. »Sie werden mit unseren Taja's und mit modernen Laser-Gewehren ausgestattet. Unsere Tarnfelder sind wesentlich weiterentwickelt, als die ihren. Sie können von den Ortungsgeräten der redartanischen Sicherheit nicht erfasst werden. Auch unsere Laser-Gewehre sind ihren überlegen. Das haben unsere Wissenschaftler bereits festgestellt. Ihre Paralyse-Eigenschaften übertreffen ihre Waffen um ein Zehnfaches. So ausgestattet, sollten wir den Kaiser ergreifen können.«

»Ein so großes Vertrauen wollen sie uns entgegenbringen?«, fragte der Admiral. »Wir können es nicht glauben.«

»Wir haben erkannt, dass ein Schlussstrich unter das totalitäre Regime ihres Kaisers gezogen werden muss«, erklärte Major Travis. »Schon einmal wurde ein Imperium von ihm in dem Untergang geführt. Wir unterstützen sie, um ihr neues Heimatsystem zu bewahren. Das gilt auch für die selbsternannten Mächtigen, deren Angriff noch bevorsteht. Das Neue-Imperium von Natrid und Tarid verfolgt eine andere Strategie. Alle Rassen in unserem Hoheitsgebiet sollen sich selbstständig, ohne jegliche Beeinflussung von außen, entwickeln. Wir sorgen lediglich für Sicherheit und Frieden.«

»Das steht auch in den Satzungen unseres Imperiums verankert«, erklärte Admiral Tarn-Lim. »Leider hat der Kaiser nach und nach alle diese alten Werte außer Kraft gesetzt.«

»Diese werden sie wieder einführen«, lächelte der Major. »Machen sie sich damit vertraut, dass sie als Kanzler ihres

Volkes den Weg bestimmen werden. Lenken sie ihr Volk in eine bessere Zukunft.«

»Sie machen uns glücklich«, antwortete der Admiral. »Mehr will unser Volk nicht. Doch jetzt sollten wir uns auf die Kontaktaufnahme mit den Widerständlern konzentrieren.«

»Captain Hunter?«, erkundigte sich Major Travis. »Ist der ID-Chip von Lorin noch zu orten?«

Der Captain blickte auf sein Pad.
»Der Empfang ist stabil«, antwortete er. »Die Amazone befindet sich noch in dem Widerstandsnest. Ich weise nochmals daraufhin, dass sich dort mehr als 3.000 Kämpfer befinden. Weitere werden kommen und dort ausgerüstet.«

»Wir wollen keinen Angriff führen«, antwortete der Major. »Als erste Aktion werden wir ein Gespräch mit Lorin und dem Kommandeur des Widerstandes führen. Admiral Tarn-Lim, Commodore Run-Lac, Sirin, Heinze und Sergeant Hardin mit 300 Elite-Marines und 500 Shy-Ha-Narde begleiten uns.«

»Diese Anzahl von Marines und Kampf-Robotern können wir mit den drei experimentellen Tarin-Jets nicht transportieren«, bemerkte Captain Hunter.

»Das ist mir bewusst«, antwortete der Major. »Sergeant Hardin befiehlt das Einsatz-Kommando. Sie werden zu Fuß aufbrechen und von ihnen zu dem Unterschlupf der Widerständler geführt. Falls nötig, dringen sie getarnt ein und verteilen sie sich an den Wänden. Nur auf mein ausdrückliches Kommando enttarnen sie sich. Wir werden dann den Widerständlern hoffentlich eine willkommene Unterstützung sein.«

»Hoffentlich wurden sie bis zu unserem Eintreffen nicht schon pulverisiert?«, lächelte der Captain. »Nach unserem Eindruck handelt es sich bei den Widerständlern um hartgesottene Haudegen.«

»Ich und die Offiziere des Flotten-Oberkommandos werden auch dabei sein«, bemerkte Admiral Tarn-Lim. »Die Widerständler werden gegen uns nicht die Waffen erheben, das kann ich ihnen versprechen.«

Der Captain blickte den Admiral skeptisch an.
»Ich habe schon viel erlebt«, antwortete er. »Vorsicht ist die beste Verteidigung.«

»Wir kennen das Zeitfenster der Ansprache des Kaisers nicht«, fuhr der Major fort. »Leutnant Graves wird Commander Brenzby, Heran und die beiden Worgass nach ihrem Eintreffen zu dem Versteck des Untergrundes führen. Erst wenn sie zu uns gestoßen sind, kann unsere Mission beginnen.«

Major Travis blickte General Poison an.
»Sie übernehmen die Befehlsgewalt in diesem Stützpunkt«, sagte er. »Unterstützen sie uns, soweit es ihnen möglich ist.«

»Versuchen sie keinen Krieg mit den Redartanern anzuzetteln«, mahnte der General. »Das können wir am wenigsten gebrauchen.«

»Das Gegenteil ist mein Ziel«, antwortete Major Travis. »Wenn wir jetzt erfolgreich sind, dann können wir ein entsprechend großes Transmitter-Wurmloch-Tor auf der Gegenseite installieren, wodurch unsere großen Schiffe in das redartanische System eindringen können. Nur so wird ein Angriff der Adramelech zu verhindern sein.«

»Ich verstehe«, bemerkte der General. »Ich instruiere Sergeant Hardin und rüste die Redartaner aus. In zwei Stunden sind wir bereit.«

»Danke«, antwortete Major Travis. »Ich wusste, dass auf sie Verlass ist. «

»Was ist mit unserem Gefangenen? «, fragte Admiral Tarn-Lim. » Dürfen wir ihn so lange bei ihnen lassen. Der redartanische Geheimdienst sucht ihn. Ich möchte ihn nicht der Willkür von Lord Grun-Baris aussetzten. «

Der Major blickte den Adramelech an. Dieser hatte seine Stacheln lange wieder eingezogen und saß am Ende seines Tisches. Geduldig hatte er das Gespräch verfolgt.

»Macht es ihnen etwas aus in ihrem Quartier zu bleiben, bis wir die Angelegenheit geregelt haben? «, fragte Major Travis ihn. »Hier sind sie in Sicherheit. «

»Eigentlich möchte ich Admiral Tarn-Lim ebenfalls unterstützen«, antwortete Adra'Metun. »Wenn auch nur, um meine Lokalität ihm gegenüber zu beweisen. «

»Dazu bekommen sie noch ausreichend Gelegenheit«, antwortete der Major. »Wenn der Admiral einverstanden ist, wird Commander Niras-Tok bei ihnen bleiben und ihnen Gesellschaft leisten. Sie sind zu wichtig für uns. Ihnen darf nichts passieren. «

»Ich habe nichts dagegen«, entgegnete der Admiral.

Er blickte den Adramelech an.

»Versuchen sie sich noch an mehr besondere Eigenschaften ihres Volkes zu erinnern«, sagte er. »Bei einem Angriff ihrer Flotte benötigen wir jedes noch so kleine Detail.

»Ich bemühe mich«, entgegnete Adra'Metun. »Vielleicht hilft es, wenn Commander Niras-Tok mich unterstützt. Sein Gehirn ist außergewöhnlich. «

»Wir brechen auf«, entschied Major Travis. »Rüsten wir unser Team aus. Sergeant Hardin kann sich mit seinem Marines und Robotern bereits in Marsch versetzen. Wir nehmen einen Tarin-Jet und fliegen das Versteck des Widerstandes an. «

Er blickte Captain Hunter an.

»Sie achten bitte darauf, dass unsere Unterstützungs-Einheit nicht entdeckt, oder in unfreiwillige Kampfe verwickelt wird«, befahl er.

Der Captain salutierte.

»Wir werden vorsichtig sein«, antwortete er. »Ich bringe Sergeant Hardin und seine Kampftruppe zu dem Versteck der Widerständler.«

Zahlreiche Redartaner befanden sich auf den Straßen der Hauptstadt. Sie verhielten sich normal und unterhielten sich. Den strengen Augen der beobachteten kaiserlichen Sicherheitskräfte fiel nichts Ungewöhnliches auf. Die Personen waren unterschiedlich gekleidet, wie Redartaner des öffentlichen Lebens. Vereinzelte Kontrollen ergaben, dass viele von ihnen zu der Ansprache des Kaisers wollten. Andere wiederum flanierten und wollten irgendwo einkehren.

Der Eindruck, den die Sicherheits- Soldaten der kaiserlichen Kaste notierten, unterschied sich nicht von anderen Tagen der großen Stadt. Sie sahen nicht, dass zwischendurch Gruppen die Hauptstraße verließen und in die engen Gassen der alten Industriemeile einbogen. Hier lagen viele stillgelegte Montagehallen der älteren Zeit des Planeten. Das Viertel sollte saniert werden, doch der Kaiser hatte wichtigen Aufgaben Priorität eingeräumt.

Vorsichtig klopfte eine Gruppe von 15 Personen an die große Pforte. Zwei schwer bewaffnete Redartaner öffneten einen Flügel der Pforte und steckten ihren Kopf nach außen. Sie blickten vorsichtig nach rechts und nach links. Als sie erkannten, dass die Luft rein war und keine Soldaten der kaiserlichen Kaste zu sehen waren, ließen sie die Neuankömmlinge eintreten.

Innerhalb der von außen scheinbar stark heruntergekommenen Produktionshalle für Raumschiffe, warteten bereits Widerständler auf die neuen Personen. Sie geleiteten die Gruppen in den inneren Bereich ihres Versteckes. Die Neuankömmlinge trauten ihren Augen nicht. Die große Halle war überfüllt mit Personen, welche mit Schutzanzügen, Waffen und Gerätschaften ausgerüstet wurden. Bereits einsatzbereite Personen formierten sich bei ihren Gruppen-Befehlshabern und warteten geduldig auf ihren Befehl.

Der Vorstand der Rebellen stand auf einem erhobenen Podest und blickte dem Treiben zu. Admiral Rings-Stan, Lord Gyron-Zirn, Kirn-Barock, Sarn-Dorun, Cura-Kyrim und Murn-Racta konnten es kaum fassen. Ihnen zur Seite stand Lorin und Jahol-Sin.

»Viele unserer Leute sind unserem Aufruf gefolgt«, teilte Lord Gyron-Zirn mit. »Niemand wollte bei dem finalen Angriff uns seine Teilnahme verwehren. «

»Zu tief sitzt der Hass in ihnen«, antwortete Admiral Rings-Stan. »Sie alle wollen den Machenschaften des Kaisers ein Ende setzen. Jeder von ihnen hat Angehörige durch kopflose Entscheidungen von Quoltrin- Saar-Arel verloren. Sie hoffen jetzt endlich auf Gerechtigkeit. «

»Wie viele Personen sind bereits eingetroffen?«, fragte Cura-Kyrim, ein weibliches Mitglied der Demonstranten.

»Die letzte Zählung ergab knapp 8.000 Demonstranten«, erwiderte der Lord. »Ich vermute, es wird nicht mehr lange dauern, bis wir unsere vollständige Einsatzstärke erreicht haben.«

»Haben wir Hinweise, dass die kaiserlichen Sicherheits-Soldaten auf uns aufmerksam geworden sind?«, fragte Kirn-Barock.

Der Admiral schüttelte seinen Kopf.
»Noch ist alles entspannt«, lächelte er. »Alle kontrollierten Personen sind als normale Passanten aufgetreten. Die Soldaten der kaiserlichen Kaste haben keinen Verdacht geschöpft. Alles läuft nach unseren Planungen.«

Der Admiral drehte sich Lorin zu.
»Wie viele Leute brauchen sie, um zu dem Kaiser vorzustoßen?«, fragte er. »Sie wissen, dass er nur in seinen Privatgemächern ohne seine Leibgarde anzutreffen ist?«

»Wir sind im Besitz der redartanischen Schutzanzüge«, erwiderte Lorin. »Mit aktivierten Tarnfeldern werden wir in den privaten Bereich der kaiserlichen Pyramide vordringen. Vermutlich wird es nur nötig sein, die Leibgarde an dem Eingang zu seinen Gemächern auszuschalten. Behalten sie ihre Soldaten. In der Regel bin ich es gewohnt allein zu kämpfen. Ich brauche lediglich jemanden, der sich in der Pyramide auskennt. Das erleichtert mir den Weg.«

»Das kann ich übernehmen«, bemerkte Sarn-Dorun. »Ich war ein Mitglied der kaiserlichen Elite-Garde, bis ich ohne einen sichtbaren Grund meines Dienstes enthoben wurde. Der Weg zu den kaiserlichen Gemächern ist mir hinreichend bekannt.«

»Perfekt«, antwortete Lorin. »Bringen sie mich und Jahol-Sin dorthin.« Der Kaiser wird sicherlich überrascht sein, uns zu sehen.«

» Sie werden Sarn-Dorun bekommen«, erwiderte der Admiral. »Nachdem sie dem Kaiser ihre Fragen gestellt haben, paralysieren sie ihn. Legen sie ihm ein Tarngürtel um und übergeben sie ihn unseren Leuten. Er wird von uns in eine versteckte Arrestzelle gebracht. Von dort aus kann er alle Veränderungen auf Redartan verfolgen.«

Lorin blickte den Admiral skeptisch an.

»Ich weise noch einmal daraufhin, dass wir nicht angreifen, um Kaiser Quoltrin-Saar-Arel zu töten«, teilte der Admiral mit ernster Stimme mit. »Verspielen sie sich nicht unsere Gunst. Der Kaiser wird vor ein ordentliches Gericht gestellt, vor dem er sich verantworten wird. Das ist unsere Absicht.«

»Wir werden sehen«, antwortete die Amazone. »Das hängt auch von unserem Kaiser ab.«

Der Admiral drehte sich der Masse von Widerständlern zu. Er erkannte, dass sich die Anzahl der Gruppen erneut erhöht hatten. Im hinteren Bereich war ein heilloses Durcheinander sichtbar. Dort wurden die Personen mit ihren Kampfanzügen, mit Waffen und mit Gerätschaften ausgestattet. An über 40 Kontrollstellen wurden die Teile den Kämpfern übergeben und angepasst. Sorgfältig wiesen eingeteilte Redartaner ihre Mitstreiter in die Bedienung der neuen Geräte ein.

Auf dem großen freien Platz, inmitten einiger alter Fabrik- und Montagehallen entstand ein feines Flimmern in der Luft. Plötzlich entstanden neun rechteckige dunkle Löcher in der Luft, die an Schotts von Gleitern erinnerten. Aus ihnen sprangen uniformierte Gestalten, die von einem Moment zum anderen unsichtbar wurden. Sie alle trugen die Kampfhelme der mobilen Infanterie des Neuen-

Imperiums. Auf der Innenseite ihrer schwarz geschlossenen Visiere konnte man die Konturen der getarnten Einsatzkräfte problemlos erkennen.

Major Travis hob seinen rechten Arm und gebot der Gruppe Halt.

»Verstehen sie mich alle«, sprach er in seinen Communicator.

Die laute Zustimmung ließ ihn erkennen, dass alle des Teams bereit waren.

Er wandte sich Admiral Tarn-Lim zu. Major Travis gab ihm das Pad, auf dem das ID-Zeichen der Amazone pulsierte. Der abgebildete Straßenzug war dem Admiral bekannt.

»Bringen sie uns zu den Widerständlern«, bemerkte Major Travis.

Commodore Run-Lac, Sirin und Heinze, Tart 1 und Tart 1 standen abwartend neben ihm.

Der Admiral nahm das Pad entgegen und blickte kurz darauf.

»Alle Waffen auf Paralyse-Strahlen einstellen«, befahl er. »Wir beginnen mit der Kontaktaufnahme.«

Leise, ohne jegliche Art von Geräuschen zu verursachen, schlichen die Gruppe aus 56 Offizieren des redartanischen Flotten-Oberkommandos, Major Travis, Heinze, Sirin, Tart 1 und Tart 2 dem Admiral hinterher.

»Wir müssen das Fabrikgelände umgehen«, bemerkte er. »Der Eingang liegt auf der gegenüberliegenden Seite.«

Die Gruppe lief nach rechts in eine enge Gasse. Diese endete an einer breiteren Straße. Keine Soldaten der kaiserlichen Kaste waren zu sehen.

»Dort ist die Pforte«, teilte der Admiral mit.

Major Travis blickte sie an. Sie wirkte verrostet und lange nicht mehr bewegt. Nichts deutete auf den Eingang der Widerstandsgruppe hin. Vorsichtig lief die Gruppe hierauf zu. Der Admiral enttarnte sich. Er klopfte zweimal an die metallische Türe. Ein Flügel wurde von innen geöffnet.

Ein Widerständler blickte heraus.
»Das Gebäude ist Privatbesitz«, teilte er mit. »Was wollen sie? Ich kenne sie nicht.«

»Admiral Rings-Stan sucht mich«, antwortete der Gast. »Ich bin Admiral Tarn-Lim, der ehemalige Oberbefehlshaber des Flotten-Oberkommandos. Lassen sie mich eintreten, der redartanische Geheimdienst sucht mich und meine Offiziere.«

»Treten sie ins Dunkel der Türe«, antwortete der Türöffner. »Von welchen Offizieren reden sie? Ich sehe keine weiteren Personen außer ihnen. Weisen sie sich sofort aus.«

Der Admiral hielt ihm seine ID-Card hin. Der Redartaner nahm sie und prüfte sie. Dann griff er nach seinem Communicator und sprach hinein.

»Hier ist jemand, der sich für Admiral Tarn-Lim, den ehemaligen Oberbefehlshaber des Flotten-Oberkommandos ausgibt«, teilte er mit. »Seine ID-Card scheint in Ordnung zu sein. Leider kenne ich den Admiral nicht persönlich. Er redet von Offizieren, die er mitgebracht hat. Doch ich sehe niemanden außer ihn. Können sie kurz kommen und die Richtigkeit seiner Angaben bestätigen?«

Die Wache an der Türe schien eine positive Antwort erhalten zu haben. Er beendete die Verbindung.

Grimmig versperrte er Admiral Tarn-Lim weiterhin den Zutritt.

»Verhalten sie sich bei allen Personen so, die im Untergrund tätig sind und um Einlass bitten?«, fragte der Admiral.

Der Türöffner schaute ihn seltsam an.
»Was für einen Untergrund meinen sie?«, erkundigte er sich. » Hier werden Maschinenteile für den kaiserlichen Raumschiffsbau gefertigt. Diese Halle ist ein gesperrtes Sicherheitsgebiet«

»Diese verfallene Halle?«, konterte der Admiral. »Das ist eine schlechte Begründung, falls ein Spür-Kommando des Kaisers hier eintreffen sollte. «

Der Widerständler wollte nach seiner Waffe greifen, aber Heinze hatte aufgepasst und enttarnte sich. Er hob seine Hand und ließ die Bewegung der Wache erstarren.

»Du brauchst deine Waffe nicht«, sagte er. »Wir alle sind Freunde. «

Erstaunt blickte Admiral Tarn-Lim den Ro an.
»Danke«, antwortete er. »Dieser Soldat hatte vermutlich schwache Nerven. «

Eine Person trat aus dem Dunkel auf den Admiral und Heinze zu.

Er lächelte.
»Admiral Tarn-Lim«, sagte er. »Es ist schön, sie endlich wiederzusehen. Haben sie ihr Haustier mitgebracht? «

»Ganz meinerseits, Admiral Rings-Stan«, erwiderte der Befehlshaber des Flotten-Oberkommandos. »Wer hätte das gedacht, dass ich einmal bei ihnen Unterschlupf suchen würde. «

»Ich bin kein Haustier«, murrte Heinze verärgert.

»Entschuldigung«, antwortete Admiral Tarn-Lim. »Darf ich ihnen Heinze, er ist unser Verbündeter, vorstellen. Er mag es nicht, als Tier bezeichnet zu werden. Er verfügt über besondere Fähigkeiten.

Admiral Rings-Stan nickte dem Ro zu.
»Jede Verstärkung ist willkommen«, antwortete er. »Treten sie ein. «

Er gab der Wache ein Zeichen, die den Zutritt freigab. Der Admiral blickte irritiert drein, als Admiral Tarn-Lim nach draußen winkte.

Während des Eintretens enttarnten sich weitere Personen und Offiziere. Der Torwache und dem General entglitten die Gesichtszüge, als er die Offiziere des Flotten-Oberkommandos in modernen Kampfanzügen, mit Waffengürteln und mit schweren Lasergewehren erkannte.

»Wie ich schon sagte«, bemerkte Admiral Tarn-Lim. »Ich bin nicht alleine gekommen. «

Der Befehlshaber des Untergrundes begrüßte auch Commodore Run-Lac, der ebenfalls sein Tarnfeld abgeschaltet hatte.

»Kommen noch weitere Personen zu unserer Unterstützung? «, fragte Admiral Rings-Stan.

»Im Moment nicht«, antwortete der Kommandeur des Flotten-Oberkommandos. »Wir sind der erste Trupp der Kontaktaufnahme. «

Als alle Personen eingetreten waren, nickte Admiral Rings-Stan der Torwache zu.

»Alles in Ordnung«, bemerkte er. »Das ist Admiral Tarn-Lim mit seinen Offizieren und Freunden. «

Er drehte seinen Kopf und blickte dem Admiral in die Augen.

»Wir haben sie überall suchen lassen«, bemerkte er. »Der redartanische Geheimdienst hat eine Kopfprämie auf sie und ihr Team ausgesetzt. Wo waren sie die ganze Zeit? «

»Das ist eine lange Geschichte«, erwiderte Tarn-Lim. »Darüber unterhalten wir uns später einmal. Die Zeit drängt. Rücken sie etwas beiseite, ich stelle ihnen unsere Verstärkung vor. «

Der Admiral des Widerstandes staunte nicht schlecht über die Anzahl der Personen. Major Travis und Sirin enttarnten sich und traten neben Heinze.

»Wen bringen sie denn alles mit? «, fragte Admiral Rings-Stan. » Diese Personen sind keine Redartaner. Ich hoffe sehr, dass sich bei ihrer Gruppe keine Sympathisanten des Kaisers aufhalten? «

Erschreckt sprang der Admiral zwei Schritte zurück, als sich Tart 1 und Tart 2 enttarnten. Ihre tiefroten Augen musterten den Admiral eingehend.

»Keine Angst«, sagte Admiral Tarn-Lim. »Diese Tarts verstehen sich als die Leibgarde von Major Travis, dem Oberbefehlshaber des Neuen-Imperiums von Natrid und Tarid.«

»Ich kenne die Gefährlichkeit dieser Tart-Roboter«, antwortete Admiral Rings-Stan. »Mit ihnen ist wahrlich nicht zu spaßen. Sie wurden in unserem früheren Imperium eingesetzt. Was erzählen sie mir da von Natrid?«

»Wir erklären ihnen alles später«, antwortete der Major. »Wir sind hier, um unsere Amazone Lorin und ihren Protokollroboter zu suchen. Ist sie bei ihnen? Wir möchten sie daran hindern, unüberlegte Dinge zu begehen.«

»Sie scheinen wirklich von Natrid zu kommen?«, sagte Admiral Rings-Stan. »Das gleiche behauptet die Amazone auch. Ich wollte ihr eigentlich nicht glauben. Doch jetzt, wo ich die Tart-Roboter gesehen habe, die es bei uns auf Redartan nicht gibt, glaube ich langsam ihren Aussagen.«

»Das können sie bedenkenlos«, bemerkte Admiral Tarn-Lim. »Major Travis ist auf unserer Seite. Wir wurden von ihm auf die alte Atlantis-Basis auf Tarid in Sicherheit gebracht. So konnten wir den Spür-Kommandos von Lord Grun-Baris entgehen.«

»Die alte natradische Groß-Basis existiert noch?«, fragte der Befehlshaber des Widerstandes irritiert.«

Admiral Tarn-Lim nickte bedächtig.
»Die Vernichtung unseres Heimat-Systems und aller Basen wurde von unserem Kaiser publiziert«, antwortet er. »Auch das waren wieder fungierte Falschinformationen. Vermutlich sollten sich unsere Vorfahren damit abfinden, dass es kein Zurück mehr für sie gab.«

»Ich verstehe«, antwortete der Befehlshaber des Widerstandes.

Er blickte den Admiral des Flotten-Oberkommandos an. »Wir müssen uns beeilen«, bemerkte er. »Lord Grun-Baris hat zahlreiche Redartaner gefangengenommen, die Kontakte zu ihrem Flotten-Oberkommando unterhalten haben. Er foltert sie und versucht Informationen aus ihnen herauszubekommen.«

»Auch er ist nicht mehr tragbar für Redartan«, tobte der Admiral. »Mit dem Kaiser wird auch er seines Amtes enthoben.«

Admiral Rings-Stan blickte Major Travis und seine Gruppe an.

»Folgen sie mir«, sagte der Admiral. »Ich bringe sie zu ihrer Amazone. Sie ist nicht weit von hier entfernt.«

»Einen Moment noch«, entgegnete der Major. »Ich möchte sie noch kurz informieren, dass Verstärkung auf dem Weg zu uns ist.«

»Was für eine Verstärkung?«, erkundigte sich Admiral Rings-Stan.

»Admiral Tarn-Lim hat uns um Unterstützung gebeten«, antwortete Major Travis. »Bodentruppen wurden in Marsch gesetzt und werden zu uns stoßen. Ich spreche von exakt 300 ausgebildeten Elite-Soldaten und 500 Shy-Ha-Narde. Sie werden in Kürze hier eintreffen. Ein Offizier mit dem Namen, Captain Hunter, führt sie zu ihrem Unterschlupf. Bitte weisen sie ihr Sicherheits- Personal an der Pforte an, sie ohne große Kontrolle passieren zu lassen.«

»Hierdurch kann unser Versteck auffallen?«, antwortete der Admiral des Widerstandes aufgeregt. »Warum kennen so viele Personen die geheime Basis des Widerstandes?«

»Keine Sorge«, erwiderte der Major. » Alle unsere Roboter und Soldaten sind mit einer Taja, so nennen wir unseren technischen Schutz- und Kampfanzug, ausgestattet. Dieser beinhaltet auch ein modifiziertes Tarnfeld. Wir haben festgestellt, dass unsere Technik fortgeschrittener ist als die ihre. Unsere Tarnfelder können von den redartanischen Ortungsgeräten nicht erfasst werden.«

Admiral Rings-Stan blickte den Major fassungslos an. Auf eine entsprechende Antwort verzichtete er.

Er instruierte die Wachen an der Pforte und wies sie an, die erwartete Verstärkung durchzulassen.

Dann blickte er Major Travis durchdringend an.
»Folgen sie mir bitte«, sagte er schließlich. »Ich stelle sie unseren Widerstandsgruppen vor.«

Er drehte sich um und ging voraus. Admiral Tarn-Lim, Commodore Run-Lac und das Team des Neuen-Imperiums folgten ihm. Tart 1 und Tart 2 eskortierten ihren Schutzbefohlenen.

Major Travis blickte Heinze an.
»Kannst du negative Gedanken empfangen?«, fragte der Major. » Ist der Admiral von unserem Eingreifen erfreut, oder empfängst du negative Wellen? «

»Die Gedanken der Redartaner sind mit den Gehirnwellen der Natrader vergleichbar«, antwortete der Ro. »Ich kann sie perfekt empfangen. Admiral Rings- Stan ist einerseits dankbar für die Unterstützung, doch ganz geheuer ist ihm unser plötzliches Auftauchen nicht. Er braucht noch einige Zeit, um uns richtig einschätzen zu können. «

»Das ist verständlich«, antwortete der Major. »Wir haben ihn förmlich überrascht. «

Die Gruppe schritt durch dunkle Gänge. Überall lagen Unrat, Kisten und lose gestapeltes Baumaterial verstreut. Es sollte der Eindruck erweckt werden, dass hier lange Zeit keine Person mehr tätig war. Dann endlich hatten sie eine große Türe erreicht. Kein Licht drang von innen nach außen. Sie schien hermetisch abgeriegelt zu sein. Admiral Rings-Stan öffnete sie.

Eine laute Geräuschkulisse war zu hören. Helles Licht strömte nach außen. Die Gruppe trat in eine riesige Halle

»Das wird eine alte Montage-Halle für Raumschiffe gewesen sein«, sagte er zu Sirin. » Die Ausmaße sind beeindruckend. Sie gleicht einem fast Fußballstation auf der Erde. «

Vor ihnen lag eine Treppe, die zu dem Boden der Halle führte. Unzählige Widerständler hatten sich versammelt, standen in kleinen Gruppen zusammen, oder wurden mit unterschiedlichen Gerätschaften ausgerüstet. Einige von ihnen hatte die Gruppe um Admiral Rings- Stan erkannt, die langsam die Treppe herunterschritt. Andere lachten, als sie Heinze erkannten. Langsam verebbte die Geräuschkulisse.

Der Admiral steuerte auf die Mitte der Halle zu, an der ein Podest aufgebaut war. An dessen Fuße standen Lorin und ihr Protokoll-Roboter. Auch sie wirkte irritiert, als sie Major Travis und Sirin erkannte.

»Da ist ihre Amazone«, sagte Admiral Rings-Stan. »Wir geben sie ihnen unverletzt zurück. Sie konnte einige unserer Leute vor den Vasallen des Kaisers beschützen. Ohne ihre Hilfe wären sie abgeschlachtet geworden. Wir sind ihr unseren Dank schuldig. «

Lorin trat mit gesenktem Kopf auf Sirin zu.

»Ich konnte nicht anders«, entschuldigte sie sich. »Die Erinnerung an den Verlust meiner Getreuen trägt zu schwer, als dass ich ohne meine Fragen an den Kaiser zu stellen, hiermit abschließen könnte. Sicherlich werden sie mich jetzt arretieren? «

»Zunächst möchte ich dir Major Travis vorstellen«, erwiderte Sirin. »Ihr hattet noch nicht die Gelegenheit euch kennenzulernen. «

Major Travis musterte die Amazone ernst. Sie war genauso, wie er sie sich vorgestellt hatte. Ihr markantes Kinn blickte ihn an. In ihrem Gesicht spiegelte sich ein trauriges Lächeln. Ihre schöne braune Hautfarbe zeigte ihre natradische Herkunft unverblümt an. Sie trug ihr Gewand des kaiserlichen Amazonen-Heers von Natrid. Der Helm war eine spezielle Anfertigung für ihre Truppe. Die starken Streben aus Natrid-Stahl wurden veredelt und glichen skelettierten Knochen einer unterentwickelten Species. Zur Abschreckung waren Nachbildungen von Zähnen, unterhalb der Nasenflügel angebracht. Der hintere Teil der Kopfbedeckung wurde von dem Fell eines seltenen natradischen Bergraubtieres geschmückt. Ihre Brust und die Schultern schützten harte Platten aus fast unzerstörbarem Natrid-Stahl.

Um ihren Hals und unter ihrer Brust trug sie jeweils einen Gurt mit hochexplosiver natradischer Sprengmunition. Ein moderner Waffengurt hing um ihre Hüfte. Rechtsseitig steckte ein Amazonen-Langschwert, linksseitig hing ein moderner Multifunktions-Laser-Strahler in einem Köcher. Dieser war geeignet, auch die Sprengkapseln abzufeuern.

Major Travis würdigte sie eines ernsten Blickes.
»Wir unterhalten uns später«, sagte er. »Sie haben gegen einen direkten Befehl verstoßen. Sicherlich verstehen sie, dass ein solches Vorgehen auch bei uns nicht straffrei ist. Wenn sie bei uns bleiben möchten, werden sie sich an unsere Befehle gewöhnen müssen.«

Dann lächelte der Major sie an.
»Jetzt aber sind wir aber hier, um sie zu unterstützen«, sagte er. »Sie sind uns zu wichtig, als dass wir sie allein gegen den Kaiser vorgehen lassen. Wir kümmern uns um unsere Leute. Es ist bei uns nicht üblich, jemanden in den Tod zu schicken.«

Die Amazone brach in Tränen aus und umarmte den Major. Sirin blickte sie argwöhnisch und skeptisch an. Sie bemerkte, wie der Major es geschehen ließ. Lorin drückte ihn eng an sich

»Noch nie wurde mir eine solche Unterstützung von jemanden zu Teil«, antwortete sie. »Wir mussten uns immer selbst durchschlagen, Verluste wurden im Vorfeld eingeplant und akzeptiert. «

»Das ist bei uns nicht der Fall«, antwortete der Major. »Verluste sind in jedem Fall zu vermeiden. Gewöhnen sie sich endlich hieran und akzeptieren sie unsere Befehle. Nur so können wir sie in zukünftige verantwortungsbewusste Missionen einsetzen. Wenn sie kein Vertrauen zu uns entwickeln, dann werden sie nicht in unseren Diensten stehen können. Ist ihnen das klar? «

Lorin blickte ihn an.
Die ernsten Worte hatten sie wachgerüttelt.

»Die wenige Zeit, in der ich von Atlanta geschult wurde, haben mir die Werte ihres Neuen Imperiums nähergebracht«, flüsterte die Amazone. »Sie können mir glauben, dass ich nirgendwo anders mehr sein möchte als auf unserer gemeinsamen alten Heimat, dem Sternen-System von Natrid und Tarid. Doch diese eine Aufgabe muss ich noch erledigen, bevor ich ihnen und dem Neuen-Imperium meine uneingeschränkte Loyalität schwöre. Ich kann nicht anders. Mein Gelübde muss erfüllt werden. Das bin ich meinen getöteten Mitstreiterinnen, Gefährten und Freundinnen schuldig. «

Major Travis nickte ihr zu.
»Deswegen sind wir hier«, antwortete er. »Wir helfen ihnen hierbei. «

Er zeigte auf Admiral Tarn-Lim.
»Dieser Admiral des redartanischen Flotten-Oberkommandos ist von dem Kaiser als Schuldiger für die Vernichtung seiner halben System-Flotte deklariert worden«, teilte er mit. »Auch er bedarf unserer vollen Unterstützung. Ihr Kaiser lässt ihn durch seinen Geheimdienst suchen und will ihn und seine Offiziere öffentlich hinrichten lassen. Hierzu werden wir es nicht kommen lassen. Unser Plan ist es, den Kaiser zu ergreifen, ihn auszutauschen und eine Republik auszurufen. Admiral Tarn-Lim wird der erste Kanzler der neuen redartanischen Republik werden. «

Lorin schüttelte ihren Kopf.
»Sie wollen einen Umsturz durchführen«, antwortete sie entsetzt. »Haben sie daran gedacht, wie viele Truppen der Kaiser unter seinem Befehl hat? Es wird unmöglich sein, ihn zu entführen. «

»Wie wollen sie das Bewerkstelligen? «, erkundigte sich Admiral Rings-Stan. » Über diese Möglichkeit haben wir noch nicht einmal gewagt nachzudenken. «

Admiral Tarn-Lim blickte ihn an.
»Wir haben einen Plan ausgearbeitet«, informierte er seinen Kollegen. »Unsere Freunde von Natrid haben mehr Möglichkeiten als wir. Sie haben nach einer befreundeten Species rufen lassen, die in ihrer Schuld steht. Die Wesen dieser Rasse sind Wechselformer. «

Admiral Rings-Stan verstand nicht.
Was sind Wechselformer? «, erkundigte er sich.

»Das sind Wesen, die nur durch eine kurze Berührung mit einer fremden Person, oder der Species die fremde Körperform annehmen können. Wie das biologisch funktioniert, das entzieht sich meinen Kenntnissen. «

»Es handelt sich um eine alte Rasse, die in den Frühzeiten ihrer Entwicklung gentechnisch manipuliert wurde«, erklärte Major Travis. »Wir konnten zahlreiche Clans dieser Species vor der Tyrannei und Ausbeutung ihrer Herren retten. Jetzt bieten sie uns bei Problemen ihre dankbare Hilfe an. «

Der Anführer der Widerständler blickte den Major an. »Das funktioniert?«, fragte er ungläubig. » Uns sind solche Wesen bisher noch nicht begegnet. «

»So einfach lässt sich das nicht sagen«, entgegnete Admiral Tarn-Lim. »Im Auftrage unseres Kaisers mussten wir solche andersartigen Species bekämpfen und ausrotten. Er ließ es niemals zu, dass wir uns ihnen friedlich nähern konnten. Entsprechend dieser Tatsache kennen wir keine Rassen, die über besondere Fähigkeiten verfügen. «

»Viel ist von ihren Missionen nicht in der Öffentlichkeit bekannt geworden«, bemerkte Lord Gyron-Zirn. »Die kaiserliche Kaste war mit Hinweisen über den erfolgreichen Abschluss ihrer befohlen Feldzüge immer sehr verschwiegen. «

»Ist das verwunderlich?«, antwortete Commodore Run-Lac. » Unsere Flotten mussten teilweise erhebliche Verluste verzeichnen. Nicht alle fremden Rassen haben sich freiwillig dem redartanischen Imperium unterworfen. Wenn dies passierte, konnte man sicher sein, dass sich der Kaiser wieder einen Schuldigen hierfür suchen würde. Wir haben es jetzt leider an der eigenen Haut erfahren müssen. «

»Wir haben hiervon gehört«, antwortete Admiral Rings-Stan. »Unsere Wissenschaftler haben ihren Verteidigungsplan analysiert. Es gab keine andere Lösung, um die fremden Schiffe aufzuhalten. Die Flotte der Mächtigen war mit ihren blauen Energien unseren Abwehrschirmen überlegen. Falls es nochmals zu einem Zusammentreffen kommen sollte, können sie sich die Bündelung von 60.000 Schiffen, wie sie es bei unserem zentralen Wurmloch-Bahnhof gemacht haben sparen. Das ist eine Vergeudung von Ressourcen. Besser ist es, in Gruppen gezielt die Eindämmungs-Felder ihre blauen Energie-Blasen anzugreifen, die sich unterhalb ihrer Schiffe befinden.«

Admiral Tarn-Lim blickte genervt seinen Kollegen an. »Wem sagen sie das«, lächelte er. »Danke für ihre Hinweise. »So weit sind wir auch bereits mit unseren Recherchen gekommen.«

»Wir müssen unsere Leute unterrichten«, sagte Lord Gyron-Zirn. »Sie starren uns bereits eine Weile an. Der Admiral nickte und schritt auf das Podest. Dort drückte er eine Taste. Ein lauter durchdringender Ton ließ die letzte Unterhaltung in der großen Halle abklingen. Er hob seine Hände in die Luft.

»Liebe Freunde, Kämpfer und Widerständler«, rief er. »Unerwartet haben wir neue Unterstützung gefunden. Admiral Tarn-Lim, der Befehlshaber des Flotten-Oberkommandos und Commodore Run-Lac sein Stellvertreter haben den Weg zu uns gefunden. Hiermit nicht genug. Sie haben alle ihre Offiziere mitgebracht, die mit Schutzanzügen und modernsten Waffen an unserer Seite kämpfen werden. Die Gerechtigkeit wird auf Redartan wieder Einzug halten. Die Befehlsgewalt des Kaiser und seiner bevorzugten Kaste wird ein Ende bereitet.

War seine kluge und besonnene Herrschaft vor vielen Jahrtausenden unser Weg in eine bessere Zukunft, hat sich sein Verhältnis zu dem einfachen Volk in den letzten Jahrhunderten merklich verschlechtert. Alle Redartaner, die seine Befehle hinterfragten, oder nicht bereit waren sie zu unterstützen, wurden verfolgt und hingerichtet. Das muss sofort aufhören.«

Lauter Beifall drang von den Kämpfern zu dem Podium. »Er muss weg«, schrie einer von ihnen. »Seine letzte Stunde hat geschlagen.«

Der Admiral hob seine Hände. Die Menge verstummte. »Ihr seid alles ehrenwerte Redartaner, die ihre Familien schützen wollen«, sprach er in das Mikrofon. »Ich frage euch, sind es nicht wir Redartaner, die den Ruhm von Kaiser Quoltrin-Saar- Arel gesichert und sein Imperium auf unseren Schultern getragen haben? Warum behandelt er uns als Sklaven, lässt uns verfolgen und hinrichten. Haben wir das verdient? «

Wieder grölte die Menge lautstark auf.
»Nein«, riefen viele. »Das haben wir nicht verdient. Treu haben wir unsere Pflichten erledigt, bis wir in Ungnade fielen und der Kaiser uns unlösbare Aufgaben zuteilwerden ließ. «

Die Menge stimulierte sich immer weiter, bis Lord Gyron-Zirn seine Hände hob und die Menge beruhigte.

Admiral Rings-Stan zeigte auf die Amazone.
»Ihr kennt sie mittlerweile«, sagte er. »Auch sie wurde mit ihrer einmaligen Truppe von weiblichen Amazonen vor eine unlösbare Aufgabe gestellt. Der Kaiser gab ihr den Befehl, mit nur 500 Kämpferinnen Tausende abgestürzte Rigo-Sauroiden auf Tarid zu bekämpfen, die im Begriff waren die alte Atlantis-Basis zu stürmen. War ihre Truppe das letzte Bollwerk, in dem uns alle bekannten Krieg gegen unserer Heimatwelt? Oder ging es dem Kaiser nur darum, Zeit zu schinden, um ungehinderte auf seine neue Fluchtwelt zu gelangen. Wir wissen es nicht. Diese Fragen kann nur unser Kaiser beantworten. «

Er blickte die Widerständler an, die mehr von ihm hören wollten.

»Was ist der Unterschied, zwischen der Amazone und uns?«, fragte er.

Niemand der Anwesenden wusste eine Antwort.

»Ihr wisst es nicht?«, fragte er scharf. »Ich will es auch sagen. Der einzige Unterschied ist, dass diese Amazone ein Überbleibsel aus der alten Welt ist. Wir alle stammen aus dem gleichen Geschlecht ab. Lorin wurde noch auf Natrid geboren. Als sich ihre Kämpferinnen für den Kaiser geopfert hatten, schaffte sie es als letzte des Amazonen-Heeres, sich schwerverletzt in eine Stasis-Genesungskammer zu retten. Dort wurde sie von unseren Freunden gefunden.

Der Kaiser bot ihr an, ihm zu folgen, doch als sie diesen Weg beschritt, war niemand zur Stelle, der ihr eine medizinische Hilfe anbieten konnte. Ich frage euch, ist das die Art eines Redartaners? Verweigert unser Volk einer verletzten Kämpferin die notwendige Hilfe? Ich kenne kein Beispiel hierfür. Oder war das lediglich wieder die hinterhältige Art unseres Kaisers Quoltrin-Saar-Arel. Hatte er die Amazone bereits tot gesehen und nicht mit ihrem Übergang in unsere Welt gerechnet? Diese Fragen werden gestellt werden müssen.«

Wieder ereiferte sich die Menge und fing an zu schreien. »Nieder mit dem Kaiser«, schimpften einige.

»Der Kaiser ist ein hinterhältiger Verräter«, kreischten andere. »Wir können ihm nicht mehr trauen. Er ist nur auf seinen eigenen Vorteil bedacht. Unser Volk ist ihm fremd geworden.«

Der Admiral drückte wieder auf einen Knopf auf dem Tisch vor ihm.

Wieder ertönte der laute durchdringende Ton und ließ die Diskussionen in der großen Halle abklingen. Die Geräuschkulisse ebbte ab.

Admiral Rings-Stan bemerkte, wie sein Communicator summte. Er stellte die Verbindung her und lauschte der Mitteilung.

»Führen sie unsere Gäste herein«, antwortete er. »Dann sind wir vollständig.«

Er blickte Major Travis an.

»Ihre Verstärkung ist eingetroffen«, teilte er mit. »Neben ihrem Trupp natradischer Kampf-Roboter ist ein Commander Brenzby, eine Person, die sich Heran nennt, ein Admiral Dragphan und ein Commander Breckphan eingetroffen. Gehe ich davon aus, dass die Leute ebenfalls zu ihnen gehören? «

Major Travis nickte.
»Das sind alle«, antwortete er. »Mehr erwarten wir zunächst nicht. Danke, dass sie ihnen Zutritt gewährt haben. «

»Was sollte ich ihrer Meinung nach machen? «, fragte er. » Ihre Kampf-Roboter hätten unsere Leute in kürzester Zeit ausgeschaltet. «

»Das ist nicht unsere Absicht«, lächelte der Major. »Wie sind lediglich hier, um Lorin zu holen und Admiral Tarn-Lim zu unterstützen. «

Admiral Rings-Stan drehte sich seinen Widerstandskämpfern zu.

»Redartaner«, rief er. »Admiral Tarn-Lim hat Unterstützung mitgebracht. Diese kommt von unserer alten Heimatwelt Natrid. Erschreckt nicht, wenn sie gleich durch die Türe kommen. Ich will euch noch etwas mitteilen.«

Er zeigte auf Major Travis.
»Dieser Offizier ist der Oberbefehlshaber des Neuen-Imperiums von Natrid und Tarid«, erklärte er. »Das Hoheitsgebiet wurde auf den Trümmern unserer alten Welt errichtet ist nach den vielen Jahren unserer Abwesenheit wieder zu neuer Stärke angewachsen. Das Neue-Imperium baut das natradische Kaiser-Imperium wieder in seinen alten Grenzen auf. Sie sind technisch stärker, als wir es je waren. Letztendlich auch durch unsere Hinterlassenschaften, welche sie weiterentwickeln konnten. Sie sind hier, um uns in unserem wichtigsten Kampf beizustehen.«

Jubel brach aus.
»Dann gibt es einen Weg in die alte Heimat zurück«, riefen einige Redartaner glücklich.

»Das können nur spätere politische Verhandlungen ergeben«, antwortete Admiral Tarn-Lim. »Technisch wäre es möglich, doch wir sollten uns zunächst auf die bevorstehenden Aufgaben konzentrieren. Der erste Schritt wäre ein Abdanken unseres Kaisers zu ermöglichen. Der nächste Schritt erfordert die Abwehr des bevorstehenden Angriffes der Mächtigen. Wenn wir diese Herausforderungen überstehen, wird uns der Weg in unsere alte Heimat sicherlich geöffnet werden.«

Die große Türe wurde aufgestoßen. Die Wachen sprangen erschreckt zur Seite.

Captain Hunter und Sergeant Hardin traten ein und positionierten sich rechts und links der Türe.

Dann traten die modernen Shy-Ha-Narde mit schweren Schritten ein. Der Boden vibrierte unter ihren Bewegungen. Die 2.20 Meter großen Boliden ließen die letzten Gespräche der redartanischen Kämpfer endgültig verstummen. Die Augen der großen Kampfmaschinen leuchteten den entsetzt schauenden Redartaner tiefrot entgegen. Ihre Lasergewehre lagen in ihren Armbeugen. Wie abgesprochen, stellten sie sich rechts an der oberen Wand auf, direkt neben der Eingangspforte. Immer mehr Kampf-Roboter strömten in die Halle. Die Zahl der nachrückenden Maschinen schien nicht abzureißen. Dann waren die 500 Shy-Ha-Nardes vollständig positioniert und blickten auf die Redartaner herab.

Eine Regung war den Maschinen nicht möglich. Die Redartaner kannten diese Maschinen aus ihren alten Datenarchiven. Sie wusste, dass jede übereilte Aktion von ihnen erkannt und geahndet wurde. Zum Erstaunen der

Widerständler, traten weitere Kampftruppen in die Halle ein. Die 300 Elite-Marines, unter dem Kommando von Sergeant Hardin, marschierten in Zweiergruppen durch die Türe und positionierten sich auf der linken Seite der Türe. Ihre grimmigen Blicke genügten den Widerständler, um ihren entschlossenen Kampfeswillen zu demonstrieren.

Als Letztes traten Commander Brenzby, Heran, Admiral Dragphan und Commander Breckphan ein.

Major Travis winkte ihnen zu. Gemächlich schritten sie die Treppe herunter. Die Menge der Widerständlern machte ihnen bereitwillig Platz.

Major begrüßte seine Freunde.
»Wie ich sehe, konntet ihr unsere Worgass-Freunde schnell begeistern«, freute er sich.

Er gab Admiral Dragphan und Commander Breckphan die Hand.

»Es erleichtert mich sehr, dass sie uns in dieser schwierigen Situation unterstützen werden«, ergänzte er. »Wir möchten ihre speziellen Fähigkeiten nutzen. «

»Unsere Dankbarkeit wurde ihnen versprochen«, antwortete der Admiral Dragphan. »Wir werden ewig in ihrer Schuld stehen. Diese kleine Gegenleistung ist das Wenigste, dass wir für sie machen können.«

Major Travis begrüßte Heran und Commander Brenzby.

»Was ist hier los?«, fragte der Lantraner. »Steht der Angriff bereits bevor?«

Major Travis nickte und stellte die neuen Gäste Admiral Tarn-Lim und Admiral Rings-Stan.

»Sie sind aber kein auf Tarid Geborener?«, fragte Admiral Tarn-Lim den Lantraner.

Heran überragte ihn um eine Kopfgröße.
Nein«, antwortete er. »Sie haben richtig vermutet. Ich bin ein Lantraner. Unsere Rasse lebt schon sehr lange in der Milchstraße. Wir haben den Untergang ihres kaiserlichen Imperiums miterlebt. Leider konnten wir zu dem damaligen Zeitpunkt nicht eingreifen, weil wir eigene Probleme lösen mussten. Aber das ist eine andere Geschichte.«

»Sie sind die mysteriösen Hüter der Milchstraße«, antwortete der Admiral. »Der Name ihres Volkes taucht auch in unseren Geschichts-Archiven auf. Ich glaube, unser damaliger Kaiser hat auf eine intensivere Kontaktaufnahme mit ihrem Volk verzichtet.«

Heran nickte.
»Leider wollte er unsere Unterstützung nicht annehmen«, antwortet er. »Wie sie heute sehen, war das eine falsche Entscheidung.«

Major Travis trat auf das Podest.
»Kämpfer von Redartan«, rief er. »Wir ehren euren Mut und euren Kampfeswillen. Obwohl wir ursprünglich nur unsere Amazone einfangen wollten, hat uns Admiral Tarn-Lim um Unterstützung gebeten. Wir haben erkannt, dass das redartanische Volk etwas Besseres verdient hat, als durch seinen Kaiser drangsaliert zu werden. Wir werden die Widerstandskämpfer von Redartan unterstützen und ihren Kampf zu einem hoffentlich positiven Ende zu bringen. Kaiser Quoltrin-Saar-Arel wird von uns gefangengenommen und nach Natrid überführt, wo er sich vor einem ordentlichen Gericht rechtfertigen muss. In der Zwischenzeit ersetzen wir ihn durch ein Duplikat. Dieses kaiserliche Duplikat wird in aller Öffentlichkeit vor dem redartanischen Volk abdanken und eine Republik ausrufen.«

»Wie soll das praktisch umgesetzt werden?«, fragten einige Widerständler, die den Worten von Major Travis nicht folgen konnten.

»Ganz einfach«, antwortete der Major. »Ich bitte Admiral Rings-Stan zu mir.«

Der Admiral blickte irritiert.
»Keine Angst«, sagte der Major. »Sie spüren nicht das Geringste.«

Unsicher trat der Admiral Rings-Stan an die Seite des Majors.

»Das ist ihr Kommandeur«, sagte Major Travis. »Sie alle wissen, dass es ihn nur einmal gibt. Wir demonstrieren ihnen jetzt, wie unser Begleiter Admiral Dragphan seine Gestalt annimmt.«

Der Worgass trat vor und blickte den Admiral lächelnd an. »Ich muss sie kurz berühren, sagte er. »Es passiert ihnen nichts.«

Admiral Rings-Stan nickte mutig.
Der Worgass fasste ihn an der Hand an und ließ diese nach einigen Sekunden wieder los. Ein Aufschrei ging durch die Menge. Die Konturen von Admiral Dragphan veränderten

sich vor der staunenden Menge. Innerhalb von nur Sekunden standen zwei Admiräle Rings-Stan vor den Widerstandskämpfern.

Auch der richtige Admiral Rings-Stan blickte sein Double interessiert an. So sehr er sich auch bemühte, er fand keine Unstimmigkeiten. Der Worgass war ihm wie aus dem Gesicht geschnitten.

Major Travis blickte die Menge an.
»Sie sehen vor sich ihren Admiral und sein Double«, erklärte er. »Es ist nicht möglich, einen Unterschied festzustellen. So wird es auch Kaiser Quoltrin-Saar-Arel ergehen, bevor er von uns abgeführt wird. Sein Double wird nach den Wünschen von Admiral Tarn-Lim abdanken und eine natradische Republik ausrufen.«

Er drehte sich zu dem Worgass um.
»Nehmen sie bitte wieder ihre normale Gestalt ein«, sagte er. »Ich glaube, die Redartaner haben verstanden.«

Wieder drangen erstaunte Schreie von den Kämpfern zum Podium herauf, als die Gestalt des Worgass wieder veränderte.

Jubelschreie waren zu hören. Endlich glaubten die Redartaner an einer Veränderung auf ihrer Welt. Sie peitschten sich gegenseitig auf.

»Danke für ihre Unterstützung«, sagten Admiral Tarn-Lim und Admiral Rings-Stan fast gleichzeitig. «

Sie salutierten auf die alte natradische Art.
»Wir denken, dass wir mit ihrer Unterstützung siegen werden«, bemerkte die Admiräle.

»Wann findet die Ansprache der Kaiser statt? «, erkundigte sich Major Travis.

»Morgen Vormittag«, antwortete Admiral Tarn-Lim. »Nach ihrer Zeit, gegen 10 Uhr. Ich hatte ausreichend Gelegenheit ein wenig von ihrer Zivilisation zu erlernen. «

Major Travis lächelte ihn an.
»Dann sollten wir unsere Gruppenführer einweisen«, antwortete er. »Setzen wir uns zusammen und besprechen den Angriffsplan. Nichts darf außer Acht gelassen werden. «

Angriffsziele

Garadum-Zentral-Welt der Uylaner

Die Führung der Uylaner hatte sich an dem traditionsreichen, großen Flotten-Sammelplatz, auf dem großen Planeten Garadum versammelt. Dieses natürliche Becken war ein ausgetrockneter See des warmen Planeten. In weiter Entfernung konnte man rechts und links die Berghänge erkennen, die sich steil in den Himmel zogen. Seit Generationen wurden hier die in eine Schlacht fliegenden Raumkreuzer verabschiedet.

In weitem Abstand konnte man die 500.000 Schiffe der Flotte erkennen, die ausgerüstet auf ihren Einsatz warteten. Vor den Schiffen standen unzählige Soldaten in breiten Reihen-Formation.

Die Doronger, die als Clan-Chefs fungierten, hatten auf der extra errichteten Tribüne Platz genommen. Sie waren stolz auf ihre jungen kräftigen Kämpfer, die losgeschickt wurden, um den Ruhm ihrer Clans zu steigern.

Mehrere einhundert tausend Krieger hatten sich formiert, um den Dorongern die Ehre zu erweisen. Sie alle trugen schwarze metallische Uniformen, die aus Brustpanzer, Schulter, Beinschutz und einem Versorgungstornister bestanden. Ihre schweren Laser-Gewehre hielten die Krieger von ihrer Brust an in die Höhe. Ihre extra für den

Krieg kahlgeschorenen Köpfe, unterstrichen ihre starken Gesichtsknochen und ihren Kampfeswillen. Die gelben Augen der Uylaner stachen aus dem Dunkel ihrer Augenhöhlen hell hervor. Sie waren bereit in die Schlacht zu ziehen.

Als Urgun, der Vorsitzende des Ältestenrates sich erhob, ertönte ein lautes respektvolles »Graaah« aus den Mündern der Soldaten-Truppe.

Urgun nickte beeindruckt und hob seine Hände. Er schritt vor das bereitstehende Mikrofon.

»Krieger der Uylaner«, sagte er. »Die Zeit unseres Handelns ist gekommen. Viel zu lange haben wir uns von den Adramelech als Tiere behandeln lassen. Sie haben gedacht, wir wären immer noch ihre gezüchteten Sklaven. Doch die Zeit ihrer langen Abwesenheit hat auch unsere Wissenschaft sich weiter entwickeln lassen. Rechtzeitig konnten wir die Genmanipulation der Mächtigen aushebeln.

Die Clan-Chefs unserer Rasse haben einstimmig beschlossen, das Imperium der Mächtigen zum Wanken zu bringen. Wir werden Stamme der Adramelech als Sklaven zu nehmen und sie für erniedrigende Arbeiten einsetzen. Ihr werdet das Imperium angreifen und ihre angeblich so mächtige Flotte zerschlagen. Niemals mehr werden wir eine Beeinflussung unserer Rasse durch die Adramelech, oder einer anderen Species, erdulden und zulassen.

Der Jubel der Soldatenmenge ließ die Tribüne erzittern. Der Vorsitzende des Ältestenrates hatte die richtigen Worte gewählt.

Die zwei gefangenen Botschafter der Adramelech wurden nach vorne, an den Tribünenrand gezerrt. Hier konnten alle Soldaten-Krieger sie genau erkennen. Zwei Soldaten schlugen den Mächtigen ihre Waffen in die hinteren Kniekehlen. Sie sackten zu Boden und mussten kniend ihre Demütigung ertragen.

»Das sind sie«, fuhr Urgun fort. »Diese Rasse ist für unser Dasein verantwortlich. Vor langer Zeit teilten sie uns stolz mit, dass sie uns im Reagenzglas für ihre Dienste erschaffen hatten. Sie legten uns nahe, ihren gehorsam zu dienen, um so ein besseres Leben zu erhalten. Sie manipulierten unsere Gene und beuteten uns als Arbeits-Sklaven aus. Wir mussten für sie die Drecksarbeit erledigen und Tod und Verderben ins Universum bringen. Ihr kennt die Überlieferungen eurer Clans und wisst ganz genau, wovon ich spreche.

Als dann die Population unseres Volkes immer größer wurde, siedelten die Mächtigen unsere Rasse aus Sicherheitsgründen auf unserem heutigen Heimat-Planeten an. Dieser liegt weit von ihrem Imperium entfernt. Das von ihnen verwendete Transmitter-Wurmloch-Tor, kann nur von ihnen geöffnet werden. Immer wenn wir Aufgaben für sie erledigen durften, wurden wir von einer großen Begleit- Flotte durch das Transmitter-Wurmloch-Tor geflogen. Die Adramelech haben sich 150.000 Jahre nicht mehr gemeldet. Diese Zeit hat unseren Wissenschaftler ausgereicht, um die von ihnen verursachte Genmanipulation zu beseitigen. Wir sind nicht länger abhängig von ihnen. Ihr energetischer Impuls wird von unserem Gehirn nicht mehr akzeptiert.«

Wieder schwollen die Freudenrufe zu einer extremen Lautstärke an.

Urgun wartete, bis sich die Soldaten am Boden beruhigt hatten.

»Jetzt sind drei Botschafts-Schiffe der Adramelech zu uns gekommen«, erklärte er. »Es war leichtsinnig von ihnen, ohne eine Eskorte in unser System einzufliegen.

Der abgesandte Botschafter Lord Quito'Weytun gehörte zur der Obersten Vollkommenheit ihres Volkes.

Bei dem ersten Zusammentreffen mit dem Ältestenrat provozierte er die jungen Kämpfer des Clans der Marey-Uylaner derart, dass sie sich nicht mehr beherrschen konnten, ihn angriffen und ihn zerfetzten. Seine Begleiter heißen Bodra'Artun und Ludro'Heytun. Sie verhielten sich dagegen sehr zurückhaltend. Obwohl wir den Botschafter der Obersten Vollkommenheit verloren haben, sind noch die Abgesandten des mächtigen Regenten Zadra-Scharun, dem Herrscher des Wissens und der Erleuchtung, in unserer Gefangenschaft. Sie werden uns das Transmitter-Wurmloch-Tor in ihr gelobtes Imperium öffnen. Dort angekommen werden wir Tod und Verderben über ihre Zivilisationen bringen. Alles das, was sie uns jahrtausendelang angetan haben, werden wir ihnen jetzt zurückgeben.«

Die Menge grölte und stieß Kampfrufe aus.
»Nieder mit den Mächtigen«, schrien sie. »Die Adramelech haben viele Rassen im Weltraum für ihre Ideale manipuliert. Hierfür werden sie ihre gerechte Strafe erhalten. Wir werden sie zerreißen und ihr Fleisch essen. Ihre Kraft geht auf uns über.«

Urgun hob erneut seine Hände.
»Bringt uns ihre Technik«, forderte er. »Erbeutet alles, was euch fremd ist. Unsere Wissenschaftler werden es

analysieren. Zeigt kein Erbarmen. Warnt sie vor einem erneuten Eindringen in unser Hoheitsgebiet.«

Die Krieger jubelten und tanzten auf dem Raum-Flughafen des Planeten. Sie waren auf den Kampf eingeschworen.

»Ruhe bitte«, rief Urgun. »Ich komme gleich zu einem Ende. Spart eure Energie für den Kampf auf. Dieser wird nicht einfach werden. Auch die Adramelech sind im Kampf geübt.«

Er blickte die Soldaten-Kämpfer an.
»Ich darf den Doronger des Marey-Clans zu mir bitten«, sagte er.

Ein Uylaner trat neben den Vorsitzenden.
»Das ist unser geschätzter Doronger Furgun Marey«, teilte er mit. »Er wurde von dem Gremium der Clans einstimmig als Oberbefehlshaber unserer Flotte bestimmt. Erweist ihm eure Loyalität. Befolgt seine Befehle und Anordnungen.«

Die Menge jubelte dem Doronger zu, der den Beifall sichtlich genoss.

»Danke, werter Vorsitzender«, antwortete Doronger Marey. »Ich erkenne die große Ehre, die ihr mir zuteilwerden lasst. Ich verspreche, unsere Flotten zu einem großen Sieg zu führen. Wir werden nicht eher ruhen, bis wir den Mächtigen einen schmerzlichen Schlag versetzt haben.«

Er ballte seine Hand zur Faust und riss sie in die Luft. »Für Garadum und die Welten der Uylaner«, schrie er.

Die Masse wiederholte den Kampfruf schreiend. Sie schienen außer Rand und Band.

»Für Garadum und die Welten der Uylaner«, kreischten sie. »Keine Gnade für die Adramelech.«

Der Doronger hob seine Arme.
»Geht auf eure Schiffe und bereitet euch vor«, befahl er. »In einer Stunde startet unsere große Flotte zu einem bisher noch nicht dagewesenen Vergeltungs-Angriff. Geht zu euren Einheiten und besetzt eure Platze.«

Dreißig uylanische Kampf-Jets überflogen die Tribüne und zogen Kondensstreifen hinter sich her.
Die gefangenen Adramelech wurden fortgezerrt. Sie sollten auf das Flaggschiff des Doronger Furgun Marey gebracht werden.

Urgun trat an die Seite des Doronger Furgun Marey. »Die Kämpfer sind wie vereinbart auf sie eingeschworen«, lächelte er. »Jetzt liegt es an ihnen, sie zum Ruhm unseres Volkes zu führen.«

»Es wird nicht ihr Schaden sein«, antwortete der Doronger. »Sie haben die Wünsche unseres Clans hervorragend integriert. Millionen von genmanipulierten Uylaner-Eiern wurden in speziellen Kühlgeräten auf unseren Schiffen eingelagert. Diese werden wir auf den Planeten der Adramelech an geeigneten Brutplätzen auslagern. Es wird eine Zeit brauchen, bis der Nachwuchs schlüpfen wird. Doch sie werden nur einen einzigen Wunsch verspüren. Das Imperium der Adramelech zu vernichten. Falls unsere Flotte nicht den gewünschten Erfolg erzielt, dann wird diese Aufgabe unser gezüchteter Nachwuchs vollenden.«

»Wissen andere Clan-Chefs etwas von ihrem Vorhaben?«, fragte Urgun.

Doronger Marey schüttelte seinen Kopf.
»Je weniger Uylaner hiervon wissen, um so besser für uns«, antwortete er. »So vermeiden wir unnütze Diskussionen und Abstimmungen unter den Clans.«

»Befürchten sie nicht, dass sich die Population ihres Clans um ein Vielfaches vergrößert, im Verhältnis zu den restlichen Clans gesehen?«, fragte der Vorsitzende.

Doronger Marey lächelte Urgun an.
»Das werter Vorsitzende, ist der Plan«, antwortete er geheimnisvoll.

Das brummige Anlaufen hunderter Antrieben von Raumschiffen, ließen die Köpfe der beiden Uylaner in die Richtung des Raum-Flughafens drehen. Erste Schiffe starteten, um in der Umlaufbahn von Garadum ihre zugewiesene Position in der Formation der Flotte einzunehmen.

»Ich bedauere unser Gespräch nicht fortführen zu können«, sagte Doronger Furgun Marey. »Aber sie sehen ja, meine Anwesenheit wird auf dem Flaggschiff erwartet.«

Er verbeugte sich vor dem Vorsitzenden des uylanischen Ältestenrates.

»Wir führen das Gespräch nach meiner Rückkehr weiter«, lächelte er. »Ich hoffe, mit positiven Nachrichten von unserer Mission. Bis bald, Urgun.«

»Bis bald, Doronger Marey«, erwiderte der nachdenklich gewordene Vorsitzende leise.

Ganze elf Stunden war die große Flotte der Uylaner in die unbekannten Tiefen des Weltraums vorgedrungen. In dieser Zeit konnten die Gruppen der Clan-Schiffe dreiunddreißig Hyperraumsprünge durchführen. Nach den vorgegebenen Koordinaten der gefangenen Adramelech wurde der Kurs programmiert. Zwar versuchten die Mächtigen die Flotte immer wieder auf eine falsche Route zu lenken, doch ihre anschließende Folterung brachte schließlich die exakten Koordinaten heraus.

Doronger Furgun Marey betrat die Brücke seines Flaggschiffes. Er blickte auf den aktivierten Zentral-Bildschirm und nickte.

»Status?«, fragte er.
»Der Flug ist weitestgehend reibungslos abgelaufen«, antwortete Steuermann Murgun.

»Wir haben während der dreiunddreißig Hyperraumsprünge lediglich siebzehn Schiffe verloren, die unseren vorgegebenen Kurs falsch programmiert haben«, teilte der Ortungs-Offizier Turgan mit. »Diese

Schiffe konnten uns nicht mehr einholen. Vermutlich sind sie ins heimatliche System zurückgekehrt.«

»Das ist eine ausgezeichnete Quote«, bestätigte der Doronger. »Wo soll sich das große Transmitter-Wurmloch-Tor der Adramelech befinden? Außer ein paar jungen Sternen-Galaxien, die sich unter einem diffusen Nebel verbergen, sehe ich nicht viel.«

»Wir sind noch einen Sprung von den Koordinaten entfernt«, antwortete der 1. Offizier des Schiffes. »Ich habe sie rufen lassen, weil ich annahm, dass sie bei dem Erreichen unseres Ziels anwesend sein möchten.«

»Das war eine gute Entscheidung«, lobte der Doronger seinen Offizier. »Haben die Adramelech Probleme gemacht?«

»Sie wollten uns eine falsche Route vorgaukeln«, lachte Zyrill.

Er war der Sicherheits-Offizier des Schiffes.

»Einige Stiche unserer Dolche in ihre blaue Haut ließen schnell die richtigen Koordinaten ans Licht kommen«, ergänzte er.

Die Offiziere auf der Brücke des Flaggschiffes lachten laut auf. Das tiefe Gelächter hallte durch den Kontrollraum des Schiffes.

»Der Schmerz macht gefügig«, schmunzelte der Doronger.

»Bereitet den nächsten Sprung vor«, befahl der 1. Offizier. »Gebt die Koordinaten an alle Schiffe durch.«

Er blickte auf seinen Vorgesetzten und erkannte, dass dieser sichtlich zufrieden war.

»Die Bestätigungen kommen zurück«, meldete Funk-Offizier Cyrgin.

Der 1. Offizier wartete, bis sich Doronger Marey in seinen Kommando-Sessel gesetzt hatte. Dann griff er nach der Haltestange und sicherte seinen Stand.

»Den Sprung durchführen«, befahl er.
Sekundenschnell verschwand die Flotte im Hyperraum. Nach einer Zeitspanne, die für Besatzungen der Schiffe nicht messbar war, stieß die Flotte an ihrem Ziel wieder in den Normalraum ein.

»Ortungen?«, erkundigte sich Doronger Furgun Marey. »Geben sie mir bitte einen Bericht.«

»Wir haben die Entfernung von 2.700 Lichtjahre übersprungen«, meldete Turgan. »Die aktuellen Daten bauen sich auf.«

»Bitte auf den zentralen Bildschirm legen«, befahl der 1. Offizier.

Langsam schob die Schiffs-Hypertronic die Daten auf den großen Bildschirm. Immer mehr Einzelheiten wurden sichtbar.

»Wir sind am Ziel«, meldete der Ortungs-Offizier. »Rechts oben auf dem Bildschirm ist das Tor der Adramelech sehr klein zu erkennen. Die Entfernung beträgt 230 Lichtjahre.«

»Ich sehe es«, antwortete Doronger Furgun Marey. »Es ist verschlossen.«

Hinter dem großen Wurmloch-Tor drehte sich eine große Spiral-Galaxie, die ihr Licht auf das Tor warf.

»Erkenne ich dort eine kleine Steuerbasis?«, fragte der Befehlshaber der Flotte.

»Tiefen-Scans werden eingeleitet«, bestätigte der Ortungs- Offizier.

Alarmsirenen hallten durch die Zentrale.

»Annäherungs-Alarm«, meldete Turgan. »Unsere Ortungsstrahlen werden reflektiert. Ich orte zehn überschwere Kriegsschiffe der Adramelech auf einen Kollisions-Kurs zu unserer Flotte.«

»Sie haben uns identifiziert«, lachte der Doronger. »Vermutlich hoffen sie uns mit nur zehn Schiffen abzufangen.«

»Beachten sie bitte, dass es größere Schiffe sind als die unseren«, bemerkte der 1. Offizier. »Vermutlich ist ihre Waffenstärke überlegen.«

Doronger Furgun Marey dachte nach.
»Das ist ein guter Einwand«, bemerkte er. »Befehlen sie eine Gruppe von einhundert Schiffen zu den Adramelech. Ich erteile ihnen Feuerfreigabe, sobald sie in Schussreichweite gekommen sind.«

Bruksill lief zu der Funkkonsole und ließ den Befehl seines Vorgesetzten durchgeben. Nur wenige Sekunden vergingen, dann beschleunigte eine Gruppe von einhundert Schiffen und flog den Adramelech entgegen.

Entspannt lehnte sich der Oberbefehlshaber in seinem Kommandostuhl zurück und beobachte das Szenario. Sein 1. Offizier kam zurück.

»Ich habe die Flotte in Alarmbereitschaft versetzt«, teilte er mit. »Wir können nicht vorsichtig genug sein. «

Der Doronger sah ihn an.
»Das habe ich aber nicht befohlen? «, erwiderte er.

»Warum setzen sie unser Personal unter Stress? Noch sind wir nicht in dem Imperium der Mächtigen angekommen. «

»Ich habe ein ungutes Gefühl«, antwortete der 1. Offizier. »Wir sollten nicht zu leichtfertig mit unseren Ressourcen umgehen. «

»Stellen sie meine Kompetenz in Frage? «, erkundigte sich der Doronger.

»Nein«, antwortete der erste Offizier entrüstet. »Ich habe mir lediglich erlaubt, ihre Befehle zu optimieren. Das sollte doch die Aufgabe eines 1. Offiziers sein? «

Der Doronger nickte beiläufig.
»Sie haben Recht«, antwortete der Kommandeur der uylanischen Flotte. »Unsere Schiffe kommen jetzt in Schussreichweite. «

Die Brückencrew des Flaggschiffes sah, wie die kleine Flotte ihre Formation auflöste und in einer breiten Angriffslinie auf die zehn Schiffe der Adramelech zuflog Hunderte greller Laserstrahlen zischten auf die Schiffe der Mächtigen zu, die ihre 2.500 Meter messenden Schiffe weiter auf ihrem Kurs hielten. Die Schutzschirme der Schiffe flackerten kurz auf, als die Laser-Strahlen der uylanischen Schiffe einschlugen. Doch schnell normalisierten sich die Schutzschirme wieder.

»Die Schiffe sollen auf automatisches Dauerfeuer wechseln«, befahl Doronger Furgun Marey. »Ihre Schutzschirme sind stark. Die Angriffs-Schiffe müssen alle ihre Geschütztürme einsetzen. Einzelne Treffer bewirken nichts. «

»Ihr Befehl ist raus«, bestätigte der Funk-Offizier.

Die Crew blickte weiter auf den zentralen Bildschirm und erkannte, dass ein energisches Dauerfeuer den Adramelech-Raumkreuzern entgegenschlug. Sie wurden förmlich von den Feuerlanzen der einhundert uylanischen Schiffe eingehüllt.

»Achtung«, warnte der Ortungs-Offizier. »Die Schutzschirme der zwei äußeren Großschiffe kollabieren. Wenn sie jetzt weitere Treffer einstecken müssen, dann...«

Er brauchte seinen Satz nicht mehr auszusprechen. Doronger Furgun Marey sah, wie die zwei äußeren Schiffe der Adramelech in einer grellen Stichflammen zu kleinen Kunstsonnen verpufften. Geblendet drehte er sein Gesicht von dem Bildschirm ab.

»Zwei feindliche Schiffe wurden vernichtet«, meldete Turgan. »Die restlichen acht Schiffe befinden sich weiter auf Kollisionskurs.

»Sie haben ihr Gegenfeuer aktiviert«, teilte der 1. Offizier mit.

Die Crew verfolgte, wie massives Gegenfeuer auf die uylanischen Schutzschirme einschlug. Einige der Schiffe, deren Schirme sich bereits ins Rotglühende verfärbt hatten, versuchten aus der Schusslinie der näherkommenden Schiffe der Mächtigen zu kommen. Doch die zielgenauen Waffensysteme der Adramelech erfassten die gefährdeten Schiffe und beendeten ihr Dasein. Fast gleichzeitig explodierten drei Schiffe der Uylaner in grellen Energie-Entladungen.

Doronger Marey hatte die Vernichtung der ersten Einheiten seiner Flotte mitbekommen. Verärgert schlug er mit seiner Faust mehrmals auf die Armlehne seines Kommando-Sessel.

»Einsatz von unterstützenden Feind-Raketen«, befahl er. »Muss ich denn immer alles selbst anordnen. Mein Befehl lautete, die Feindschiffe zu vernichten.«

»Ihr Befehl wurde an die Angriffs-Flotte übermittelt«, antwortete der Funk-Offizier gelassen.

Er kannte seinen Vorgesetzten zur Genüge. Wenn einer seiner Pläne nicht aufging, wurde er unausstehlich.

Auf dem Bildschirm sah die Crew ein Blitzgewitter aus Laserstrahlen zwischen den kämpfenden Schiffen entstehen. Lasersalven rasten durch den dunkeln Raum und erhellten ihn.

»Raketeneinschlag steht unmittelbar bevor«, teilte der Ortungs-Offizier mit.

Der Doronger sah, wie hunderte von Raketen auf die Schiffe der Adramelech zuflogen. Drei der 2.500 Meter messenden Schiffe der Mächtigen, waren durch den automatischen Laser-Beschuss der Uylaner-Flotte derart geschwächt, dass sich ihre Energie-Schirme bereits tiefrot verfärbt hatten. Die einschlagenden Feind-Raketen explodierten und ließen die Schirme kollabieren. Breite Öffnungen entstanden in den Feldern. Nachrückende Raketen durchflogen die Lücken und schlugen an verschiedenen Stellen in die ungeschützten Bordwände der Schiffe auf. Die sich ausbreitenden Explosionen fraßen sich tief in das Schiffsinnere fort. Es vergingen nur Sekunden, dann explodierten die drei Groß- Kampfschiffe der Adramelech in gigantischen Feuerbällen. Der dunkle Weltraum erhellte sich in der grellen Feuersbrunst.

»Wir haben drei weitere Feindabschüsse«, meldete der Ortungs-Offizier des Flaggschiffes. »Die Schiffe der Adramelech haben unsere Flotte erreicht.«

Die Crew des Schiffes sah, wie die verbliebenen fünf Schiffe ihre Unterseiten der Uylaner-Flotte zudrehte. Ein blaues Leuchten war unterhalb ihrer Schiffe zu erkennen. Dann breitete sich diese blaue Energie aus und legte sich gezielt über die Schiffe der Uylaner. Die Lasersalven der uylanischen Schiffe versagten.

»Was passiert da?«, fluchte der Doronger. » Warum feuern unsere Schiffe nicht mehr?«

»Ich orte eine fremde Energieform«, meldete Turgan. »Die Zusammensetzung kann nicht bestimmt werden. «

»Ich erhalte eingehende Hilferufe von Schiffen unserer Angriffs-Flotte«, meldete der Funk-Offizier. »Die Antriebe ihrer Schiffe versagen, die Schutzschirme kollabieren. «

»Neuer Befehl an die Flotte«, schrie der Doronger. »Alle Schiffe rücken vor und feuern alles ab, was wir an Bord haben. Die Schiffe der Adramelech müssen ausgeschaltet werden. «

»Ihr Befehl ist raus«, meldete Cyrgin.

Die Flotte beschleunigte und flog auf die Schiffe der Adramelech zu. Noch waren sie weit entfernt.

Doronger Furgun Marey blickte auf die Instrumente und las die Entfernung ab.

Ein Aufschrei ließ ihn wieder auf den zentralen Bildschirm blicken. Zahlreiche kleine Kunstsonnen entstanden auf den Positionen der vorgerückten uylanischen Angriffs-Schiffe. Es war so, als ob jemand ein Feuerwerk abbrannte. Im Sekundenrhythmus explodierten alle siebenundneunzig Schiffe der uylanischen Angriffs-Flotte in grellen Feuerbällen.

Der Doronger konnte es nicht glauben und saß regungslos in seinem Kommandosessel.

»Lassen sie auf die blaue Energie, unterhalb ihrer Schiffe feuern«, empfahl der 1. Offizier. »Sie bauen ihre Energie wieder auf. «

Die Flotte der Uylaner kesselte die Schiffe der Adramelech ein. Unterhalb der Schiffe tobte ein Blitzgewitter. Unzählige Laserstrahlen schlugen in die Ausdehnungsfelder der blauen Energie ein und überlasteten das Ausdehnungsfeld. Der Angriff der uylanischen Flotte krönte sich mit Erfolg. Die Schiffe der Adramelech explodierten der Reihe nach in gigantischen gelben Feuerbällen. Die Druckwelle schüttelten die kleineren Schiffe der Uylaner kräftig durch.

Doronger Furgun Marey nickte seinem 1. Offizier zu. »Jetzt kennen wir ihre Schwachstelle«, sagte er. »Unser nächster Angriff wird ihrer blauen Energie, unterhalb ihrer Schiffe gelten.«

Er blickte auf den zentralen Bildschirm und bemerkte, wie die Feuerbälle der fünf Adramelech-Schiffe verpufften.

»Holt sofort die Botschafter auf die Brücke«, befahl der Doronger.

Es dauerte einige Minuten, dann wurden die gefangenen Adramelech von Soldaten auf die Brücke gezerrt.

»Gebt den Code für das Wurmloch-Tor ein«, sagte der Doronger freundlich. »Nur so könnt ihr euer Leben verlängern.«

Die Adramelech sahen sich an.
»Wir brauchen das Tablet von Lord Quito-Weytun«, antwortete Ludro'Heytun. »Hiermit können wir das Tor öffnen.«

Doronger Marey winkte mit seinem Arm. Aus dem Hintergrund kam ein Techniker und reichte den Gefangenen das benötigte Gerät.

Botschafter Ludro'Heytun gab einige Ziffern und Zahlen ein. Dann drückte er auf die Bestätigungstaste. Doronger

Marey blickte entspannt auf den zentralen Bildschirm. Mit seiner rechten Hand öffnete er den Verschluss seines Laser-Holsters. Niemand auf der Brücke hatte es mitbekommen.

Auf dem Bildschirm aktivierte sich das Wurmloch-Tor. Blaue Energie füllte den Rahmen und breitete sich aus. Nach einem kurzen Pulsieren stabilisierte sich der Durchgang.

»Das Wurmloch-Tor ist stabil«, meldete der Ortungs-Offizier. »Unsere Schiffe können durchfliegen.«

Doronger Furgun Marey stand auf und lächelte die Adramelech an.

»Danke für ihre Unterstützung«, sagte er. »Dann riss er seinen Laser-Strahler aus dem Holster und schoss mehrmals auf die erstaunten Adramelech. Leblos sackten sie in sich zusammen. Aus mehr als sechs Einschusslöchern sprudelte ihr Blut.

»Das ist für unsere vernichteten Schiffe und unsere getöteten Brüder«, sagte der Doronger.

Angewidert spuckte er auf die Toten.

»Werft sie aus der Luftschleuse«, befahl er. »Ich möchte ihren Geruch nicht mehr in diesem Schiff haben.«

Die Flotte der Adramelech verweilte noch wenige Minuten an ihrem Standort. Dann beschleunigte sie und flog in strenger Formation in das geöffnete Wurmloch. Am anderen Ende lag das Hoheitsgebiet der Mächtigen. Doronger Furgun Marey hatte sich fest vorgenommen, Rache für seine getöteten Clan-Brüder zu nehmen.

Die Zeitdauer der Entstofflichung konnte nicht erfasst werden. Für die Offiziere auf den Schiffen war es nur wenige Sekunden gewesen.

Doronger Marey fröstelte es. Er blickte auf die Instrumente seiner Kontrollkonsole und bemerkte die kristalline dünne Reifschicht auf den Instrumenten. Die Temperatur des Übergangs hatte einen Teil der Feuchtigkeit aus dem Luftgemisch der Sauerstoffversorgung gefrieren lassen.

»Irgendwelche Schäden?«, fragte der Befehlshaber der Flotte.

»Alle Maschinen laufen konstant«, antwortete Drgun.

Er war Techniker und für den Maschinenraum des Schiffes verantwortlich.

»Es ist zu keiner Überhitzung gekommen«, erklärte er. »Unser Schiff ist einsatzbereit.«

»Den zentralen Schirm aktivieren«, befahl Doronger Marey. »Wo sind wir?«

»Die Ortungsanzeigen bauen sich neu auf«, meldete Turgan. »Die Hypertronic-KI unseres Schiffes scheint Probleme zu haben unseren Standort zu bestimmen.«

Der zentrale Bildschirm zeigte einen dunklen Raum, der von bläulichen Blitzen durchzogen wurde. Nicht weit vor der Flotte lag ein kleines Sternen-System. Es bestand aus drei großen Planeten. Auch von diesen Planeten schien eine leichte blaue Färbung auszugehen. Einer von ihnen wurde von einem sichtbaren Ring-System umspannt. Durch das System zog sich ein Meteoriten-Feld, das von der Schwerkraft der Planeten angezogen wurde.

»Wie ist unsere Position?«, wiederholte der Doronger seine Frage.
»Wir befinden uns außerhalb des uns bekannten Sternen-Systems«, meldete der Ortungs-Offizier. »Eine Standortbestimmung ist nicht möglich.«

Der 1. Offizier war zu seinem Vorgesetzten getreten. »Ich wollte sie noch warnen, ihre Laserpistole gegen unsere Gefangenen einzusetzen«, erklärte er. »Leider kam ich nicht mehr dazu. Sie hatten sich bereits ereifert und die Adramelech getötet. «

»Ich hatte genug von ihnen«, schrie der Doronger. »Sie haben uns die ganze Zeit an der Nase herumgeführt. «

»Wissen sie das so genau? «, fragte Bruksill. » Sie hätten uns von dieser Position weiter zu ihrem Imperium führen können. «

»Das finden wir auch ohne ihre Hilfe«, erwiderte der Flottenbefehlshaber erbost.

»Möglich«, antwortete der stellvertretende Offizier. »Doch was passiert, wenn wir unseren Rückflug antreten. Ist dann wieder eine Code-Eingabe nötig, um das Transmitter-Wurmloch-Tor zu öffnen. Akzeptiert das Tor den gleichen Code, oder ist ein anderer notwendig? Falls wir das Tor nicht mehr öffnen können, dann sitzen wir hier für die restliche Zeit unseres Lebens fest. «

Doronger Marey blickte ihn an.

»Aus dieser Perspektive habe ich die Situation noch nicht betrachtet«, antwortete er. »Doch diese Mission hat noch eine weitere hoheitliche Aufgabe. Diese werden wir in jedem Fall erfüllen.«

Der 1. Offizier blickte in fragend an.
»Welche Aufgabe könnte das sein?«, erkundigte er sich.

»Wir werden in dem Imperium der Mächtigen, auf vielen ihrer Planeten, genmanipulierte Eier aus unserem Brutgelege auslegen. Irgendwann werden unsere Nachkommen schlüpfen und das Imperium des Regenten des Wissens und der Erleuchtung mit Dunkelheit überziehen. Nichts mehr wird mehr so sein, wie es war. Unsere genmanipulierten Nachkommen werden nur eines im Sinn haben. Die Ausrottung der von sich so voreingenommenen Mächtigen. Ob wir jemals wieder in unsere Heimat zurückkommen, das spielt keine Rolle. Der eigentliche hoheitliche Plan ist die Auslegung unserer Nachzucht.«

Der 1. Offizier zog sich schockiert zurück. Er war nicht in den Plan eingeweiht gewesen.

»Orten wir Signale, oder Lebensformen von den Planeten?«, fragte der Doronger.

Turgan hatte sich tief über seine Instrumente gebeugt. »Ich empfange etwas«, antworte er. »Noch sehr undeutlich, aber die Impulse sind da. Sie kommen von dem großen blauen Riesen vor uns. Dort scheint eine kleine Kolonie der Adramelech zu leben. Sie haben sich auf allen Kontinenten ausgebreitet. Die Sensoren zeigen eine Bevölkerungsdichte von knapp 18.000 Wesen an. «

Der Doronger rieb sich die Hände.
»Es ist Zeit, um unseren Hunger zu stillen«, antwortete er. »Wir gönnen uns einen kleinen Aufenthalt auf ihrer Welt und werden uns dort austoben. «

»Ich empfange noch etwas«, teilte der Ortungs-Offizier mit. »In dem Meteoriten-Feld vor uns, befindet sich eine Frühwarn-Station. Es scheinen starke Hyperkomm-Funkstationen installiert worden zu sein. Ich erkenne auch eine spezielle Forschungseinrichtung, die unter einem Ausdehnungsfeld liegt. «

Der Ortungs-Offizier hob seinen Kopf und blickte den Doronger an.

»Es handelt sich um eine Zapfanlage für ihre blaue Energie«, ergänzte er. »Die Daten meiner Scans deuten eindeutig auf die Förderung der fremden blauen Energie hin. Es handelt sich um die gleichen Werte, die ich bei ihren Raumschiffen angemessen habe.«

Der Doronger überlegte.
»Bevor wir unseren Angriff auf ihre Kolonie starten, müssen wir die Hyperkomm-Relais-Stationen ausschalten«, sagte er. »Die Adramelech brauchen noch nichts von unserer Ankunft erfahren. Nebenher werden wir die Zapfstelle für ihre blaue Energie vernichten. Je weniger sie hiervon haben, umso besser für uns. Gegen diese Energie sind unsere Schutzschirme machtlos. Falls wir es schaffen sollten, ihnen den Nachschub an diesen Energien abzuschneiden, dann haben wir einen gewaltigen Sieg für unsere Flotte gesichert.«

Doronger Marey winkte seinen 1. Offizier zu sich.
»Ihre Stellungnahme zu diesem Plan?«, fragte er.

Bruksill sah seinen Vorgesetzten an.
»Ich stimme ihrer Einschätzung zu«, erwiderte er. »Falls wir die Zapfstellen ihrer blauen Energie ausschalten können, dann werden die Adramelech auf Augenhöhe mit uns kämpfen müssen. Ihre Laser-Waffen sind nicht wesentlich weiterentwickelt, als die unseren. Ein uylanischer Sieg wäre denkbar.«

Doronger Furgun Marey hielt es nicht mehr auf seinem Stuhl. Er sprang auf und schlug sich mit seiner Faust auf die Brust.

»Uylaner«, schrie er. »Macht euch für den Angriff bereit. »Informiert unsere mächtige Flotte. Die Dorgill-Clan-Geschwader werden einen Angriff auf die Frühwarn-Station fliegen. Sobald die Station auf dem Meteoriten ausgeschaltet wurde, fliegt unsere Haupt-Armada den blauen Planeten an. Vernichtet ihre planetaren Abwehr-Systeme, ihre Städte, ihre Häuser und sie selbst. Nehmt keine Rücksicht auf die Mächtigen. Sie haben unserm Volk zu großes Leid angetan. Löscht ihre Zivilisation bedenkenlos aus. Dann landen wir und nähren uns an ihren Kadavern. «

»Ihr Angriffs-Befehl wurde weitergegeben«, antwortete der Funk-Offizier des Flagg-Schiffes. »Die Bestätigungen kommen bereits zurück. Unsere Flotte macht sich bereit.«

»Sehr gut«, lachte der Doronger.
Er und die Crew seines Schiffes verfolgten auf dem Bildschirm, wie sich einhundert Kampf-Schiffe aus dem Haupt-Verband der Armada lösten und einen Kurs auf den geheimnisvollen Meteoriten einschlugen. Auf ihm leuchtete eine transparente große Kuppel, in der grelle Energie-Entladungen hin und her tanzten.

Systempunkt Redartan

In dem geheimen Unterschlupf des Widerstandes waren hektische Aktivitäten angesagt. Die Gruppenführer der einzelnen Trupps erhielten ihre Befehle. Admiral Rings-Stan, Admiral Tarn-Lim, Heran und Major Travis standen zusammen und beobachteten die Vorbereitungen. Die primäre Zielsetzung sah vor, einen Scheinangriff auf die Soldaten der kaiserlichen Kaste zu führen, um die Einheiten von der Pyramide fortzuziehen. Die Führung des Widerstandes hoffte, mit getarnten Einheiten in das Innere der kaiserlichen Verwaltung vorstoßen zu können.

Major Travis hatte empfohlen Luftunterstützung einzusetzen, falls Kampfgleiter des redartanischen Imperiums aus der Luft angreifen würden. Die fünf Gleiter des Widerstandes, weitere acht Gleiter des redartanischen Flotten-Oberkommandos und die drei experimentellen Tarin-Jets des neuen Imperiums beteiligten sich hieran. Commander Brenzby hatte den Befehl über das kleine, aber schlagkräftige Geschwader übernommen.
Admiral Rings-Stan nahm die Idee begeistert auf und bedankte sich für die Unterstützung.

»In drei Stunden findet die Ansprache des Kaisers statt«, sagte er. »Wir sollten uns bereit machen und unsere Positionen einnehmen.«

»Ihre Soldaten werden alle wichtigen Zugänge zu dem Palast einnehmen«, bemerkte Heran. »Stellen sie ihre Leute getarnt an diesen Schlüsselpositionen auf. Falls die kaiserlichen Garden aus ihren geheimen Ausgängen strömen, dann befinden sich ihre Truppen bereits in ihrem Rücken. Die Soldaten der kaiserlichen Kaste werden nur Augen für die Menge vor der Pyramide haben. Sobald sich die Soldaten sammeln, paralysieren sie diese unverzüglich.«

Admiral Rings-Stan nickte ihm zu. Er informierte Lord Gyron-Zirn, um die entsprechenden Einheiten einzuweisen.

»Unsere Leute werden mit ihnen und Lorin zu den Gemächern des Kaisers vorstoßen«, sagte Major Travis. »Wir sorgen dafür, dass alle Hindernisse aus dem Weg geräumt werden. Unsere Roboter und Marines werden eindringende Kampf-Einheiten aufhalten und in Gefechte verwickeln.«

»Sie setzen ihre Kampf-Roboter auch in der Pyramide ein?«, fragte der Admiral.

Major Travis nickte.

»Der größte Teil dieser Einheiten wird sich im Inneren verschanzen und zukehrende redartanische Spezialkarte aufhalten«, erklärte er. »Sie lassen niemanden mehr eindringen, so dass wir uns in Ruhe um den Kaiser kümmern können.«

»Gut«, antwortete Admiral Rings-Stan. »Einige unserer Trupps bewachen die uns bekannten geheimen Ausgänge der Pyramide. So sollten auch diese Fluchtwege verbaut sein.«

»Was ist mit meiner Truppe?«, erkundigte sich Admiral Tarn-Lim. » Die Offiziere des Flotten-Oberkommandos möchten auch ihren Teil zu dem Umsturz beitragen.«

Major Travis, Heran und Admiral Rings-Stan blickten ihn an.

»Der Plan hat sich geändert«, erklärte Major Travis. »Ihre Truppe wird sie beschützen. Falls ihnen etwas zustößt, dann funktioniert unser ganzer Plan nicht mehr. Sie werden als erster Kanzler der redartanischen Republik ausgerufen werden.«

Major Travis winkte sein Team zu sich, welches bei den beiden Worgass stand und sich mit ihnen unterhielt.

»Wir bleiben zusammen und dringen mit Admiral Rings-Stan und Lorin in die Gemächer des Kaisers ein«, sagte er. » Wir passen auf, dass die Amazone nicht durchdreht. «

Er blickte Sirin an.
»Möchtest du auch noch etwas mit deinem Onkel besprechen? «, fragte er.

Sirin blickte ihn ärgerlich an.

»Eigentlich nicht«, antwortete sie. » Wir hatten kein inniges Verhältnis. Er wird sich höchstens wundern, mich zu sehen. «

»Sollte das eine Genugtuung für dich sein? «, lächelte der Major. »Bei der Gelegenheit kannst du ihm mitteilen, dass du maßgeblich daran beteiligt bist, das alte Natrid wieder aufzubauen. «

»Wenn sich eine Gelegenheit ergibt, mache ich das gerne«, erwiderte die natradische Prinzessin kalt. »Falls er von uns mitgenommen wird, habe ich später noch Zeit genug hierfür. «

Major drehte sich zu den beiden Worgass um.
»Wer von ihnen wird den Job übernehmen?«, fragte er.

» Wir verstehen uns richtig «, fragte Admiral Dragphan. »Wir sollen nur bis zu dem Zeitpunkt als Kopie des Kaisers fungieren, an dem die Republik ausgerufen und Admiral Tarn-Lim als Übergangs-Kanzler vereidigt wurde. «

»Das ist richtig«, bestätigte Major Travis. »Damit ist ihre Aufgabe erledigt. «

»Wir haben die Aufgabe verstanden«, erwiderte Admiral Dragphan.

Er zeigte auf Commodore Breckphan.
»Mein Stellvertreter hat sich bereit erklärt, diese Gefälligkeit zu übernehmen«, fuhr er fort.

»Entschuldigung, dass ich unterbreche«, sagte Admiral Rings-Stan. »Es ist so weit, wir müssen unsere Trupps herausbringen. «

Er trat vor das Mikrofon seines Rednerpultes.

Dreimal klopfte er gegen das Mikrofon, die Geräuschkulisse in der großen Raumschiff-Montagehalle verstummte. Die große Bodenfläche ließ sich mit der Größe eines Fußballfeldes vergleichen.

Fast zehntausend entschlossene Widerstandskämpfer standen bei ihren Gruppenführern und blickten ihn an.

»Kämpfer, Kämpfer und Freunde«, sprach der Admiral. In ein Mikrofon. »Unser lang ersehnter Zeitpunkt ist zum Greifen nahe. Wir haben uns hier in der alten Montagehalle unserer Vorfahren versammelt um gegen ein totalitäres Regime, angeführt von Kaiser Quoltrin-Saar-Arel und seiner kaiserlichen Kaste, rigoros vorzugehen. Wir alle sind der Unterdrückung überdrüssig. In wenigen Minuten wird Lord Gyron-Zirn und Commodore Run-Lac unsere Einheiten aus den unterirdischen Gängen dieser Halle ins Freie begleiten.

Ihr alle habt eure Befehle erhalten und ihr wisst, worum es in unserer finalen Schlacht geht. Der Kaiser muss abdanken. Wir werden eine redartanische Republik ausrufen. Admiral Tarn-Lim, der abgesetzte Ober-Befehlshaber des Flotten-Oberkommandos hat sich bereit erklärt, für eine Übergangszeit die Amtsgeschäfte des Imperiums zu übernehmen. Er ist der Einzige von uns, der entsprechend eingeweiht ist und noch über frische Informationen aus der kaiserlichen Verwaltung verfügt. Später werden wir eine Volksabstimmung durchführen und einen Kanzler wählen, der von dem redartanischen Volk bestimmt wird.«

Lauter Beifall dröhnte durch die Halle.
Der Admiral hob seine Hände.
»Wir haben Verstärkung aus Natrid erhalten«, erklärte er. »Major Travis und seine Bodentruppen werden uns unterstützen. Gleichzeitig sichern getarnte Gleiter den Luftraum vor der Pyramide. Falls Gleiter der kaiserlichen Kaste auf die Demonstranten feuern sollten, werden sie sofort eingreifen und die Gleiter hoffentlich vom Himmel holen.«

Erneut ertönte lauter Beifall, welcher die Ansprache des Admirals unterbrach.

Er hob seine Arme.
»Last mich bitte ausreden«, bat er. »Heute ist ein geschichtsträchtiger Tag. Widerstandskämpfer aus allen Kontinenten unseres Planeten haben sich in der Hauptstadt versammelt. Sie sind unserem Ruf gefolgt und verbünden sich mit ihren Kollegen aus den anderen Ländern. Sie alle wurden darauf vorbereitet, die größte Widerstandsaktion durchzuführen, die es auf Redartan je gab. Unser Imperium wird an dem morgigen Tag eine neue Bedeutung haben. Es wird nicht mehr für die Missachtung von Leben stehen und für die Auslöschung

von Individuen, die mit den Befehlen des Kaisers nicht einverstanden sind.

Unser gemeinsames Interesse verbindet uns. Heute entscheidet sich unser Schicksal. Es ist der Tag, an dem die Niederlage für das kaiserliche Regime eingeleitet wird. Wir müssen einmal mehr für unsere Freiheit demonstrieren, ja sogar tapfer kämpfen, um der niederträchtigen Verfolgung, Tyrannei und Unterdrückung ein Ende zu bereiten. Heute stehen wir auf und stemmen uns gegen die Auflagen des Kaisers. Wir kämpfen für unser Recht, als Redartaner frei leben zu können. Sollten wir diesen schweren Tag überstehen, wird dieser Moment für immer in die Geschichte unseres Volkes eingehen. «

Admiral Rings-Stan ballte seine Hand zur Faust. Diese schlug er sich vor seine Brust und hielt sie halbhoch in die Höhe.

»Wir werden siegen«, schrie er. »Heute überleben wir und verändern das Angesicht unserer Welt. Wir werden siegen. «

»Wir werden siegen«, schrien die Massen.

Die Lautstärke wurde in der großen Halle schmetternd wiedergegeben.

»Wir werden siegen, wir werden siegen, wir siegen«, wiederholte die entschlossene Kämpferischer.

Sie alle wiederholten den alten Gruß des natradischen Imperiums.

Der Admiral nickte und drehte sich zu seinem Stellvertreter um.

»Bringt unsere Einheiten in Stellung«, sprach er Lord Gyron-Zirn und Commodore Run-Lac an. »Sichert das Gelände vor der kaiserlichen Pyramide, die Haupt-Zugänge und alle geheimen Ausgänge des Sicherheits-Dienstes aus der Verwaltung. Nichts darf schieflaufen. Jeweils drei unserer Leute in Zivilkleidung, führen eine getarnte Gruppe zu ihrem Standort. Enttarnt euch erst, wenn ihr ein sicheres Schutzfeld auf die kaiserlichen Garden habt. Ich weise nochmals daraufhin, dass wir keine Redartaner töten möchten. Stelle vorrangig eure Waffen auf Narkose-Strahlen ein.

»Wir halten uns an den Plan«, antwortete Lord Gyron-Zirn. »Ein Blutbad ist nicht in unserem Sinne.«

Dann drehten sich beide um und liefen zu den wartenden Gruppenführern. Aus über dreißig Versorgungstunneln strömten die getarnten Widerständler ins Freie. Im Laufschritt eilten sie auf das Zentrum der imperialen redartanischen Verwaltung zu. Viele der Gruppen liefen in unterschiedliche Richtungen.

Major Travis drehte sich Commander Brenzby zu.
»Wir bleiben in Funkkontakt«, befahl er seinem Freund. »Falls Luftunterstützung nötig wird, dann informiere ich dich. So lange bleibt ihr getarnt am Boden. «

»Ich habe verstanden«, antwortete der Commander. Auch er drehte sich um und lief aus einer Pforte, die ihn direkt zu dem Platz vor der Halle brachte, auf dem die Einsatz-Gleiter standen.

Major Travis informierte Sergeant Hardin über den bevorstehenden Abmarsch. Seine Marines und auch die Kampf-Roboter hatten sich bereits in Zweiergruppen formiert.

»Wir sind dran«, sagte Major Travis. »Sind alle bereit? « Er blickte Lorin an, die sich seltsamerweise ruhig im Hintergrund aufhielt.

»Was ist mit ihnen, halten sie sich an unsere Absprachen?«, fragte er.

»Was sollte ich anders machen können«, konterte sie. »Wir stürmen ja mit einer kleinen Armee die Pyramide des Kaisers. Hoffentlich setzt er sich nicht noch frühzeitig ab. Dann war alles umsonst.«

Kaiser Quoltrin-Saar-Arel hatte seine Berater um sich versammelt. Er saß in den Sitzungssaal der Regierung auf seinem Thron. Vor ihm stand Lord Grun-Baris, der Kommandeur des Geheimdienstes, in sichtlich erniedrigender gebeugter Pose.

»Sie haben mein Vertrauen missbraucht«, sprach ihn der Kaiser an. »Ich frage mich allen Ernstes, ob sie als Kommandeur des redartanischen Geheimdienstes geeignet sind.«

Er griff nach seinem Zepter-Stab und stieß ihn dreimal vor Wut auf den Boden auf. Verachtend betrachte er den Lord.

»Was können sie mir über den Verbleib von Admiral Tarn-Lim und seinen Offizieren berichten?«, fragte er.

Langsam richtete sich Lord Grun-Baris auf.

»Seine Spur verliert sich mit den acht getarnten Gleitern, des Flotten-Oberkommandos«, teilte er mit. »Sie wissen, dass die Ortungs-Taster unserer Flugabwehr, eigene getarnte Fluggleiter nicht erfassen können. Dem Admiral und seinen Offizieren hätte rechtzeitig die Nutzung der militärischen Geräte verboten werden müssen. Aber dafür ist nicht der Geheimdienst zuständig.«

»Wollen sie die Offiziere meines Sicherheitsstabes kritisieren?«, fragte der Kaiser.

»Von kritisieren kann keine Rede sein«, antwortete Lord Grun-Baris. »Doch ihre kaiserliche Kaste ermöglicht untergebenen Offizieren den personifizierten Zugriff zu allen militärischen Gerätschaften.«

Der Kaiser winkte einen Berater zu sich.
»Stimmt die Aussage?«, fragte er.

Lord Varel-Lurim nickte ihm zu.
»Grundsätzlich hat Lord Grun-Baris Recht«, erklärte er. »Doch Admiral Tarn-Lim war lange genug der Oberbefehlshaber unseres Flotten-Oberkommandos. Er und sein Team sind mit allen technischen Raffinessen vertraut. Wir haben sofort nach dem Erhalt ihrer Entscheidung den Zugriffs-Code der Offiziere gelöscht.

Genützt hat das leider nichts mehr. Seine technisch versierten Offiziere konnten vermutlich bereits den externen Zugriff auf die Nahkampf-Gleiter des Flotten-Oberkommandos ausschalten.«

»Ich verstehe«, antwortete der Kaiser. »Dann bin ich wohl wieder der Schuldige. Diese Information ist zu spät an die kaiserliche Kaste weitergeleitet worden?«

Gebeugt zog sich Lord Varel-Lurim einige Schritte von dem Kaiser zurück. Er wusste zu gut, zu welchen Reaktionen er fähig war.

Quoltrin-Saar-Arel sah wieder den Lord des Geheimdienstes an.

»Bringen sie mir den Kopf von Admiral Tarn-Lim«, sagte er. »Ich gebe ihnen sieben Tage Zeit. Falls sie ihn dann nicht gefunden haben, dann werden sie seine Stelle auf dem Schafott einnehmen. Das redartanische Volk möchte seine Belustigung haben.«

»Sie werden nicht enttäuscht sein, Exzellenz«, antwortete der Lord. »Wir haben überall unsere Fäden gesponnen. Sobald Admiral Tarn-Lim, oder einer seiner Offiziere in der Öffentlichkeit gesichtet wird, erhalten wir eine Nachricht. Es ist nur eine Frage der Zeit, bis wir ihn fassen können.«

»Das hoffe ich für sie«, antwortete der Kaiser.

Der Lord des Geheimdienstes wollte sich zurückziehen, doch der Kaiser hielt ihn auf.

»Sie wollten uns doch jetzt nicht verlassen?«, fragte er. »Möchten sie nicht die kaiserliche Ansprache verfolgen.«

»Gibt es etwas, das ich noch nicht weiß?«, fragte der Lord irritiert.

Der Kaiser schmunzelte ihn an.
»Ist das nicht ein weiterer Höhepunkt ihrer Karriere?«, fragte er. »Wenn ich vor dem Volk die Absetzung und die Ächtung von Admiral Tarn-Lim als Verräter unseres Imperiums deklariere?«

Der Lord blickte ihn erstaunt an.
»Warum sollte das ein Höhepunkt meiner Karriere sein«, wiederholte er die Frage des Kaisers. »Ich habe lediglich loyal meine Einschätzung über den Admiral an sie weitergegeben. War das nicht in ihrem Sinn?«

Kaiser Quoltrin-Saar-Arel schien erneut verstimmt zu sein.

»Ich dachte sie und der ehemalige Admiral des Flotten-Oberkommandos waren Erzfeinde«, antwortete er. »Nur so kann ich die stetigen Mitteilungen ihres Geheimdienstes über seine Arbeit deuten?«

Lord Grun-Baris lachte ihn an.
»Die Mitteilungen waren Grundlage unserer Arbeit«, antwortete er. »Sie hatten uns angewiesen, dass Flotten-Oberkommando zu überwachen. Sein ganzes Gebäude wurde von uns abgehört. Keine seiner Anordnungen entging unseren Aufzeichnungen.«

Kaiser Quoltrin-Saar-Arel blickte seine Berater an. Lord-Admiral Sirn-Orel trat an seine Seite.

»Der Lord hat recht«, bestätigte er. »Das war eine Anweisung ihrer Regentschaft vor vielen Jahren.«

»Dann hat sich Admiral Tarn-Lim in den vielen Jahren im Dienste der redartanischen Flotte, kaum etwas zu Schulden kommen lassen?«, erkannte der Kaiser.

»Darauf haben wir sie hingewiesen«, antwortete der Lord-Admiral. »Doch sie suchten einen Schuldigen für den Verlust ihrer halben Heimat-Flotte. Da unsere Flotte Admiral Tarn-Lim unterstand, war die Suche für sie sehr einfach.«

Der Kaiser stand auf und schritt auf das Fenster zu, von dem er einen guten Blick auf den großen Platz vor der Pyramide hatte.

Er drückte den Vorhang etwas beiseite und schaute aus dem Fenster.

Irritiert blickte er seine Berater an.
»Warum haben sich dieses Mal nur so wenige Redartaner versammelt, um meine Ansprache zu hören?«, fragte er. »Das ist nur ein Bruchteil der Anzahl der sonstigen Zuhörer.«

Seine Berater zuckten mit ihren Schultern.
»Vermutlich aus Respekt vor Admiral Tarn-Lim«, antwortete Lord Varel-Lurim. »Der ehemalige Admiral des Flotten-Oberkommandos war in der Bevölkerung beliebt. Viele Redartaner sehen in ihm den Retter unserer Welt. Falls er nicht den Angriff der Mächtigen aufgehalten hätte, dann würde es diesen Planeten und seine Bewohner nicht mehr geben.«

Wieder schlug der Kaiser seinen Zepter-Stab verärgert auf den Boden auf.

»Die Bevölkerung sieht das falsch«, fluchte er. »Ich bin der Herrscher und entscheide über ihr Wohl und das Wohlergehen des Volkes. Sucht und bringt mir die Rädelsführer. Sie müssen hingerichtet werden. Sie verseuchen mein Volk mit falschen Informationen. Ich will sie tot sehen. Niemand darf meine Autorität untergraben.«

»Wir kümmern uns darum«, antwortete Lord-Admiral Sirn-Orel.

Er blickte seine Kollegen an und verdrehte seine Augen. »Es ist Zeit«, bemerkte er. »Sie sollten in ihre Gemächer gehen und sich standesgemäß kleiden. Wir sorgen dafür, dass noch mehr Redartaner ihrem Gespräch lauschen können. «

Der Kaiser war mit dieser Aussage zufrieden. Er zog seine goldfarbene Robe glatt, griff nach seinem Zepter-Stab und ließ sich von seiner Leibgarde aus dem Besprechungssaal führen.

Als er gegangen war, wandte sich Lord-Admiral Sirn-Orel an den Kommandeur des redartanischen Geheimdienstes.

»Lord Grun-Baris«, sprach er ihn an. »Sie haben erkannt, dass unser Kaiser unzufrieden ist. Er sucht einen Schuldigen. Admiral Tarn-Lim ist nicht zu finden. Es wird nicht mehr lange dauern, dann wird die Wut des Kaisers auf sie übergehen. Nehmen sie sich in Acht. Versuchen sie Ergebnisse vorzulegen. Ich sage das in ihrem eigenen Interesse. «

Der Kommandeur des Geheimdienstes blickte den kaiserlichen Berater an.

»Wir finden keine Spur des Admirals und seinen Offizieren«, erwiderte er. »Wie oft habe ich unseren Wissenschaftlern mitgeteilt, dass wir eine Möglichkeit brauchen, um getarnte Objekte mit unseren Sensoren erfassen zu können. Jetzt ist der lange befürchtete Fall eingetreten und uns sind die Hände gebunden. «

»Suchen sie ein Opfer«, mahnte Sirn-Orel. »Der Kaiser wird nicht anders umgestimmt werden können. Wir brauchen Personen des Widerstandes, denen wir die Schuld zuweisen können. Bringen sie uns schnellstens die Opfer. Ihre Unfähigkeit gefährdet uns alle. «

Lord Grun-Baris verbeugte sich.

»Ich habe verstanden«, erwiderte er. »Sie werden ihre Opfer bekommen. Halten sie mir in der Zwischenzeit den Kaiser vom Hals. «

»Sie wissen, dass dies nur eine begrenzte Zeit möglich sein wird«, erwiderte der Lord-Admiral. »Sollte der Kaiser einen Entschluss fassen, wird er nicht mehr auf seine Berater hören. Dann kann es ihrer Behörde genauso ergehen, wie der von Admiral Tarn-Lim. Wir beide wissen, dass er zu Unrecht angeprangert wird. Die Raumschlacht gegen die Adramelech war nicht anders zu gewinnen. «

Lord Grun-Baris nickte.
»Das ist dem Geheimdienst klar«, antwortete er. »Doch was sollen wir machen. Wir stehen genauso in den Diensten des Kaisers, wie Admiral Tarn-Lim und sein Flotten-Oberkommando. Dieses Mal hat die Wut des Kaisers sich auf das Flotten-Oberkommando gerichtet. «

»Kommen sie auch zu der Ansprache des Kaisers? «, fragte Lord-Admiral Sirn-Orel.

»Das habe ich vor«, entgegnete der Kommandeur des Geheimdienstes. »Wir vermuten stark, dass sich einige Widerständler unter den Besuchern befinden, die Unruhe stiften wollen. Sind die Garden der kaiserlichen Kaste bereit? «

»Sie sind alarmiert«, antwortete Lord Varel-Lurim. »Falls es erforderlich ist, schwärmen sie aus und werden die Versammlung der Zuhörer auflösen.«

»Das wird dem Kaiser nicht gefallen?«, antwortete Lord Grun-Baris. » Er sonnt sich gerne in dem Applaus der Menge.«

»Die Sicherheit der imperialen Verwaltung geht vor«, erwiderte der Berater ärgerlich. »Wir werden es nicht zulassen, dass der Pöbel uns kritisiert.«

»Konnten sie bereits den Verbleib der militärischen Gerätschaften klären, die vermutlich von dem Untergrund gestohlen wurden?«, erkundigte sich der Lord des Geheimdienstes.

Lord Varel-Lurim blickte ihn an.
»Hiermit geht es uns, wie ihnen«, antwortete er. »Wir haben bisher keinerlei Hinweise, wohin die Ausrüstungen transportiert wurden. Es fehlt uns jegliche Spur von den Plünderern.«

»Wurden auch Waffen erbeutet?«, fragte Lord Grun-Baris nach.

Der Berater des Kaisers schaute zu einem Sicherheits-Soldaten herüber. Der zuckte nur kurz mit seinen Schultern.

»Es liegen noch keine exakten Daten vor«, antwortete Lord Varel-Lurim. »Es sieht so aus, als ob überwiegend Schutz- und Kampfanzüge entwendet wurden. Sicherlich werden auch einige Handfeuerwaffen dabei gewesen sein. Doch das können wir verschmerzen. Die Sicherheits-Vorkehrungen an allen weiteren Depots wurden drastisch erhöht. Niemand wird einen erneuten Angriff auf eines unserer Waffen-Depots durchführen können.«

»Dann hoffen wir einmal, dass es so ist und wir nicht noch eine Überraschung bei der Ansprache es Kaisers erleben werden«, antwortete Lord Grun-Baris skeptisch.

Lord-Admiral Sirn-Orel blickte den Kommandeur des Geheimdienstes irritiert an.

»Noch nie wurde ein Angriff während der Ansprache unseres Kaisers durchgeführt«, antwortete er. »Alle Redartaner wissen, dass hierauf das Todesurteil steht. Niemand wird sich hierdurch in Gefahr bringen.«

»Bisher war das so«, bestätigte Lord Grun-Baris. »Doch falls sie es nicht bemerkt haben sollten, unsere Welt verändert sich. Viele Redartaner sind mit den Befehlen ihres Kaisers unzufrieden. Halten sie die Augen offen.«

»Machen sie sich nicht zu viele Gedanken?«, erwiderte Lord Varel-Lurim lachend. » Die kaiserlichen Garden sind trainiert und die am besten ausgestattete Truppe in unserem Universum. Das Volk wird sich hüten, einen Angriff gegen sie vom Zaun zu brechen.«

Der Kommandeur des Geheimdienstes verbeugte sich. »Ich bitte mich zurückziehen zu dürfen«, sagte er. »Es wartet viel Arbeit auf mich. Der Kaiser braucht seine Opfer. Ich werde sie ihm bringen.«

»Achten sie auf altere Opfer, die unserem Imperium nicht mehr nützlich sind«, unterstrich Lord-Admiral Sirn- Orel die Aussage. »Alle jungen und kräftigen Redartaner werden noch in der Flotte gebraucht.«

***

Die getarnten Verbände des Widerstandes hatten die kaiserliche Verwaltungs-Pyramide von Redartan eingekesselt. Die in Zivil gekleideten Personen waren anstandslos durch die Personenkontrollen gekommen. Erst jetzt wurden sie von ihren getarnten Kollegen mit Waffen ausgestattet, die sie unter ihren langen

Gewändern verbargen. Dank der von Admiral Tarn-Lim übergebenen Baupläne der kaiserlichen Pyramide wusste jede Widerstandsgruppe, wo sich die versteckten Geheimausgänge in der Pyramide befanden.

Jeder Ausgang, jeder Schacht und jede Geheimtüre wurde beobachtet und gesichert. Die Kampf-Gleiter des Widerstandes waren in Alarmbereitschaft versetzt worden. Sie standen getarnt, nur wenige Flugminuten entfernt auf dem Vorhof der großen Produktions- und Montagefabrik, die dem Widerstand als Versteck diente. Major Travis hatte sich mit seiner Truppe seitlich des Haut-Einganges positioniert. Dieser Truppe gehörten auch Lorin und ihr Protokoll-Roboter Jahol-Sin an. Obwohl die Amazone erklärt hatte keine individuellen Angriffe zu führen, wusste sie nicht genau, was auf sie zukommen würde. Heran, Heinze, Sirin und die beiden Worgass standen im Rücken der Truppe.

Major Travis ging auf Heinze zu.
»Kannst du den Kaiser lokalisieren?«, fragte er seinen Freund.

Heinze nickte.
»Seine Gedanken liegen offen vor mir«, antwortete er. »Derzeit befindet er sich in seinen Gemächern und

überlegt, in welchem Gewand er vor das Volk treten möchte.

«

»Behalte ihn im Auge«, befahl der Major. »Wir dürfen ihn nicht verlieren. «

»Ich habe ihn fest im Griff«, antwortete Heinze. »Gegebenenfalls hindere ich ihn an einer Flucht. «

Major Travis wandte sich Admiral Rings-Stan und Admiral Tarn- Lim zu.

»Der Kaiser befindet sich in seinen Gemächern«, teilte er mit. »Jetzt ist der richtige Zeitpunkt, beginnen sie mit dem Angriff. «

Der Anführer griff nach seinem Kommunikator und rief seinen Stellvertreter.

»Hier ist Admiral Rings-Stan«, sprach er in das Gerät. »Der Sturm auf die Pyramide des Kaisers kann jetzt beginnen. Führen sie mit Gruppe 1 bis 25 den frontalen Scheinangriff durch. Deaktivieren sie ihre Tarnung und schalten sie ihre Individual-Schirme ein. Vermeiden sie Verluste. Ziehen sie lediglich die Soldaten der kaiserlichen Kaste aus dem Gebäude heraus. «

»Ich habe verstanden«, antwortete Lord Gyron-Zirn. »Der Angriff beginnt jetzt.«

Aus ihren Verstecken strömten die 25 Gruppen der Widerständler auf die Pyramide zu. Noch waren sie über 400 Meter entfernt. Der Plan sah vor, die Soldaten der kaiserlichen Kaste von dem Sitz des Kaisers fortzuziehen.

Die Laserstrahlen schossen bewusst über die Köpfe der sich bereits versammelten Besucher hinweg und schlugen in die Fassade der Pyramide. Schreie und Warnrufe ertönten. Die Besucher, die zur Ansprache des Kaisers angereist waren, flüchteten geduckt in Sicherheit. Der Platz vor der großen Pyramide leerte sich zusehends. Die große Pforte wurde aufgerissen und 600 Elite-Soldaten der kaiserlichen Kaste marschierten ins Freie. Ihre geputzten Uniformen blinkten in der Sonne. Sie erwiderten das Feuer und suchten hinter den Blockadeschildern, die aus der Erde ausgefahren wurden, einen sicheren Schutz. Entschlossen rückten einige von ihnen von Deckung zu Deckung vor, andere gaben ihren Feuerschutz und belegten die Angreifer mit pausenlosen Lasersalven.

Major Travis erkannte das Vorrücken der Soldaten. Er gab Sergeant Hardin den Befehl, mit seinen Marines und den Kampf-Robotern den Eingang der Pyramide zu sichern.

Getarnt rückten die Trupps vor und positionierten sich an dem Eingang des Gebäudes. Admiral Rings-Stan gab den Befehl an die seitlich positionierten Einheiten, von rechts und von links die Flanken anzugreifen. Zum Erstaunen der Soldaten der kaiserlichen Kaste, tauchten auf der linken und rechten Seite neue Angreifer auf. Der Kommandeur der redartanischen Soldaten erkannte, dass seine Einheiten jetzt massiv unterlegen waren.

Er griff nach seinem Kommunikator.
»Hier spricht der Kommandeur der kaiserlichen Garden«, sprach er in das Gerät. »Wir werden vor der kaiserlichen Pyramide massiv angegriffen. Unsere Einheit ist personell unterlegen. Wir können die Widerständler nicht zurückschlagen. Ich erbitte sofortige Unterstützung.«

»Über welche Anzahl handelt es sich?«, meldete sich eine Stimme aus dem Gerät.

»Die Lage ist unübersichtlich«, antwortete der Kommandeur. »Aus allen Ecken werden meine Soldaten mit Laserfeuer belegt. Wir

haben es nach einer groben Schätzung mit siebentausend Widerständlern zu tun. Die ganze kaiserliche Pyramide wurde eingekesselt.«

»Die Reserven wurden aktiviert«, antwortete die Stimme. »Es dauert einige Minuten, bis sie bei ihnen eintreffen. Benötigen sie Luftunterstützung? «

»Das kann nicht schaden«, antwortete der Befehlshaber der redartanischen Soldaten. «

»Wir senden ihnen fünf Kampf-Jets«, bestätigte die Kommandostelle.

Heinze rüttelte an Major Travis Uniform.
»Die redartanischen Soldaten sind in Bedrängnis geraten«, teilte er mit. »Der Anführer der Einheit hat Verstärkung angefordert. Es werden ebenfalls fünf Kampfflieger erwartet. «

»Danke für die Mitteilung«, sagte Major Travis. »Er informierte Admiral Rings-Stan und Admiral Tarn-Lim.

Die Beiden machten ein nachdenkliches Gesicht.
»Unsere Truppen sind in ein starkes Abwehrfeuer geraten«, bemerkte der Anführer des Widerstandes. »Es wird länger dauern die Soldaten auszuschalten, als wir gerechnet haben. «

Der Major griff nach seinem Communicator.

»Hier ist Major Travis«, sprach er in das Gerät. »Commander Brenzby starten sie ihr Geschwader. Wir werden es hier in Kürze mit gegnerischen Kampf-Jets zu tun haben. Schalten sie die Flieger aus. «

Der Commander bestätigte den Befehl und unterbrach die Verbindung. Major Travis wusste, dass er sich auf ihn verlassen konnte.

Er blickte auf die Eingangs-Pforte. Es waren keine weiteren Soldaten mehr herausgekommen.

»Ich rufe Sergeant Hardin«, sprach er in das Gerät. »Befehlen sie ihren Kampf-Robotern die Einheit der kaiserlichen Kasten in dem Rücken anzugreifen. Schicken sie die Shy-Ha-Narde los. Dann dringen sie mit ihren Marines in die Pyramide vor. Sichern sie in inneren Bereich. Verschaffen sie den Widerständlern Luft. Sie werden in Kürze noch mit einer redartanischen Verstärkung rechnen müssen. «

Major Travis blickte zu der großen Eingangs-Pforte der Pyramide und sah, wie sich die 500 Kampf-Roboter enttarnten. Ihre Waffenarme zuckten vor. Im Dauerfeuer feuerten sie Paralyse-Strahlen auf die Rücken der redartanischen Soldaten. Der Reihe nach wurden sie von den Strahlen eingehüllt, verharrten regungslos und kippten auf die Seite.

»Vorsicht, Angriff von der Rückseite«, brüllte der Anführer. »Stellt eure Laser-Waffen auf die stärkste Stufe ein. Synchronisiert euren Beschuss auf einzelne Maschinen.«

Ein massives Abwehrfeuer schlug den Kampf-Robotern entgegen. Ihre Schutzschirme leiteten die Strahlen ab. Nicht ein einziger Schirm leuchtete rot auf. Die lantranischen Superschutz-Schirme hielten den Dauerbeschuss mühelos aus. Die Roboter rückten weiter vor und feuerten im Sekunden-Rhythmus auf die redartanischen Soldaten. In kurzen Intervallen brachen sie zusammen und vielen zu Boden.

Lorin hatte das heillose Durcheinander genutzt und sich mit ihrem Protokoll-Roboter ungesehen der Pforte genähert. Noch waren beide getarnt. Sie schlüpfte mit den eindringenden Marines durch den Eingang. Niemand hatte es bemerkt.

Die Gruppe von Major Travis hatte sich ebenfalls zur Pforte vorgearbeitet. Nur noch 20 redartanische Soldaten sicherten weitläufig den Zugang zu der Pyramide. Die Gruppe enttarnte sich und feuerte auf die verdutzten

Soldaten. Wie aus dem Nichts schienen neue Angreifer aufgetaucht zu sein.

Sirin feuerte aus ihrem Laser-Gewehr einige Salven auf einen Soldaten, der seinen Kopf hinter der Deckung hervorhob. Zielsicher wurde er getroffen und nach hinten geschleudert. Dort blieb er narkotisiert am Boden liegen. Heran war es langweilig. Seine Waffe hatte keinen Paralyse-Strahl. Trotzdem zog er die schwere lantranische Waffe aus dem Holster und feuerte auf das nächste metallische Schild, hinter dem sich ein Soldat verbarg. Sirin zuckte zusammen, als die Waffe von Heran aufbrüllte. Entsetzt erkannte sie, wie das Metallschild aus seiner Verankerung gerissen und mitsamt dem Soldaten durch die Luft geschleudert wurde. Ärgerlich blickte sie Heran an.

Der zuckte mit seinen Achseln.
»Entschuldigung«, murmelte er. »Das war schon die kleinste Einstellung. Gebt mir eins von euren Laser-Gewehren. Dann dauert es zwar länger, aber niemand wird verletzt.«

Captain Hunter warf ihm seines zu.
»Ich hoffe, du weist noch, wie man hiermit umgeht?«, rief er ihm zu.

Heran grinste ihn an und feuerte auf einen Soldaten, der seine Waffe hinter einem Schutz hervorhob.

Fünf Kampf-Jets waren am Horizont zu sehen. Sie kamen mit Höchstwerten angeflogen. Ihre Waffenbänke waren aktiviert. Als sie anfingen zu feuern, enttarnten sich die acht Nahkampf-Jets des Flotten-Oberkommandos hinter ihnen. Unterhalb der redartanischen Luftunterstützung flogen die drei Tarin- Jets des Neuen-Imperiums. Auch sie hatten die redartanischen Jets in ihrem Zielsucher. Zahlreiche Raketen lösten sich unter den Flügeln der Verteidiger und flogen auf die redartanischen Jets zu. Sie schienen den Anflug der Geschosse registriert zu haben. Verzweifelt drehten sie ab und flogen eine formierte Linkskurve. Doch die Zeit reichte nicht mehr aus. Noch in dem Abdrehen schlugen die Raketen ein und verwandelten die Jets der Redartaner in sich schnell ausbreitende Feuerbälle

Die Widerständler am Boden hatten den Abschuss mitbekommen und jubelten. Der Erfolg gab ihnen einen neuen Aufwind. Beherzt sprangen sie vor zu ihrer nächsten Deckung. Im Dauerfeuer wurden die redartanischen Soldaten hinter ihrem Schutz gehalten. Stück um Stück rückte der Widerstand auf die kaiserliche Pyramide vor.

Major Travis drehte sich um und erkannte das Admiral Dragphan und Commander Breckphan, die sicher hinter ihrem Schutz verharrten. Sein Blick drehte sich Sirin, Heinze und Heran zu. Doch dann stutzte er.

»Wo ist Lorin?«, fluchte er. » Hat sie jemand gesehen? «

»Sie wird sich aus dem Staub gemacht haben«, antwortete Captain Hunter. »Der Moment war günstig. Wir waren mit der Abwehr der redartanischen Soldaten beschäftigt. «

Dann röhrte wieder der schwere Strahler des Captains auf. Ein weiterer feindlicher Soldat schrie auf und kippte seitlich um.

Major Travis griff nach seinem Communicator.
»Hier ist Major Travis«, sprach er hinein. »Ich rufe Sergeant Hardin. «

»Hier ist Hardin«, tönte es aus dem Gerät. »Haben sie Probleme? «

»Haben sie Lorin gesehen? «, erkundigte sich der Major.

»Nein«, antwortete der Sergeant. »Wir haben es hier im Inneren lediglich mit einigen Angestellten zu tun bekommen, die mit Waffen ausgerüstet worden waren. Es scheinen aber keine Soldaten zu sein. Wir haben den Eingangsbereich eingenommen.«

»Ausgezeichnet«, antwortete Major Travis. »Befehlen sie einige Kampf-Roboter an meine Position. Hier halten uns zwölf redartanische Soldaten auf. Wir bekommen sie nicht ins Schussfeld.«

Hinter Major Travis krachte es gewaltig. Einige Soldaten der kaiserlichen Kaste hatten sich in den Rücken der Truppe von Major Travis geschlichen. Instinktiv sprang er zur Seite. Ein heißer Laserstrahl schlug in den Boden ein, wo er eben noch gestanden hatte. Tart 1 und Tart 2 feuerten im Automatikmodus auf die sechs Soldaten. Ungeachtet der einschlagenden Laser-Strahlen rückten sie auf ihre Stellungen vor. Erst jetzt erkannten die Redartaner, die ihr Feuer den 2.20 Meter großen Boliden nichts anhaben konnten. In Ihren Gesichtern zeichnete sich Entsetzen ab. Die tobenden und schießenden Roboter blickten sie mit gefühllosen tiefroten Augen an. Dann wurden sie von den auftreffenden Paralyse-Strahlen eingehüllt. Bewegungslos sackten sie in sich zusammen.

»Gut gemacht«, schrie ihnen Major Travis zu. »Sichert unsere Rückseite.«

Vorderseitig stießen die angeforderten natradischen Kampf-Roboter auf die restlichen zwölf Soldaten der kaiserlichen Kaste, die zwar verbittert kämpften, aber ohne eine Chance waren. Nach wenigen Minuten war der Weg freigeräumt. Die Soldaten des Kaisers lagen regungslos am Boden. Die Gruppe unter Major Travis sprang auf und lief auf die Eingangs-Pforte des Palastes zu.

Die Pforten wurden ihnen von zwei Marines des Neuen-Imperiums aufgehalten. Im Eingangsbereich drehte sich der Major noch einmal um. Rings um die Pyramide wurde schwer gekämpft. Die Widerständler gewannen langsam die Oberhand. Auch die eingetroffene Verstärkung wurde von ihnen bereits niedergekämpft.

»Wir suchen die Gemächer des Kaisers«, sagte Major Travis zu Sergeant Hardin. »Sichern sie den Eingang und unterstützen sie mit ihren Kampf-Robotern die Widerständler. Außerhalb ist die redartanische Verstärkung ist eingetroffen.«

Die Berater der kaiserlichen Kaste schauten sorgenvoll aus einem Fenster der Pyramide.

»Diesmal sind die Widerständler in der Überzahl«, schrie Lord-Admiral Sirn-Orel. »Wo bleibt die Verstärkung?«

»Die Soldaten mussten noch alarmiert werden«, antwortete Lord Varel-Lurim. »Sie unterlagen nicht der Einsatzbereitschaft. Die hier stationierten Einsatzkräfte haben bisher immer ausgereicht, um den Untergrund zurückzuschlagen.«

»Das sehe ich«, knurrte der Lord-Admiral seinem Untergebenen an. »Informieren sie sofort Lord Grun-Baris. Er soll mit gepanzerten Fahrzeugen angreifen.«

Ein Adjutant kam angelaufen.
»Lord-Admiral, die Widerständler sind in die kaiserliche Pyramide eingedrungen«, teilte er aufgeregt mit. » Die untere Etage des Gebäudes ist komplett in Feindeshand. Alle unsere Soldaten sind draußen im Einsatz gebunden.«

»Das haben sie gut organisiert«, fluchte Lord Varel- Lurim an. » Wie konnte das passieren?«

»Sie haben Verstärkung bekommen«, bemerkte der Adjutant. »Es sind nicht nur Redartaner dabei. Auch ein pelziges Wesen beteiligt sich an dem Angriff.«

»Wo soll das hergekommen sein? «, fragte der Lord-Admiral. » Für unser ganzes Imperium besteht ein striktes Einflugs-Verbot für fremde Rassen. «

»Es sind eindeutig fremde Wesen«, bestätigte der Adjutant erneut. »Hieran führt kein Weg vorbei. «

»Ist die ganze kaiserliche Garde im Einsatz? «, erkundigte Lord-Admiral Sirn-Orel.

Der Adjutant nickte.
»Lediglich die sechs Soldaten der kaiserlichen Leibwache sind noch vor der Türe der kaiserlichen Gemächer positioniert«, antwortete er. »Sie dürfen nicht abrücken.«

»Wer hat das angeordnet? «, fragte der Lord-Admiral. » Wir befinden uns in einem Ausnahmezustand. Jede Person mit Waffen ist hilfreich. «

»Der Kaiser wird nicht glücklich sein, wenn sie seine Leibgarde abziehen«, lachte Lord Varel-Lurim. »Das wird Konsequenzen nach sich ziehen. «

»Wenn wir verhindern, dass fremde Truppen in seine Gemächer vordringen, dann ist das auch in seinem Interesse«, antwortete der Lord.

Er blickte den Adjutanten an.

»Befehlen sie die Soldaten an die große Treppe«, befahl er. »Sie sollen verhindern, dass diese Etage von fremden Truppen eingenommen wird. Das Leben unseres Kaisers, muss um jeden Fall geschützt werden.«

Der Adjutant salutierte, drehte sich um und eilte aus dem Raum.

»Warten wir ab, ob etwas passiert«, sagte Lord-Admiral Sirn-Orel zu seinem Kollegen. »Falls die Truppen bereits in unsere Verwaltung eingedrungen sind, können wir nicht mehr viel unternehmen.«

Lord Grun-Baris, der Kommandeur des redartanischen Geheimdienstes, las die aktuellen Berichte.

»Widerständler versuchen die kaiserliche Pyramide in ihre Gewalt zu bringen«, registrierte er.

Lord-Admiral Sirn-Orel hatte ihm eine Nachricht zukommen lassen und befahl ihm, mit gepanzerten Fahrzeugen als Unterstützung einzugreifen.

Er lehnte sich in seinem Sessel zurück und grinste verschmitzt.

»Vielleicht lösen sich meine Probleme von alleine?«, dachte er.

Der drehte seinen Kopf und suchte nach seinen Stellvertreter.

»Können wir die Funk-Protokolle löschen?«, fragte er ihn.

Dieser blickte ihn fragend an.

»Die kaiserliche Kaste ist unberechenbar geworden«, erklärte der Lord. »Falls wir eingreifen sollten und den Angriff der Widerständler nicht aufhalten können, dann ergeht es uns wie Admiral Tarn-Lim. Der langjährige Oberbefehlshaber des redartanischen Flotten-Oberkommandos wurde seines Amtes enthoben und zum Tode verurteilt. Möchten sie das gleiche Schicksal erleiden?«

Sein Stellvertreter schüttelte seinen Kopf.
»Nein«, antwortete er. »Das ist nicht mein vorrangiges Ziel.«

»Löschen sie bitte alle heutigen Funknachrichten und bauen sie einen Defekt in unsere Kommunikationsanlage ein«, befahl der Lord des Geheimdienstes. »Wir geben an, zeitweise keine Funksprüche empfangen zu haben.«

Sein Stellvertreter drehte sich um und wollte gehen. »Einen Moment noch Ryran-Lack«, hielt ihn Lord Grun-Baris aus. »Nur wir beide wissen hiervon. Wenn etwas nach außen dringen sollte, dann ist es mir klar, von wem das stammt.«

»Kein Wort dringt über meine Lippen«, erwiderte der Stellvertreter. »Sie können mir vertrauen.«

Der Befehlshaber des Geheimdienstes rieb sich seine Hände.

»Vielleicht schafft es der Widerstand sogar, uns den lästigen Kaiser vom Hals zu schaffen«, dachte er.

Er hörte sich die neuen Funkmeldungen an, schüttelte seinen Kopf und schaltete das Gerät ab.

***

Lorin und ihr Protokoll-Roboter hatten sich getarnt an den Marines vorbeigestohlen. Sie durchquerten ungehindert die große Halle und zahlreiche Flure des Gebäudes. Lorin blickte verächtlich auf die Wände, die mit Fresken bemalt waren. Sie zeigten Szenarien und grandiose Erfolge der redartanischen Flotte. Zu den Füßen der Redartaner hockten Lebewesen, die um Gnade flehten. In erhobener Pose über ihnen stand der Kaiser, der sein Schwert in die Luft hielt und hiermit seine Siegespose darstellte.

Lorin war klar, was diese Szene aussagen sollte. Der Kaiser entschied über Leben oder Tod seiner Besiegten.

»Es ist nicht anders als auf Natrid«, dachte sie. »Der Kaiser hält sich immer noch für unschlagbar. «

Sie wendete ihren Kopf ab. Vor ihnen lag eine große Treppe. Langsam schritten sie diese hoch. Auf dem Flur vor ihnen, mündeten zahlreiche Türen in unterschiedliche Räume. Teilweise waren sie verschlossen, andere standen auf und die Räume waren leer. Kein Laut drang aus ihrem Inneren in den Flur. Lorin hörte plötzlich ein Geräusch. Sie stoppte ihren Schritt. Der Protokoll-Roboter rempelte sie von hinten an. Das ignorierte sie.

Eine Türe öffnete sich, ein Redartaner trat heraus. Er schien verwirrt zu sein.

Die Amazone nutzte den günstigen Moment. Lorin enttarnte sich und zog ihren Laser-Strahler. »

Keine Bewegung und keinen Laut«, knurrte sie ihn an. »Wer sind sie? «

Der Redartaner blickte sie mit großen Augen an. Er fing an zu zittern.

»Bitte tun sie mir nichts«, flehte er. »Ich bin nur der Adjutant von Lord-Admiral Sirn-Orel, dem Befehlshaber der kaiserlichen Kaste.«

»Was machen sie hier?«, erkundigte sich Lorin.

»Die Pyramide stehe kurz vor der Einnahme durch die Kämpfer des Widerstand.«

»Auf das Verlassen meiner Diensttätigkeit steht der Tod«, antwortete der Adjutant. »Ich kann hier nicht weg. Ich wurde beauftragt, die Leibgarde des Kaisers abzurufen und an der Treppe zu positionieren.«

Lorin trat näher an ihn heran.
Jahol-Sin enttarnte sich ebenfalls. Wieder zuckte der Adjutant zusammen.

»Das ist nur ein Roboter«, teilte Lorin ihm mit. »Ich weiß überhaupt nicht, warum er immer hinter mir herläuft. Hilfreich war er mir bisher nicht.«

»Was wollen sie von mir?«, fragte der Adjutant. »Ich muss zu den Gemächern von Quoltrin-Saar-Arel.«

»Dann haben wir den gleichen Weg«, lächelte die Amazone ihn verwegen an. »Bringen sie mich dorthin.«

Der Adjutant wollte etwas hierauf antworten, doch Lorin entsicherte ihren Laserstrahler und schritt auf ihn zu. Ängstlich blickte der Adjutant auf die Waffe, die ihm die Amazone bedrohlich an den Hals drückte.

»Keine falsche Bewegung«, flüsterte sie ihm zu.

Der Adjutant konnte ihren heißen Atem spüren. Schweiß stand auf seiner Stirn.

Lorin stieß ihn grob vorwärts. Widerwillig ging der Adjutant voraus. Jahol-Sin folgte ihnen. Es ging über einen langen Korridor, der nach rechts abbog. Exakt 50 Meter vor ihnen erkannte Lorin eine breite Türe, auf der das kaiserliche Symbol prangerte.

Rechts und links der Türe standen jeweils drei Leibgardisten des Kaisers. Sie hatten ihre Waffen bereits entsichert.

»Wen bringen sie uns da?«, rief einer der Soldaten. »Das ist eine Besucherin, die den Kaiser sprechen möchte«, antwortete der Adjutant.

Lorin trat hinter ihm hervor und feuerte ohne Vorwarnung aus ihrer Waffe. Drei Soldaten sackten unter den Laser-Schüssen leblos zusammen. Die restlichen Soldaten erwiderten das Feuer. Lorin hechtete in eine Nische in Sicherheit.

Der Adjutant hatte sich losgerissen und lief auf die Türe zu. Lorin beachte ihn nicht weiter. Sie rollte sich ab und richtete sich wieder auf. Entsetzt erkannte sie, wie der Adjutant durch die Türe in die kaiserlichen Gemächer schlüpfte.

Starkes Laserfeuer ließ sie ihren Kopf einziehen. Jahol-Sin registrierte, dass ihre Schutzbefohlene unter einem schweren Beschuss stand. Er öffnete eine Klappe an seinem Brustpanzer. Hieraus schoss eine Blendgranate ab. Diese explodierte vor den Füßen der Soldaten. Das grelle Licht blendete sie für Sekunden. Diesen Moment nutzte Lorin. Sie sprang vor, zog ihr Langschwert aus dem Köcher und stach zu. Sie wirbelte in gewohnter Manier von Soldat zu Soldat und schlug mit ihrem Schwert zu. Die Leibgarde des Kaisers war nicht fähig zu reagieren. Blutüberströmt brachen die Soldaten zusammen.«

Der Raum, in dem der redartanische Kaiser lebte, war wesentlich größer, als es von außen den Anschein hatte. Gedampftes Licht wurde von lauter redartanischer Musik überspielt. Vorsicht schritt der Adjutant durch den langen Raum, der sichtlich auf die Bedürfnisse des Kaisers abgestimmt war.

Unzählige Türen standen offen. Der Adjutant wollte nicht in alle Räume hineingehen. Er nahm seinen ganzen Mut zusammen.

»Kaiser Quoltrin-Saar-Arel«, rief er laut. »Wir haben eine Notsituation.«

Aus einem Raum mit geöffneten Türen trat eine Person heraus.

»Der Kaiser möchte nicht gestört werden«, flüsterte er dem Adjutanten zu. »Verschwinden sie schnell. Er probiert gerade die neuen Gewänder für seine Ansprache an.«

»Das muss warten«, erwiderte der Adjutant. »Holen sie sofort den Kaiser hierher.«

»Das geht nicht«, antwortete der Bekleidungsmeister. «Der Kaiser bereitet sich auf seine Ansprache vor, welche in nur zehn Minuten stattfindet. «

»Die Ansprache ist abgebrochen worden«, fluchte der Adjutant. »Holen sie endlich den Kaiser. «

Als Bestätigung schlug er dem Bekleidungsmeister mit seiner Faust auf die Nase. Seine ganze Empörung entlud sich in diesem Schlag.

Der Kopf des Bekleidungsmeisters fiel zur Seite. Er blickte den Adjutanten abwertend an. Er hatte den Schlag sichtbar gut verarbeitet.

»Ich beuge mich der Gewalt«, flüsterte er und verschwand in dem Zimmer.

Erbost trat der Kaiser aus dem Zimmer. Seine neue Robe strahlte goldfarben und war mit dem Symbol der kaiserlichen Familie verziert.

»Wer wagt es meine Zeremonie zu stören? «, erkundigte er sich. » Ich bin auf ihre Antwort gespannt. Noch niemand hat es gewagt, dieses wichtige Ritual unserer Kultur zu entweihen. «

»Wir werden angegriffen«, teilte der Adjutant mit. »Dem Widerstand ist es gelungen, die Soldaten der kaiserlichen Kaste aufzureiben. «

Der Kaiser lachte laut auf.
»Niemanden gelingt es die Soldaten der kaiserlichen Kaste zu besiegen«, antwortete er. »Rufen Sie Lord-Admiral Sirn-Orel. Er soll mir unverzüglich Bericht erstatten. «

»Ich bin hier, um sie zu warnen«, antwortete der Adjutant. »Er ist mit Lord Varel-Lurim in eine der unteren Etagen. Sicherlich haben die Widerständler ihn bereits ergriffen. Es ist unmöglich, zu ihm zu gelangen. «

Der Kaiser blickte ihn durchdringend an. Dann schritt er an einen Tisch und drückte einen roten Knopf. Ein schriller Alarmton hallte durch den ganzen Verwaltungs- Komplex der Pyramide. Der Kaiser wartete.

»Es sieht so aus, als ob sie Recht haben«, erwiderte er. »Meine Leibgarde ist nicht mehr auf ihrem Posten. Auf mein Alarmsignal reagiert niemand mehr. Was können wir nach ihrer Meinung machen? «

Der Adjutant blickte den Kaiser an. Er war ohne Worte. Er verbeugte sich tief vor seiner Exzellenz.

»Hat der Kaiser mich nach meiner Meinung gefragt?«, dachte er.

»Ich bin lediglich der Adjutant von Lord-Admiral Sirn-Orel«, antwortete er. »Mein Interesse gilt einzig und allein ihrer Sicherheit. Ich verbeuge mich in Ehrfurcht vor ihnen, dem allwissenden Herrscher des natradischen Imperiums.«

Der Herrscher lachte und ging auf den Adjutanten zu. »Bin ich das wirklich?«, fragte er. »Große Teile meines Volkes sehen das anders und hassen mich. Ich frage sie aufrichtig, habe ich das verdient?«

Der Adjutant richtete sich wieder auf. Er blickte den Kaiser an.

»Ich glaube sehr stark, dass Teile unseres Volkes sie verkennen«, antwortete er. »Sie sehen nicht das ganze, das sie erschaffen haben. Das redartanische Imperium würde es ohne sie nicht geben. Nur ihnen ist es zu verdanken, dass sich unser Imperium immer weiter ausdehnen konnte. Sie haben unserer Bevölkerung die Kraft gegeben, alle schwächeren Rassen zu besiegen. Durch ihre Gesetze und Anordnungen wurde das erst möglich. Alle Redartaner werden psychisch, körperlich und strategisch geschult, um ihre vorgegebenen Ziele zu erreichen.«

»Ich danke ihnen, dass sie so an mich glauben«, erwiderte der Kaiser. »Gesetze und Befehle sind notwendig, um dem großen Ganzen eine Ordnung zu geben. Sie haben davon gehört, dass wir unser Imperium in der Mächtigkeitsballung einer fremden Species gegründet haben. Diese Rasse möchte uns vernichten. Hierauf werden wir unsere ganze Aufmerksamkeit richten müssen. Möglicherweise brauchen wir hierfür loyale Redartaner, wie sie einer sind. Konflikte mit anderen Rasse waren es, die unser Imperium haben wachsen lassen. Jetzt sind wir wieder an einem Punkt angelangt, der uns unser ganzes Potenzial abrufen lasst. Aus diesem Grunde ist es nicht hinnehmbar, dass direkte Anordnungen von mir missachtet werden.«

»Ich verstehe«, antwortete der Adjutant.
»Ich glaube nicht«, entgegnete der Kaiser grinsend. »Wer es wagt meine Zeremonie zu stören, muss auch die Konsequenzen kennen. Keinem Redartaner wird es gestattet, dieses wichtige Ritual unserer Kultur zu entweihen.«

Der Adjutant sah, wie der Kaiser einen Dolch unter seiner Robe hervorzog und ihm diesen blitzschnell in die Brust stach. Mit glasig werdenden Augen sah er den Kaiser enttäuscht an. Er spürte noch den intensiven Schmerz in seiner Brust, bevor er nach hinten kippte und der Länge nach auf den Boden aufschlug. Blut sprudelte aus der Wunde und lief auf den verzierten Bodenbelag. Der Kaiser bückte sich und steckte seinen Ringfinger tief in die Wunde des Adjutanten. Als er ihn wieder herauszog, war der rot mit dem Blut bedeckt. Der Kaiser blickte kurz auf den Finger, dann steckte er sich ihn in den Mund und leckte genüsslich das rote Lebenselixier ab. Er bemerkte, wie der Parasit in ihm nach mehr verlangte.

Eine laute Detonation an der Türe zu seinen Gemächern ließ ihn aufblicken. Rauch und Qualm waren zu sehen. Ein Flügel der Türe hing schief und ausgerissen in der Angel. Zu seinem Erstaunen traten eine Amazone und ein Roboter aus dem Qualm heraus. In schnellen Schritten stürmten sie auf Quoltrin-Saar-Arel zu.

Er blickte dem ungleichen Team irritiert entgegen. In seinem Gedanken kamen alte Erinnerungen zum Vorschein, an die er lange nicht mehr denken musste. Seine Hand zuckte zu seiner Hüfte, doch mit Schrecken bemerkte er, dass er noch keinen Waffengürtel trug. Er drehte sich um, doch ein Laserstrahl, der vor seinen Füßen einschlug, ließen ihn verharren.

»Stehen bleiben«, sagte die Amazone ihm zu. »Mein Roboter ist sehr zielsicher. Keine unbedachten Bewegungen mehr.«

Kaiser Quoltrin-Saar-Arel erkannte, dass der aktivierte Waffenarm des Roboters ihn in seinem Zielsucher hatte. Eine Flucht war nicht mehr möglich.

»Was erlauben sie sich, hier einzudringen? «, antwortete er. » Das wird ein Nachspiel für sie haben. «

»Wir sind das Nachspiel für sie, wenn sie uns nicht zufriedenstellende Antworten geben können«, entgegnete die Amazone »Ihre eigene Vergangenheit hat sie eingeholt und fordert Genugtuung. «

Dann hatte sie den Kaiser erreicht und ergriff ihn an der Robe. Ihre ganze Wut entlud sich mit zwei Schlägen ihrer flachen Hand, links und rechts in das Gesicht des Kaisers. Die festen Schläge färbten die Wangen des Kaisers rot. Dann stieß sie ihn von sich, dass er rückwärts auf seinen Rücken fiel. Erst jetzt erkannte Lorin den hinter dem Kaiser liegenden leblosen Adjutanten.

»Ist er ihnen auch auf die Füße getreten? «, sprach sie ihn angewidert an. Ein einfacher Adjutant liegt tot hinter ihnen. Was sind sie nur für ein abscheuliches Wesen? «

Mit nicht vermuteter Schnelligkeit sprang der Kaiser wieder auf seine Füße. Erst jetzt erkannte er, wer vor ihm stand.

»Lorin, heißt du«, sagte er leise. »Du warst auf Natrid meine beste Amazone. Ich bin wirklich verwundert dich zu sehen. Es ist über 100.000 Jahre her, als wir uns das letzte Mal unterhalten haben.«

Er lachte verwegen auf.
»Du solltest gar nicht mehr leben«, ergänzte er. »Ich bin verwundert, dich heute vor mir stehen zu sehen?«

»So kann es gehen«, antwortete Lorin zornig. »Ich habe nicht viel Zeit und auch nicht die Lust, mich lange mit eurer Exzellenz zu beschäftigten. Beantworten sie mir ehrlich einige kurze Fragen, dann lasse ich sie wieder allein.«

»Wegen einigen Fragen bist du auferstanden und schleichst dich in meine Gemächer?«, fluchte der Kaiser. »Was kannst du schon für Fragen haben?«

»Diese Fragen haben mich 100.000 Jahre beschäftigt und nicht schlafen lassen«, antwortete Lorin. »Heute hoffe ich, endlich Ruhe finden zu können.«

»Dann spreche sie schnell aus«, antwortete der Kaiser unwirsch. »Ich habe dringende Aufgaben zu erledigen, du Porschek«

»Sie kennen ja immer noch einige natradische Ausdrücke«, bemerkte die Amazone ärgerlich.

Sie musste ihre ganze Stärke durch ihren Körper fließen lassen, um nicht nach vorne zu stürmen und dem Kaiser den Kopf abschlagen.

»Suppenhühner gibt es schon lange nicht mehr auf Natrid«, erwiderte sie. »Das nur zu ihrer Information.«

Sie spuckte vor seine Füße
Das Gesicht des Kaisers wurde zu einer Grimasse. Eine solche Demütigung hatte er noch nie über sich ergehen lassen müssen.

»Bei unserem letzten Gespräch boten sie mir und meiner Amazonen-Truppe an, ihnen auf die neue Fluchtwelt zu folgen«, erinnerte Lorin. »Dann gaben sie mir einen letzten Auftrag, den ich mit meinem Amazonen-Heer ausführen sollte. «

»Ich erinnere mich«, lachte der Kaiser. »Unzählige Raumschiffe der Rigo-Sauroiden waren abgestützt. Die gehirnlosen Lebewesen formierten sich, um die Atlantis-Basis anzugreifen. Ich befahl dir und deiner leichtbekleideten weiblichen Truppe, das zu unterbinden.«

»Richtig«, antwortete Lorin. » Im Anschluss boten sie mir an, ihnen mit meinen Amazonen zu folgen. «

»Davon weiß ich nichts mehr«, antwortete der Kaiser. »Auf dieser neuen Welt hätte es auch keinen Platz für euch gegeben. Hier existiert kein Amazonen-Heer. «

»Ihnen war klar, dass dieser Auftrag nicht zu lösen war«, teilte Lorin mit. »Immer mehr feindliche Schiffe stürzten ab. Ein Teil der Besatzungen überlebte und formierte sich mit anderen Rigo-Sauroiden zu einer immer größer werdenden Armee. «

»Das wird sicherlich so gewesen sein«, erwiderte der Kaiser. »Berücksichtigt man die Anzahl der Raumschiffe, die in das natradische Heimat-System eingedrungen waren, dann werden auch entsprechend viele Besatzungsmitglieder in den Schiffen gewesen sein. «

»Ihnen war also klar, dass wir diesen Auftrag nicht lösen konnten?«, fragte Lorin.

»Ja«, antwortete der Kaiser. »Doch ich hatte auf ein Wunder gehofft. Für Natrid und für Tarid. Leider ist es anders ausgegangen als von mir erhofft. Geben sie Admiral Tarin die Schuld für unser Versagen.«

»Der Kaiser hat nie eine Schuld«, bemerkte Lorin. »Diese Aussage kenne ich mittlerweile. Wenn sie den Ausgang der Schlacht bereits kannten, warum haben sie mich und meine Truppe mit diesem Auftrag versehen?«

Der Kaiser lachte sie teuflisch an.
»Ich hatte einen neuen Plan für unsere Fluchtwelt, antwortete er. »Meine kaiserliche Familie, unsere alte Regierung, Admiral Tarin und auch du lächerliche Amazone, wurdet leider zu keiner Zeit in diesem Plan berücksichtigt. Du hast Recht, ich wollte mich deiner Person und deiner so geliebten Amazonen-Einheit entledigen. Verstehst du es jetzt endlich. Ihr habt in der Öffentlichkeit zu viel Sympathie des Volkes auf euch konzentriert. Das konnte ich nicht länger dulden.«

Laut lachte der Kaiser auf und wollte sich von Lorin abwenden.

Sie kochte innerlich und konnte sich nicht mehr beherrschen. Mit der Präzision einer ausgebildeten Kämpferin, riss sie ihr Schwert aus dem Köcher und stach es dem Kaiser in sein Schulterblatt.

Seine Bewegungen erstarrten. Er drehte sich ihr zu und blickte sie mit großen eiskalten Augen an.

»Du erdreistest dich deinen Kaiser anzugreifen?«, fragte er zornig.

Er schaute auf seine Brust, aus der die Spitze von Lorin's Schwert ragte. Dann sackte er auf die Knie. Blut lief aus seiner Wunde. Er nahm einen Tropfen mit seinem Finger auf und leckte ihn ab. Dann fing er erneut laut an zu lachen.

»Ich bin Quoltrin-Saar-Arel«, tobte er. »Erst jetzt erkennst du, dass ich unsterblich bin.«

»Das wollen wir erst einmal sehen«, antwortete Lorin.

Sie riss ihren Dolch aus dem Waffengürtel und wollte ihn dem Kaiser in den Hals stechen.

Doch sie konnte ihre Hand plötzlich nicht mehr bewegen. Der Dolch mit ihrer erhobenen Hand hing bewegungslos über ihrem Kopf. Die Amazone hörte Geräusche hinter sich. Das Team des Neuen-Imperiums kam hereingestürmt.

Major Travis nickte Heinze zu.
»Gut gemacht«, sagte er. »Halte sie noch etwas fest, bis wir den Kaiser fortgeschafft haben. «

Major Travis blickte Heran an.
»Lege Lorin bitte in ein Fesselfeld«, sagte er zu seinem Freund. »Wir unterhalten uns auf der Atlantis-Basis mit ihr. «

Heran nickte und aktivierte eine kleine Waffe, mit der er einen massiven Fesselstrahl verschoss. Dieser hüllte die Amazone ein und raubte ihr die Bewegungsfreiheit. Heran gab die Waffe an einen Marines weiter.

»Bringen sie Lorin in unsere Basis«, befahl er. »Sie soll sofort nach Atlantis geschafft werden. «

Der Marines bestätigte und führte die Amazone fort. Auf dem Flur aktivierte er beide Tarnfelder. Er und Lorin entschwanden aus dem realen Sichtfeld.

Major Travis, Heran, Captain Hunter, Admiral Tarn-Lim, Admiral Rings-Stan, Heinze und Sirin blickten dem Kaiser verächtlich nach.

»Wie schwer ist seine Wunde?«, fragte Major Travis. »Brauchen wir einen Sanitäter?«

»Das sollte mein Onkel aushalten können«, bemerkte Sirin. »Er spielt doch ansonsten immer den Starken.«

Quoltrin-Saar-Arel lachte sie entwürdigend an.
»Du solltest auch schon lange nicht mehr leben«, kam es verächtlich über seine Lippen.

Major Travis winkte die beiden Worgass zu sich.
»Jetzt ist ihr Einsatz gefragt«, sprach er Admiral Dragphan und Commander Breckphan an. »Die Zeit drängt, die Ansprache des Kaisers liegt an.«

Commander Breckphan trat vor und legte dem irritierten Kaiser seine flache Hand mitten ins Gesicht. Von einer Sekunde zur anderen ging ein Pochen durch seinen Körper. Seine Gestalt veränderte sich. Vor der Gruppe stand die Kopie des redartanischen Kaisers.

»Betrug«, tobte Quoltrin-Saar-Arel. »Ihre alle werdet eine angemessene Strafe erhalten. Dafür werde ich sorgen. Ihr wisst nicht, mit wem ihr euch angelegt habt. Ich bin nicht alleine «

»Bringt ihn weg«, sagte Major Travis. »Noel hat eine Arrestzelle auf Natrid für ihn vorbereitet. «

Ein Marines trat vor, fesselte ihn und legte dem Kaiser einen Tarngürtel um. Diesen aktivierte er. Er und sein Begleiter brachten ihn zu einem wartenden Tarin-Jet.

»Captain Hunter, würden sie bitte die Marines und den Kaiser begleiten«, sagte Major Travis. »Sorgen sie bitte für seine sichere Unterbringung? «

Captain Hunter salutierte.
»Das mache ich gerne«, antwortete er. »Ich bin froh wieder von der Welt fortzukommen. «

Major Travis griff nach seinem Communicator.
»Ich rufe Sergeant Hardin«, sprach er in das Gerät.

»Hier ist die mobile Einsatztruppe«, meldete sich der Sergeant.

»Wie sieht es vor der Pyramide aus? «, fragte der Major.

»Wir haben alle Soldaten der kaiserlichen Kaste und die neu eingetroffene Verstärkung paralysiert und gefangen genommen«, teilte er mit. »Es besteht keine Gefahr mehr.«

»Beenden sie die Kampfhandlungen«, befahl der Major. »Wir kommen jetzt auf den Balkon des kaiserlichen Verwaltungsgebäudes. Entwaffnen sie die restlichen Soldaten, dass keiner auf die Idee kommt, auf den Kaiser zu schießen.«

»Dafür haben die Widerständler bereits gesorgt«, antwortete der Sergeant. »Alle Waffen wurden eingesammelt.«

»Halten sie die Augen auf«, mahnte Major Travis den Sergeanten. Dann unterbrach er die Verbindung.

Major Travis schaute Admiral Tarn-Lim an.
»Draußen haben ihre und unsere Leute die Lage unter Kontrolle«, erklärte er. »Sind sie bereit für ihre neue Aufgabe?«

Dieser nickte.
»Wir stehen ewig in ihrer Schuld«, antwortete der Admiral. »Wie sollen wir das jemals wieder gutmachen können?«

»Das kann ich ihnen sagen«, erwiderte Major Travis. »Sorgen sie für eine gute redartanische Welt. Ihre Bevölkerung hat es mehr als verdient. «

»Die Bewährungsprobe steht noch vor uns«, mahnte Admiral Rings-Stan. »Der Angriff der Mächtigen ist jetzt unsere vorrangige Aufgabe. «

»Darüber unterhalten wir uns noch«, entgegnete Major Travis. »Bringen sie uns zu dem Balkon, von dem die Ansprache immer erfolgt. Nichts darf anders aussehen als bei den bisherigen Zeremonien. «

Die Gruppe verließ die kaiserlichen Gemächer und schritt einen langen Flur entlang, Dann erreichte sie den Sitzungssaal der Regierung. Die großen Fenster waren bereits geöffnet. Commodore Run-Lac und Lord Gyron-Zirn standen in Begleitung von Lord-Admiral Sirn-Orel und Lord Varel-Lurim auf dem Balkon. Ihre Waffen waren auf die kaiserlichen Berater gerichtet.

»Dem Kaiser geht es gut«, sagte Lord-Admiral Sirn-Orel. »Wir sind erleichtert. «

»Leiten sie die Zeremonie ein«, sagte Major Travis. »Der Kaiser möchte seine Ansprache halten. «

Lord-Admiral Sirn-Orel beugte sich über den Balkon vor und gab den am Boden der Pyramide wartenden Zeremonie-Soldaten ein Zeichen.

Zahlreche Fanfaren ertönten und ließen die versammelte Menge am Fuße der Pyramide aufblicken. Sergeant Hardin hatte den blockierten, aber unbewaffneten Zeremonie-Soldaten einen Weg freigemacht. Im militärischen Steckschritt, ausgestattet mit bunten Parade-Uniformen und zahlreichen Fahnen, stolzierten sie aus dem Eingang der redartanischen Verwaltungs-Pyramide. Die neunzig Soldaten bauten sich in einem Kreis vor der Pyramide auf. Synchron zu den Fanfaren, bewegten sie ihre Fahnen mit dem redartanischen Imperiums-Emblem hin und her.

Commodore Run-Lac trat vor das bereitstehende Mikrofon und sprach hinein.

»Redartaner«, rief er. »Der Kaiser ist eingetroffen und möchte zu euch sprechen. Er hat wichtige Neuigkeiten zu berichten. Begrüßt eure Exzellenz, den Kaiser Quoltrin-Saar-Arel.«

Die Menge jubelte, als der Kaiser auf den Balkon schritt. Niemand erkannte ihn ihm ein Double. Der Kaiser winkte den Besuchern zu. Das Double genoss sichtlich den Beifall der Menge. Erst als dieser abklang, griff er nach dem Mikrofon.

»Redartaner, Soldaten, Offiziere und Bedienstete«, sprach er in ein Mikrofon. »Legt eure Waffen nieder. Kein Redartaner sollte gegen einen anderen Redartaner kämpfen müssen. «

Major Travis sah, wie die Soldaten der kaiserlichen Kaste sich entspannten. Die Kampftruppen der Widerständler hatten sich hinter sich in einem großen Kreis hinter sie zurückgezogen.

»Der heutige Tag wird in unsere Geschichte eingehen«, fuhr das Double des Kaisers fort. »Ich habe mich mit Admiral Rings-Stan, dem Kommandeur des Widerstandes geeinigt. Erst durch seine Intervention, wurde uns einiges klar. Dank ihm und seiner Unterstützung, konnten wir Missstände aufdecken, die von der kaiserlichen Kaste nicht erkannt wurden. Ich verspreche dem Volk von Redartan, dass heute ein besseres redartanisches Imperium entstehen wird.

Dieses Imperium wird nicht mir, sondern ausschließlich dem Volk dienen und es beschützen. Ich habe mich fest entschlossen, mich aus allen Regierungsgeschäften zurückzuziehen. Bisher habe ich mich um eure Sicherheit gekümmert habe. Doch ich bin der Regierungsarbeit müde geworden. Mein persönlicher Wunsch ist es, die Steuerung unseres Imperiums in neue Hände zu legen.«

Kein Wort war von Redartanern vor der Pyramide zu hören. Sie hatten erkannt, dass der Kaiser ihnen Zugeständnisse machen wollte.

Das Kaiser-Double winkte Admiral Tarn-Lim zu sich.
»Ihr alle kennt unseren guten Admiral des Flotten-Oberkommandos«, fuhr er fort. »Alle Versuche ihn zu diskriminieren, wurden von mir auf Schärfste verurteilt. Er hat sich immer loyal um unsere Belange gekümmert. Eure Sicherheit liegt bei ihm in guten Händen. Ich werde den Weg für ihn freimachen und habe beschlossen, von allen meinen Ämtern zurückzutreten.«

Aufschreie waren zu hören. Die Menge jubelte.

»Heute ist der Tag gekommen, an dem ich eine redartanische Republik ausrufe«, verkündete das Double. »Die kaiserliche Kaste wird mit sofortiger Wirkung aufgelöst. Alle Macht liegt zukünftig nur noch bei der zu wählenden Regierung unserer neuen Republik. Ihr alle werdet von mir aufgerufen, euch an dieser Wahl zu beteiligen. Bedenkt bitte, es geht um eure Zukunft.

Niemals mehr soll es passieren, dass Redartaner von der kaiserlichen Kaste hingerichtet werden, nur weil sie eine andere Meinung vertreten als die Regierung unsers Planeten.«

Die Menge wurde immer lauter. Das Kaiser-Double hatte die richtigen Worte gewählt

Commander Breckphan, der sich als der redartanischer Kaiser ausgab, hob seine Hände. Die Menge der Zuhörer verstummte.

»Freut euch nicht zu früh«, sprach er in das Mikrofon. »Auch ohne meine Führung müsst ihr euch bewähren. Eine unbekannte Rasse, die sich als Mächtige titulieren, wird uns angreifen. Sie will unser Imperium vernichten. Angeblich befinden wir uns in ihrem kontrollierten Hoheitsgebiet. Aus diesem Grund habe ich den Admiral des Flotten-Oberkommandos gebeten, alle Amtsgeschäfte zu übernehmen, bis der Kanzler unserer neuen Republik von euch gewählt wurde. Ich habe Admiral Tarn-Lim für diese Dauer den Oberbefehl über unser Imperium und alle militärischen Einrichtungen übertragen. Er wird dafür sorgen, dass wir gegen die Mächtigen nicht unterliegen werden. Unterstützt ihn bitte bei dieser schweren Aufgabe.«

Die Menge jubelte und rief Admiral Tarn-Lim, Admiral Tarn-Lim, Admiral Tarn-Lim.

Erst jetzt erkannte der Oberbefehlshaber der redartanischen Flotte seine Popularität. Er war neben den Kaiser getreten und hob seine Hände.

»Danke, für euer Vertrauen«, antwortete er. »Ich werde euch nicht enttäuschen. Bitte lassen wir den Kaiser ausreden. «

Quoltrin-Saar-Arel nickte ihm zu. Er hob seine Hand in die Luft und ballte sie zur Faust.

»Redartan wird leben«, schrie er. »Seht unsere mutigen Kampfer an, schaut auf die Soldaten unseres Widerstandes und auf ihre Verbündeten. Wir vereinigen unsere Kräfte. Bereiten wir uns vor, auf die größte Raumschlacht, die unser Universum je bedroht hat. Wir werden siegen und die Mächtigen für immer in ihr eigenes Gebiet verbannen. Zusammenhalt, dieses Wort wird für uns ab heute eine wichtige Bedeutung haben. In diesen unsicheren Zeiten brauchen wir Freunde, die bereit sind an unserer Seite zu kämpfen, um Tod und Verderben von friedlichen Zivilisationen fernzuhalten. Wir können es nicht mehr zulassen, dass fremde Rassen ihre Konflikte auf unserem Rücken austragen. Unser gemeinsames Interesse verbindet uns.

Wir werden mit Hochdruck unsere Flotte aufrüsten und wappnen uns für den neuen bevorstehenden Angriff. Wir alle werden für unsere Freiheit kämpfen. Nicht um Tod, Verfolgung, Tyrannei und Unterdrückung zu entgehen, sondern um nach unseren eigenen Vorstellungen leben zu können. Heute ist der Tag unseres Neubeginns. Wir werden Kontakt zu anderen gleichgesinnten Völkern aufnehmen und mit ihnen eine verlässliche Allianz im Universum gegen alle kriegerischen Rassen zu schmieden.

Die Menge jubelte und schrie dem Kaiser zu. Selbst die Soldaten der kaiserlichen Kaste applaudierten ihm.

Das Kaiser-Double winkte der Menge zu, drehte sich um und ging in die Pyramide zurück.

Major Travis gratulierte Admiral Tarn-Lim als erste Person.

»Meinen Glückwunsch«, sagte er. »Machen sie es besser als ihr Vorgänger. «

Der Admiral bedankte sich.
»Das werde ich«, antwortete er.

Er winkte Admiral Rings-Stan zu sich.

»Wir beide werden die Geschicke unseres Imperiums leiten«, antwortete er. » Es ist zu groß, um nur von einem Kanzler regiert zu werden. «

Der Befehlshaber der Untergrundbewegung bekam große Augen.

»Diese Aufgabe bieten sie mir ernsthaft an? «, fragte er.

Admiral Tarn-Lim nickte.
»Wir werden unsere Energien bündeln«, antwortete er. »Gute Offiziere sind jetzt wichtig. Sie sind einer unserer Besten. Wollen sie mich unterstützen? «

Admiral Rings-Stan nickte mit seinem Kopf.

»Ich bin dabei«, antwortete er.

»Alle degradierten Offiziere unserer Flotte werden wieder eingesetzt und mit neuen Aufgaben betreut«, befahl der Kanzler. »Wir müssen uns sofort an die Arbeit machen. «

Lord-Admiral Sirn-Orel und Lord Varel-Lurim, der persönliche Beraterstab des Kaisers wollten sich mit gesenktem Kopf zurückziehen. Sie hatten erkannt, dass die kaiserliche Kaste nicht mehr notwendig war.

»Wo wollen sie hin?«, rief ihnen der Kanzler nach.

Sie blickten Admiral Tarn-Lim.
»Wir haben keine Aufgabe mehr«, antworteten sie. »Der Kaiser zieht sich aus der Politik zurück.«

»Deswegen brauchen wir sie«, antwortete der Kanzler. »Ihre umfangreichen Kenntnisse von den Strukturen der kaiserlichen Kaste, wird uns hilfreich sein, die neue Ausrichtung unserer militärischen Kräfte zu organisieren. Unterstützen sie uns bitte bei dem Neuanfang.«

Die Berater blickten sich an. Ihre Minen hellten auf.
»Wir wollten nie etwas anderes, als die Führung unseres Planeten militärisch zu beraten«, antwortete Lord-Admiral Sirn-Orel. » Wir danken für ihr Vertrauen.«

Admiral Tarn-Lim drehte sich Major Travis zu.
»Vielen Dank für ihre Unterstützung«, sagte er und gab ihm die Hand. »Ich habe Interessantes von ihnen kennengelernt, aber auch die Tatsache erkannt, dass unsere alte Heimatwelt in ihren Händen liegt.«

»Das haben wir gerne gemacht«, antwortete Major. »Wir werden uns zurückziehen, den Stützpunkt abbauen und das Tor zu ihrer Welt schließen.«

Der Admiral blickte ihn kritisch an.
»Das ist nicht unser Wunsch«, antwortete er. »Gerade jetzt brauchen wir starke Verbündete, die später einmal zu einer wichtigen Allianz zusammenwachsen können. Bitte bauen sie ihren Stützpunkt als vorübergehendes Konsulat weiter aus. Bleiben sie für uns erreichbar. Weisen sie bitte Marin und Gareck an, mit Technikern ihres Imperiums ein eigenes Transmitter-Wurmloch-Tor, in unserem derzeit noch im Wiederaufbau befindlichen Wurmloch-Bahnhof anzulegen. Damit wäre auch der Einflug ihrer großen Schlacht-Schiffe möglich.«

Er lächelte Major Travis an.
»Ich kenne nicht nur die Durchschlagskraft der Tart Roboter, sondern auch die Leistungsstarke der alten natradischen Schlachtkreuzer«, erklärte er. »Sie würden bei Bedarf eine große Unterstützung bei Angriffen fremder Rassen sein. Vorausgesetzt, sie erwägen einen stetigen Kontakt zu unserer Zivilisation?«

»Diesen unterhalten wir mit allen vernünftigen Rassen«, erwiderte Major Travis. »Lassen sie uns ihren Vorschlag diskutieren. Ich werde unserer Führung hiervon berichten. Bis zu einer Entscheidung halten wir unseren Stützpunkt im Berg Gonral aufrecht. Danke für diese Möglichkeit.«

»Nicht dafür«, antwortete der Admiral. »Wir sind ihnen zu Dank verpflichtet. Ohne sie wäre ein Abdanken des Kaisers nicht möglich gewesen. Kommen sie gut nach Hause und lassen sie uns nicht zu lange auf ihre Entscheidung warten.«

Major Travis nickte und verabschiedete sich.
Er instruierte die Einsatzkräfte des Neuen-Imperiums über den positiven Verlauf der Mission. Er befahl allen Einheiten sich zurückzuziehen. In dem neuen Stützpunkt im Berg Gonral, wartete General Poison bereits dringend auf seinen Bericht.

Vorschau:

www.ingramcontent.com/pod-product-compliance
Lightning Source LLC
Chambersburg PA
CBHW071409180526
45170CB00001B/21